高职高专“十三五”规划教材

自动化仪表使用与维护

主　编　吕增芳
副主编　赵江稳　薛凯娟

北　京
冶　金　工　业　出　版　社
2020

内 容 简 介

本书内容的选取坚持与技能型专业人才培养目标和职业岗位实际工作任务需求一致的原则，满足企业生产典型工艺参数的检测和控制要求，以真实自动化仪表为载体，以6个学习情境，13个学习性实训任务来呈现，涵盖了温度、压力、流量、物位等检测仪表的校验与维护，同时介绍了控制器、执行器、辅助仪表等控制仪表的安装与接线，以适应就业和企业的需求。

本书以岗位典型工作任务为驱动，工学结合，内容丰富，实践性强，可作为高职高专院校及本科院校举办的职业技术学院自动化类专业及相关专业的教材，也可供成人继续教育学院师生、企业生产一线从事工业生产自动化技术工作的人员参考使用。

图书在版编目(CIP)数据

自动化仪表使用与维护/吕增芳主编．—北京：冶金工业出版社，2016.1（2020.7 重印）

高职高专“十三五”规划教材

ISBN 978-7-5024-7170-5

Ⅰ.①自…　Ⅱ.①吕…　Ⅲ.①自动化仪表—高等职业教育—教材　Ⅳ.①TH82

中国版本图书馆 CIP 数据核字（2016）第 010545 号

出 版 人　陈玉千

地　　址　北京市东城区嵩祝院北巷 39 号　邮编　100009　电话　(010)64027926

网　　址　www.cnmip.com.cn　电子信箱　yjcbs@cnmip.com.cn

责任编辑　戈　兰　美术编辑　彭子赫　版式设计　葛新霞

责任校对　李　娜　责任印制　李玉山

ISBN 978-7-5024-7170-5

冶金工业出版社出版发行；各地新华书店经销；北京虎彩文化传播有限公司印刷

2016 年 1 月第 1 版，2020 年 7 月第 2 次印刷

787mm×1092mm　1/16；11.25 印张；269 千字；171 页

28.00 元

冶金工业出版社　投稿电话　(010)64027932　投稿信箱　tougao@cnmip.com.cn

冶金工业出版社营销中心　电话　(010)64044283　传真　(010)64027893

冶金工业出版社天猫旗舰店　yjgycbs.tmall.com

前　言

作为生产过程控制系统的基础装备，过程自动化仪表被广泛应用于冶金、石油、化工、电力、供热、燃气输配及轻工、制药、食品等行业的生产过程。我国工业化步伐的加快，对生产过程的自动化程度要求越来越高，而生产过程的自动化程度越高对自动化仪表的依赖也就越强，特别是计算机技术、通信技术、微电子技术在自动化领域的应用，提高了自动化仪表的性能，仪表自动化已成为生产过程中必不可缺的重要技术手段。因此，学习和掌握自动化仪表方面的知识和技能对于控制和管理工业生产过程是十分必要的。

本书主要由山西工程职业技术学院“自动化仪表使用与维护课程开发的研究与实践”重点课题组教师编写，其中吕增芳编写学习情境1、学习情境2的2.3、学习情境3的3.3、学习情境4的4.3，赵江稳编写学习情境2的2.1和2.2、学习情境3的3.1和3.2，薛凯娟编写学习情境4的4.1和4.2，吕增芳、曹秀敏编写学习情境5，杨虎编写学习情境6，全书由吕增芳统稿。

本书在编写过程中得到了许多企业和技术人员的支持与帮助，同时参考和应用了许多专家和学者的著作，编者在此一并表示诚挚的谢意！

由于编者水平有限，书中存在错漏之处，敬请广大读者批评指正。

编者

2015年10月

目 录

学习情境1　自动化仪表认知

学习目标

能力目标：

（1）能理解电动仪表采用电流信号传送和控制室采用电压信号接线的道理；

（2）能识别控制仪表铭牌上关于型号、防爆等级的含义。

知识目标：

（1）掌握控制仪表的信号标准及使用方法；

（2）掌握控制仪表防爆知识；

（3）理解DDZ-Ⅲ型仪表的型号含义和命名方法。

1.1　自动化仪表基本知识

1.1.1　自动化仪表发展概况

看到“仪表”两个字，人们很容易想到电流表、电压表、示波器等实验室中常用的测试仪器。本书要介绍的不是这些通用仪表，而是讨论生产自动化中，特别是连续生产过程自动化中必需的一类专门的仪器仪表，称为自动化仪表。其中包括对工艺参数进行测量的检测仪表，根据测量值对给定值的偏差按一定的调节规律发出调节命令的调节仪表，以及根据调节仪表的命令对进出生产装置的物料或能量进行控制的执行器等。这些仪表代替人们对生产过程进行测量、控制、监督和保护，因而是自动控制系统的必要组成部分。

自动化仪表的产生和发展分别经历了基地式、单元组合式（Ⅰ型、Ⅱ型、Ⅲ型）、组装式及数字智能式等几个阶段。

基地式仪表最早出现于20世纪40年代初，当时由于石油、化工、电力等工业对自动化的需要，出现了将测量、记录、调节仪表组装在一个表壳里的所谓“基地式”自动化仪表。基地式的名称是因它和后来出现的“单元组合式”仪表相比，比较适于在现场做就地检测和调节之用而得来的。仪表的这种结构形式是和当时自动化程度不高、控制分散的状况基本适应的，因而在一段时期内曾获得了普遍的应用。

20世纪60年代初，随着大型工业企业的出现，生产向综合自动化和集中控制的方向发展，人们发现基地式仪表的结构不够灵活，不如将仪表按功能划分，制成若干种能独立完成一定功能的标准单元，各单元之间以规定的标准信号相互联系，这样，仪表的精度容易提高。在使用中可以根据需要，选择一定的单元，积木式地把仪表组合起来，构成各种复杂程度不同的自动控制系统。这种积木式的仪表就称为“单元组合式”仪表。当时国内使用的单元组合式仪表是采用气动放大元件的QDZ-Ⅰ型仪表和以电子管为放大元件的DDZ-Ⅰ型仪表；70年代初开始生产的以晶体管作为主要放大元件的DDZ-Ⅱ型仪表；80年代初开始生产的以线性集成电路为主要放大元件、具有国际标准信号制（4~20mA DC，1~5V DC）和安全防爆功能的DDZ-Ⅲ型仪表。这三代产品虽然电路形式和信号标准不同，性能指标和单元划分的方法也不完全一样，但它们实现的控制功能和基本的设计思想是相同的，只要掌握其中的一种，其他产品便不难分析。同时QDZ-Ⅰ型仪表也发展到Ⅱ型、Ⅲ型阶段。所以，DDZ-Ⅱ型、Ⅲ型仪表和QDZ-Ⅱ型、Ⅲ型仪表同时并存了二十几年，它们为我国工业生产自动化的发展起到了促进作用。

20世纪80年代以来，由于各种高新技术的飞速发展，我国开始引进和生产以微型计算机为核心，控制功能分散，显示与操作集中的集散控制系统（DCS），从而将自动化仪表推向高级阶段。二十几年来在现场变送器方面也有了突飞猛进的发展，它经历了双杠杆式、矢量机构式、微位移式（电容式、扩散硅式、电感式、振弦式）、现场总线式几个阶段，使过程检测的稳定性、可靠性、精度都有很大的提高，为过程控制提供了可靠的保证。可以断定，以现场总线技术为基础的数字式智能仪表代表着自动化仪表的发展方向。

显然，将全功能的复杂仪表分解为若干基本单元的做法，无论对仪表制造厂的大量生产，还是对用户的维修选用都是有利的。此外，目前自动化程度较高的大、中型企业，大多使用单元组合式仪表，只在小型企业或分散设备单机控制中，基地式仪表由于结构紧凑，价格便宜，仍有一定的应用。

1.1.2　自动化仪表的分类

自动化仪表按驱动动力可分为气动、电动、液动等几类。工业上通常使用气动仪表和电动仪表。其中气动仪表的出现比电动仪表早，而且价格便宜，结构简单，特别对石油化工等易燃易爆的生产现场，具有本质性的安全防爆性能，因而在相当长的一段时间里，一直处于优势地位。但从20世纪60年代起，由于电动仪表的晶体管化和集成电路化，控制功能日益完备，在使用低电压、小电流时，可在电路上及结构上采取严密措施，限制进入易燃易爆场所的能量，从而保证在生产现场不会发生足以引起燃烧或爆炸的“危险火花”。这样，限制电动仪表使用的一个主要障碍被扫除，电信号比气压信号在传送和处理上的优越性就能得到充分的发挥。大家知道，气压信号传递速度慢，传输距离短，管线安装不便。相比之下，电信号传输、放大、变换、测量都比气压信号方便得多，特别是电动仪表容易和电子巡回检测装置和工业控制计算机配合使用，实现生产过程的全盘自动化。因此，近年来电动仪表的应用更为广泛。

电动仪表可按信号类型和结构形式来分类。

1.1.2.1　按信号类型分类

电动仪表按信号类型可分为模拟式和数字式两大类。模拟式仪表的传输信号通常为连续变化的模拟量。这类仪表线路比较简单，操作方便，使用者易于掌握，价格较低，在我国已经历多次升级换代，在设计、制造、使用上均有较成熟的经验。长期以来，它广泛地应用于各种工业部门。

数字式仪表的传输信号通常为断续变化的数字量。这些仪表以微型计算机为核心，其功能完善，性能优越，在控制功能、精度等方面均优于模拟式仪表，能解决模拟式控制仪表难以解决的问题，满足现代化生产过程的高质量控制要求。

1.1.2.2 按结构形式分类

电动仪表按结构类型可分为基地式仪表、单元组合式仪表、组装式综合控制装置、数字式仪表、集散控制系统和现场总线控制系统。

（1）基地式仪表是以指示、记录为主体，附加控制机构组成的。它不仅能对某变量进行指示或记录，还具有控制功能。由于基地式控制仪表的结构比较简单，价格便宜，又能一机多用，常用于单机自动化系统。我国生产的 XCT 系列控制仪表和 TA 系列电子控制器均属于基地式控制仪表。

（2）单元组合式仪表是根据控制系统中各个组成环节的不同功能和使用要求，将系统划分成能独立地完成某种功能的若干单元，各单元之间用统一的标准信号来联络。将这些单元进行不同的组合，可构成多种多样、复杂程度各异的自动检测和控制系统。

我国生产的电动单元组合仪表（DDZ）和气动单元组合仪表（QDZ）经历了Ⅰ型、Ⅱ型、Ⅲ型三个发展阶段，此后又推出了较为先进的数字化单元组合仪表 DDZ-S 系列仪表。这类仪表将模拟技术和数字技术相结合，并以数字技术为主，其主要特点是数字化、智能化、微位移化，因而是一种先进的仪表。

（3）组装式综合控制装置是在单元组合式控制仪表的基础上发展起来的一种功能分离、结构组件化的成套仪表装置。目前组装式综合控制装置在实际工程中已很少使用。

（4）数字式仪表是以数字计算机为核心的数字控制仪表。其外形结构、面板布置保留了模拟式仪表的一些特征，但其运算、控制功能更为丰富，通过组态可完成各种运算处理控制。可与计算机配合使用，以构成不同规模的分级控制系统。

（5）集散控制系统是将集中于一台计算机完成的任务分派给各个微型过程控制计算机、数字总线以及上一级过程控制计算机，组成各种各样的、能适用于不同过程的分布式计算机控制系统。它将生产过程分成许多小系统，以专用微型计算机进行现场的各种有效控制，实现了“控制分散、危险分散，集中管理、集中操作”，因此被称为集中分散型控制系统，简称集散控制系统（DCS）。

（6）现场总线控制系统是 20 世纪 90 年代发展起来的新一代工业控制系统。它是计算机技术、通信技术、控制技术和现代仪器仪表技术的最新发展成果。现场总线控制系统的出现引起了传统控制系统结构和设备的根本性变革，它将具有数字通信能力的现场智能仪表连成网络系统，并同上一层监控级、管理级连接起来成为全分布式的新型控制网络。

1.1.3 自动化仪表的信号标准及使用

在自动化系统中使用的各类仪表，有的直接安装在现场的工业设备或工艺流程管路上，例如大多数的变送器、电-气转换器和执行器；另一些则安装在远离生产现场，无燃烧、爆炸危险的控制室内，例如指示记录仪表、运算器、调节器、监控仪表和工业控制机等。为了方便地把各类仪表连接起来，构成各种控制系统，仪表之间应该有统一的标准联络信号和合适的传输方式。

1.1.3.1　信号制式

信号制式即信号标准，是指仪表之间采用的传输信号的类型和数值。

采用统一的联络信号，不仅可使同一系列的各类仪表组成系统，而且还可通过各种转换器，将不同系列的仪表连接起来，混合使用，从而扩大了仪表的应用范围。所以，在设计自动化仪表和装置时，要做到通用性和相互兼容性，就必须统一仪表的信号标准。

1.1.3.2　信号标准的类型

（1）气动仪表信号标准。国家标准《工业自动化仪表用模拟气动信号》（GB/T 777—1985）规定了气动仪表的信号下限值为20kPa，上限值为100kPa。该标准与国际标准IEC 382是一致的。

气动单元组合仪表（QDZ）采用140kPa压缩空气为气源，输出下限值为20kPa、上限值为100kPa的线性输出标准信号。

（2）电动仪表信号标准。电信号包括模拟信号、数字信号、频率信号和脉冲信号等。由于模拟式仪表装置结构简单、应用广泛，因此在过程控制系统中，远距离传输和控制室内部仪表之间的信号传输，用得最多的是模拟信号。在模拟信号中，直流电压、直流电流被世界各国普遍用作仪表的统一模拟信号。国家标准《工业自动化仪表用模拟直流电流信号》（GB/T 3369—1989）规定了电动仪表的信号范围为4～20mA DC，电源信号采用24V DC，负载电阻为250～750Ω，该标准与国际标准IEC 381A是一致的。DDZ-Ⅱ系列单元组合仪表信号范围为0～10mA DC，电源信号采用220V AC，负载电阻为0～1000Ω或0～3000Ω，目前随着DDZ-Ⅱ系列单元组合仪表的逐渐淘汰，这种信号标准已很少使用。

1.1.3.3　采用4～20mA DC电流信号传送的原因

A　采用直流电流信号的优点

（1）直流电流信号比交流电流信号的干扰小。交流电流信号容易产生交变电磁场的干扰，对附近仪表和电路有影响，并且如果混入的外界交流干扰信号和有用信号形式相同时将难以滤除，直流电流信号克服了这个缺点。

（2）直流电流信号对负载的要求简单。交流电流信号有频率和相位问题，对负载的感抗、容抗敏感，使得影响因素增多、计算复杂，而直流电流信号只需要考虑负载电阻。

（3）电流比电压更利于信号远传。如果采用电压形式传送信号，当负载电阻较小且进行远距离传送时，导线上的电压降会引起误差；采用电流传送就不会出现这个问题，只要沿途没有漏电流，电流的数值始终一样。而低电压的电路中，即使只采用一般的绝缘措施，漏电流可以忽略不计，所以接收信号的一端能保证和发送端有同样的电流。由于信号发送仪表输出具有恒流特性，所以导线电阻在规定的范围内变化时对信号电流不会有明显的影响。

B　采用4～20mA作为上下限值的理由

（1）在目前的元器件水平下，起点电流小于4mA时仪表工作将会发生困难，因此，将仪表的电气零点设为4mA，不与机械零点重合。这种“活零点”的安排有利于识别断电、断线等故障，且为现场变送器实现二线制提供了可能性。二线制的变送器就是将供电的电源线与信号的输出线合并为两根导线。由于信号为零时变送器仍要处于工作状态，总要消耗一定的电流，所以零电流表示零信号时是无法实现二线制的。

（2）在现场使用二线制变送器不仅节省电缆，布线方便，而且还便于使用安全栅，有利于安全防爆。

（3）电流信号的上限值如果大，产生的电磁平衡力，有利于力平衡式变送器的设计制造，但从减小直流电流信号在传输线中的功率损耗、缩小仪表体积以及提高仪表的防爆性能来讲，希望电流信号上限小些，国际电工委员会（IEC）经过综合比较后，将其上限定为20mA。

1.1.3.4 电信号的传输

A 4~20mA DC 电流信号的传输

4~20mA DC 电流信号一般用于现场与控制室仪表之间远距离传输，如图 1-1 所示，一台发送仪表的输出电流同时传输给几台接收仪表，所有这些仪表应当串联。图中 R_o 为发送仪表的输出电阻。R_{cm}和 R_i 分别为连接导线的电阻和接收仪表的输入电阻（假定接收仪表的输入电阻均为 R_i），由 R_{cm}和 R_i 组成发送仪表的负载电阻。

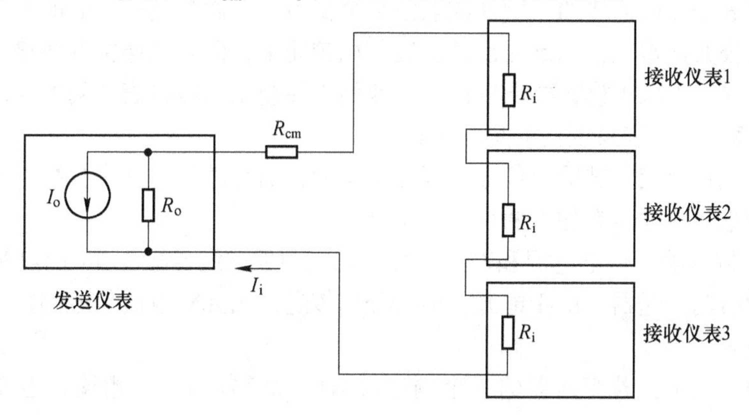

图 1-1 电流信号传输时仪表之间的连接

由于发送仪表的输出电阻 R_o 不可能是无限大，在负载电阻变化时，输出电流也将发生变化，从而引起传输误差，为减小传输误差，要求发送仪表的 R_o 足够大，而接收仪表的 R_i 及导线电阻 R_{cm}应比较小。实际上，发送仪表的输出电阻均很大，相当于一个恒流源，连接导线的长度在一定范围内变化时，仍能保证信号的传输精度，因此电流信号适于远距离传输，对于要求电压输入的仪表，可在电流回路中串入一个电阻，从电阻两端引出电压，供给接收仪表，所以电流信号应用比较灵活。

电流传输也有不足之处。由于接收仪表是串联工作的，当一台仪表出故障将影响其他仪表的正常工作，而且各接收仪表一般都应浮空工作，若要使各台仪表都有自己的接地点，则应在仪表的输入、输出之间采取直流隔离措施，这就对仪表的设计和应用在技术上提出了更高的要求。

B 1~5V DC 电压信号的传输

1~5V DC 电压信号的传输一般用于控制室内部仪表之间的联络。一台发送仪表的输出电压要同时传输给几台接收仪表时，这些接收仪表应当并接，如图 1-2 所示。由于接收

仪表的输入电阻 R_i 不是无限大，信号电压 U_o 将在发送仪表内阻 R_o 及导线电阻 R_{cm} 上产生一部分电压降，从而造成传输误差，为减小传输误差，应使发送仪表内阻 R_o 及导线电阻 R_{cm} 尽量小，同时要求接收仪表输入电阻 R_i 大些。

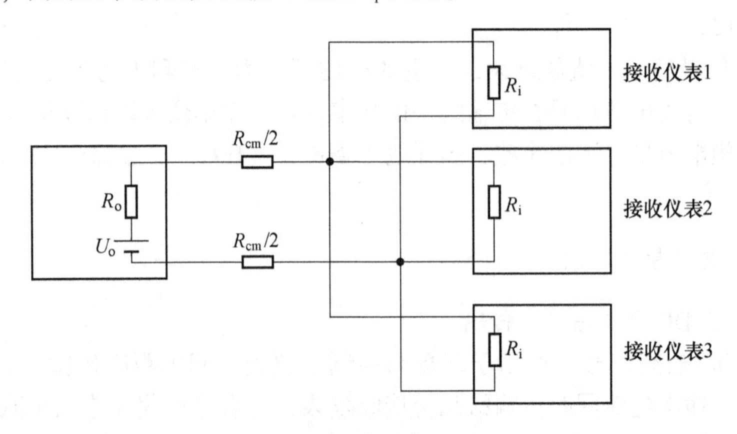

图 1-2　电压信号传输时仪表之间的连接

因接收仪表是并联连接的，增加或取消某个仪表不会影响其他仪表的工作，而且这些仪表也可设置公共接地点，因此在设计安装上比较简单，但并联连接的各接收仪表，输入电阻均较高，易于引入干扰，故电压信号一般用于控制室内部仪表之间的联络。

C　变送器与控制室仪表间的信号传输

变送器是现场仪表，其输出信号送至控制室中，而它的供电又来自控制室。变送器的信号传送和供电方式通常有如下两种：

(1) 四线制传输。供电电源和输出信号分别用两根导线传输，如图 1-3 所示，图中的变送器称为四线制变送器。由于电源与信号分别传送，因此对电流信号的零点及元器件的功耗无严格要求。

在该传输方式中，若变送器的一个输出端与电源装置的负端相连，也就成了三线制传输。

(2) 二线制传输。变送器与控制室之间仅用两根导线传输，这两根导线既是电源线，又是信号线，如图 1-4 所示，图中的变送器称为二线制变送器。

采用二线制变送器不仅可节省大量电缆线和安装费用，而且有利于安全防爆，因此这种变送器得到了较快的发展。

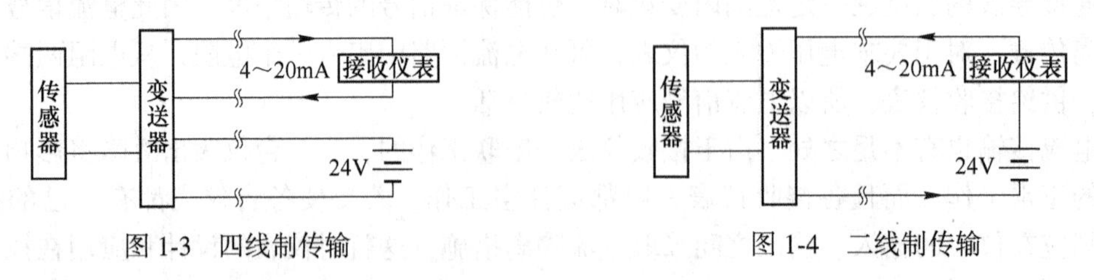

图 1-3　四线制传输　　图 1-4　二线制传输

要实现二线制变送器，必须采用活零点的电流信号。由于电源线和信号线公用，电源供给变送器的功率是通过信号电流提供的。在变送器输出电流为下限值时，应保证它内部的半导体器件仍能正常工作，因此，信号电流的下限值不能过低，国际统一电流信号采用

4~20mA DC，为制作二线制变送器创造了条件。

1.1.4 防爆仪表的基本知识

在某些生产现场存在着各种易燃、易爆气体或蒸汽，有时还存在有爆炸性粉尘、易燃纤维等，它们与空气混合或接触即具有爆炸危险，使其周围空间成为具有不同程度爆炸危险的场所。安装在这种危险场所的现场仪表（如变送器或执行器）如果产生火花，就容易引起燃烧或爆炸，因此，安装在危险场所的现场仪表应具有防爆性能。

气动仪表从本质上说具有防爆性能，过去在石油、化工等工业部门几乎都采用气动仪表，后来，随着工业的大型化、复杂化以及对自动化要求的相应提高，电动仪表和装置占据了绝对统治地位，这种发展的关键技术之一是现场仪表及整个系统的防爆问题的解决。

下面将简要介绍电动仪表的防爆基本知识，以供设计和使用仪表时参考。

1.1.4.1 危险场所的划分

我国在1987年公布的《爆炸危险场所电气安全规程》（试行）将爆炸危险场所划分为两种五级。

（1）第一种场所。第一种场所指爆炸性气体或可燃蒸汽与空气混合形成爆炸性气体混合物的场所。按其危险程度的大小分为三个区域等级。

1）0级区域（0区）：在正常情况下，爆炸性气体混合物连续地、短时间频繁地出现或长时间存在的场所。

2）1级区域（1区）：在正常情况下，爆炸性气体混合物有可能出现的场所。

3）2级区域（2区）：在正常情况下，爆炸性气体混合物不能出现，仅在不正常情况下偶尔短时间出现的场所。

（2）第二种场所。第二种场所指爆炸性粉尘或易燃纤维与空气混合形成爆炸性混合物的场所。按其危险度的大小分为两个区域等级。

1）10级区域（10区）：在正常情况下，爆炸性粉尘或易燃纤维与空气的混合物可能连续地、短时间频繁地出现或长时间存在的场所。

2）11级区域（11区）：在正常情况下，爆炸性粉尘或易燃纤维与空气的混合物不能出现，仅在不正常情况下偶尔短时间出现的场所。

1.1.4.2 爆炸性物质的分类、分级与分组

A 分类

爆炸性物质可分为三类：

Ⅰ类——矿井甲烷；

Ⅱ类——爆炸性气体、可燃气体；

Ⅲ类——爆炸性粉尘、易燃纤维。

B 分级与分组

（1）爆炸性气体的分级与分组（Ⅰ、Ⅱ类）：在标准试验条件下，按其最大试验安全间隙和最小点燃电流比分级，按其自燃温度分组。表1-1给出部分示例。

表1-1　爆炸性气体的分级与分组示例

类和级	最大试验安全间隙（MESG）/mm	最小点燃电流比 MICR	自燃温度组别/℃					
			T1	T2	T3	T4	T5	T6
			>450	300~450	200~300	135~200	100~135	85~100
Ⅰ	1.14	1	甲烷					
ⅡA	0.9~1.14	0.8~1	氨、丙酮、苯、一氧化碳、乙烷、丙烷、甲醇	丁烷、乙醇、丙烯、丁醇、乙苯	汽油、环乙烷、硫化氢	乙醚、乙醛		亚硝酸乙酯
ⅡB	0.5~0.9	0.45~0.8	二甲醚、民用煤气、环丙烷	环氧乙烷、环氧丙烷、丁二烯	异戊二烯	二乙醚、乙基甲基醚		
ⅡC	≤0.5	≤0.45	水煤气、氢气	乙炔			二硫化碳	硝酸乙酯

（2）爆炸性粉尘和易燃纤维的分级分组（Ⅲ类）：爆炸性粉尘和易燃纤维按其物理性质分级、按其自燃温度分组（示例表从略）。

1.1.4.3　防爆仪表的分类、分级和分组

自动化仪表属于低压电气设备，因此在危险场所所用的自动化仪表要按电气设备防爆规程管理。按规程规定，防爆电气设备可制成隔爆型、本质安全型等10种结构类型。其设备的分类、分级、分组与爆炸性物质的分类、分级、分组方法相同，其等级参数及符号也相同，其中温度等级是按最高表面温度确定，对隔爆型指外壳表面温度，其余各类型指可能与爆炸性混合物接触的表面的温度。

自动化仪表防爆结构主要有两种类型：

隔爆型——标志“d”；

本质安全型——标志“i”。

隔爆型仪表的特点是：仪表的电路和接线端子全部置于隔爆壳体中，表壳强度足够大，表壳结合面间隙足够深，最大的间隙宽度又足够窄。即使仪表因事故产生火花，也不会引起仪表外部的可燃性物质爆炸。

设计隔爆型仪表结构的具体措施有：采用耐压800~1000kPa的表壳，表壳外部的温升不得超过由气体的自燃温度所规定的数值，表壳结合面的缝隙宽度和深度应根据它的容积和气体的级别采取规定的数值等。

隔爆型仪表在安装及维护正常时是安全的，但揭开仪表表壳时，它就失去防爆性能，因此，不能在通电运行的情况下打开外壳进行检修或调整。对于组别、级别高的易爆性气体如氢、乙炔、二硫化碳等，不宜采用隔爆型防爆仪表，一方面对这些气体所要求的隔爆表壳在加工上有困难，另一方面即使能解决加工问题，但经长期使用后，由于磨损，很难长期保持要求而逐渐失去防爆性能，这都是隔爆型防爆仪表的弱点。

本质安全防爆是指在正常状态下和故障状态下，电路及设备产生的火花能量和达到的温度都不能引起易爆性气体或蒸汽爆炸的防爆类型。正常状态指在设计规定条件下的工作

状态，如设计规定的断开和闭合电路动作所产生的火花，故障状态指因事故而发生短路、断路等情况。

最早的本质安全型防爆是指孤立的安装在危险场所的电气设备具有的防爆性能符合本质安全防爆要求，这是古典的本质安全防爆的概念。而现代的本质安全防爆的概念是指整个自动化系统的防爆性能符合本质安全防爆要求。

具有本质安全防爆的系统包括两种电路：安装在危险场所（在现场）的本质安全电路及安装在非危险场所（在控制室）中的非本质安全电路。为了防止非本质安全电路中过大的能量传入危险场所中的本质安全电路，在两者之间采用了防爆安全栅，因而整套仪表系统具有本质安全防爆性能，现代的本质安全防爆系统构成如图 1-5 所示。

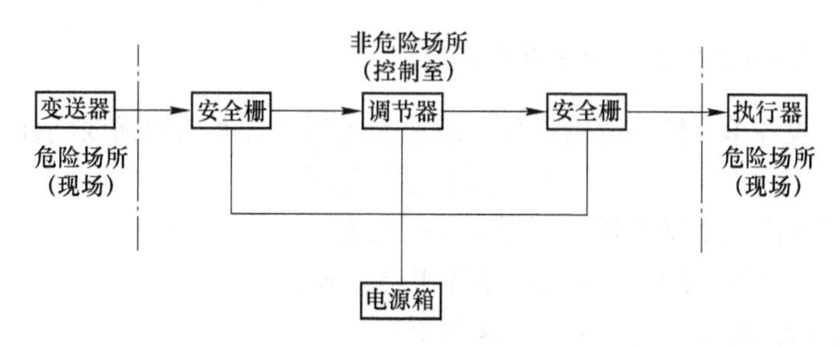

图 1-5 本质安全防爆系统构成图

本质安全防爆系统的性能主要由以下措施保证：

（1）本质安全防爆仪表采用低的工作电压和小的工作电流。如正常工作时电压不大于 24V DC，电流不大于 20mA DC；故障时电压不大于 35V DC，电流不大于 35mA DC；限制仪表所用电阻、电容和电感的参数大小，以保证在正常及故障时所产生的火花能量不足以点燃爆炸性混合物。

（2）用防爆安全栅将危险场所和非危险场所的电路隔开。

（3）现场仪表到控制室仪表连接导线不得形成过大的分布电感和电容。

本质安全防爆仪表的防爆性能最好，从原理上讲它适用于一切危险场所，一切易爆气体；其安全性能不随时间而变化；维修方便，可在运行状态下进行维修和调整。

本质安全型防爆仪表的标志为“i”。本质安全防爆仪表及其关联电气设备，按其使用场所的安全程度分为 ia 和 ib 两个级别。ia 级适用于 0 区，ib 级适用于 1 区。ia 级本质安全型仪表的安全程度要比 ib 级高。

防爆仪表都有标明防爆检验合格证号和防爆类型、等级等标志的铭牌，典型的标志铭牌上防爆标志一般分为四段：ExABC。Ex 表明此仪表为防爆仪表；A 段填防爆类型，如 d、ia、ib 等；B 段为防爆仪表的类和级，如Ⅰ级、ⅡA、ⅡB、ⅡC；C 段为防爆仪表的表面温度组别，也是其能适用的危险物质的自燃温度组别，如 T1～T6。例如 ExdiaⅡCT6 指兼有隔爆和本安功能、可在ⅡC 级 T6 组以下级别使用的防爆仪表。

1.1.5 自动化仪表的型号命名

自动化仪表按照在系统中的作用和特点可分为 8 类。

（1）变送单元：温度变送器、差压变送器、液位变送器以及压力变送器等。

（2）调节单元：基型控制器、特种控制器。
（3）给定单元：恒流给定器、比值给定器。
（4）转换单元：电/气转换器、电流转换器。
（5）计算单元：加减器、乘除器、开方器等。
（6）显示单元：积算器、记录仪等。
（7）辅助单元：安全栅、配电器、操作器等。
（8）执行单元：气动执行器、电/气阀门定位器等。

下面就以现代生产过程常用的电动单元组合仪表和气动单元组合仪表为例介绍自动化仪表的命名方法。

1.1.5.1　DDZ-Ⅲ型仪表的型号及命名

DDZ-Ⅲ型仪表各单元的型号由三部分组成，各部分之间用短横线隔开，格式如下：

D□□-□□□□-□

（1）第一部分由三个汉语拼音大写字母所组成。

第一个字母均为D，表示属于电动单元组合仪表。

第二个字母代表仪表大类，字母含义如下：

B——变送单元；T——调节单元；X——显示单元；J——计算单元；Z——转换单元；K——执行单元；G——给定单元；F——辅助单元。

第三个字母代表各大类中的产品小类，同一字母在不同大类中有不同的含义。

在变送单元中：W——温度和温差；Y——压力；C——差压。

在调节单元中：L——连续；D——断续。

在运算单元中：J——加减；S——乘除；K——开方。

在显示单元中：Z——指示；J——记录；B——报警；S——积算。

在执行单元中：Z——直行程；J——角行程。

（2）第二部分由4位阿拉伯数字组成，这4位数字代表产品的种类、规格和结构特征。

（3）第三部分由一个或数个汉语拼音大写字母组成，标志产品的特殊用途。例如，安全火花防爆（A）、隔离防爆（B）、防腐（F）、船用（C）等，当具备一个以上特殊用途时，按字母顺序排列。

例如DBC-2310为一台差压变送器的型号规格。其中第一位数字“2”表示工作压力为400kPa，第二位数字“3”表示测量信号的上限范围为0.6~4kPa，第三位数字“1”表示带单平法兰，第四位数字“0”表示序号。

1.1.5.2　QDZ型仪表的型号及命名

QDZ型仪表型号格式为：

Q□□-□

第一个字母Q表示属于气动单元组合仪表，第二个字母代表仪表大类，字母含义同DDZ-Ⅲ型仪表，第三个字母表示测量参数或仪表品种，最后一个部分是阿拉伯数字，用以表示产品系列、规格、结构特征等编号。

1.2 自动化仪表的性能指标

检测仪表的性能指标是评价仪表性能和质量的主要依据，也是正确选择、应用仪表所必须具备的知识。检测仪表的性能指标很多，概括起来不外乎涉及技术、经济和使用三个方面。仪表技术指标一般有精确度、灵敏度、线性度、变差、反应时间等；仪表的经济指标有价格、使用寿命、功耗等；仪表的使用指标有可靠性、抗干扰能力、重量、体积等。下面分别对仪表的一些基本技术性能指标进行介绍。

1.2.1 精确度及其等级

1.2.1.1 精确度

精确度（简称精度），是反映仪表在规定的使用条件下，测量结果准确程度的一项综合性指标，其形式用最大引用误差去掉百分号来表示，可用下式描述：

$$AC = e_{max}/S_p \times 100 \tag{1-1}$$

式中，AC 为精度；e_{max}为允许最大绝对误差；S_p 为测量仪表最大值与最小值之间的差值。

允许最大绝对误差是在规定的工作条件下，仪表测量范围内各点测量误差的允许最大值，为仪表的“基本误差”。

仪表的精度是衡量仪表质量优劣的重要指标之一，仪表精度的高低由系统误差和随机误差综合决定。精度高，表明仪表的系统误差和随机误差都小，所指示的测量值越接近于参数的真实值，测量结果越准确。

1.2.1.2 精度等级

为了方便仪表的生产及应用，国家用精度等级来划分仪表精度的高低。精度等级是国家统一按精度大小规定的数系。仪表的精度等级一般用圈内数字等形式标注在仪表面板或铭牌上，如0.5、1.5等。

根据国家标准 GB/T 13283—1991 由引用误差表示精度的仪表，其精度等级应符合以下数系规定值：0.01、0.02、(0.03)、0.05、0.1、0.2、(0.25)、(0.3)、(0.4)、0.5、1.0、1.5、(2.0)、2.5、4.0、5.0。其中括号内的等级在必要时才采用，0.4 级只适用于压力表。

不适宜用引用误差表示精度的仪表（如热电偶、热电阻等），可以用拉丁字母或序数数字的先后次序表示精度等级，如 A 级、B 级、C 级或 1 级、2 级、3 级等。

如前所述，仪表的精度是用引用误差表示的，反映某一精度等级仪表在正常情况下，仪表所允许具有的最大引用误差。例如，精度等级为 1 级的仪表，在测量范围内各处的引用误差均不超过±1%时为合格，否则为不合格。

必须指出，在工业应用时，对检测仪表精度的要求，应根据实际生产和参数对工艺过程的影响所给出的允许误差来确定，这样才能保证生产的经济性和合理性。

下面举例说明如何确定仪表的精度等级。

【例 1-1】 某压力检测仪表的测量范围为 0~1000kPa，校验该表时得到的最大绝对误差为±8kPa，试确定该仪表的精度等级。

解：该仪表的精度为

$$AC = e_{max}/S_p \times 100 = e_{max}/(X_{max} - X_{min}) \times 100 = 8/(1000-0) \times 100 = 0.8$$

由于国家规定的精度等级中没有0.8级仪表，而该仪表的精度又超过了0.5级仪表的允许误差，所以，这台仪表的精度等级应定为1.0级。

【例1-2】 某台测温仪表的测量范围为0~100℃，根据工艺要求，温度指示值的误差不允许超过±0.7℃，试问应如何选择仪表的精度等级才能满足以上要求？

解：根据工艺要求，仪表精度应满足

$$AC \leqslant e_{max}/S_p \times 100 = 0.7/(100-0) \times 100 = 0.7$$

此值介于0.5级和1.0级之间，若选择精度等级为1.0级的仪表，其允许最大绝对误差为±1℃，这就超过了工艺要求的允许误差，故应选择0.5级的精度才能满足工艺要求。

由以上两个例子可以看出，根据仪表校验数据来确定仪表精度等级时，仪表的精度等级值应选大于等于由校验结果所计算的精度值；根据工艺要求来选择仪表精度等级时，仪表的精度等级应小于等于工艺要求所计算的精度值。

1.2.2 线性度

由于线性仪表的刻度及信号处理都比较方便，符合使用习惯，所以通常希望仪表具有线性特性。线性度就是仪表特性曲线逼近直线特性的程度，反映仪表分度的均匀程度，仪表的非线性特性如图1-6所示。线性度用非线性误差来表示，即

$$E_{lmax} = e_{lmax}/S_p \times 100\% \tag{1-2}$$

式中，E_{lmax}为线性度；e_{lmax}为仪表特性曲线与理想直线特性间的最大偏差。

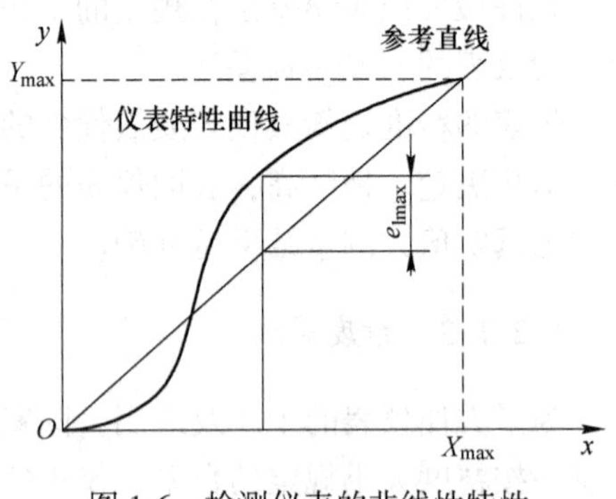

图1-6 检测仪表的非线性特性

1.2.3 灵敏度及分辨率

1.2.3.1 灵敏度

灵敏度反映了静态状况下仪表指示值对被测量变化的幅值敏感程度。灵敏度一般用于模拟量仪表，规定用仪表的输出变化量与引起此变化的被测参数改变量之比来表示，即

$$S = \Delta y/\Delta x \tag{1-3}$$

式中，S为仪表的灵敏度；Δx为被测参数改变量；Δy为仪表输出变化量。

对于变送器、传感器而言，其输出变化量为仪表输出信号的改变量。对于就地指示的仪表而言，其输出变化量就是指针的线位移或角位移。

灵敏度是有单位的，其单位为输出、输入参数单位之比。线性特性的仪表，灵敏度在仪表测量范围内均相同，而对于非线性特性的仪表，灵敏度各处不同，对于多个仪表组成的检测系统，总的灵敏度等于各个仪表灵敏度的乘积。

检测仪表的灵敏度可以用增大仪表转换环节放大倍数的方法来提高。仪表灵敏度高，

仪表示值的读数就会比较精细。但是必须指出，仪表的性能主要取决于仪表的基本误差，如果想单纯地通过提高灵敏度来达到更精确的测量是无法实现的。单纯增加灵敏度，反而会出现虚假的高精度现象，因此，通常规定仪表标尺刻度上的最小分格值不能小于仪表允许的最大绝对误差值。

1.2.3.2 分辨率

在模拟式仪表中，分辨率是指仪表能够检测出被测量最小变化的能力。如果被测量从某一值开始缓慢增加，直到输出产生变化为止，此时的被测量变化量即是分辨率。在检测仪表的刻度始点处的分辨率称为灵敏限。

仪表的灵敏度越高，分辨率越好。一般模拟式仪表的分辨率规定为最小刻度分格值的一半。

在数字式仪表中，往往用分辨力来表示仪表灵敏度的大小。数字式仪表的分辨力是指仪表在最低量程上最末一位数字改变一个字所表示的物理量。例如，七位数字式电压表，若在最低量程时满度值为1V，则该数字式电压表的分辨力为0.1μV。数字仪表能稳定显示的位数越多，则分辨力就越高。

数字仪表的分辨率一般是指显示的最小数值与最大数值之比。例如，测量范围为0~999.9℃的数字温度显示仪表，最小显示0.1℃（末位跳变1个字），最大显示999.9℃，则分辨率为0.01%。

1.2.4 变差

在外界条件不变的情况下，使用同一仪表对同一变量进行正、反行程（被测参数由小到大和由大到小）测量时，仪表指示值之间的差值，称为变差（又称回差）。检测仪表的变差示意如图1-7所示。

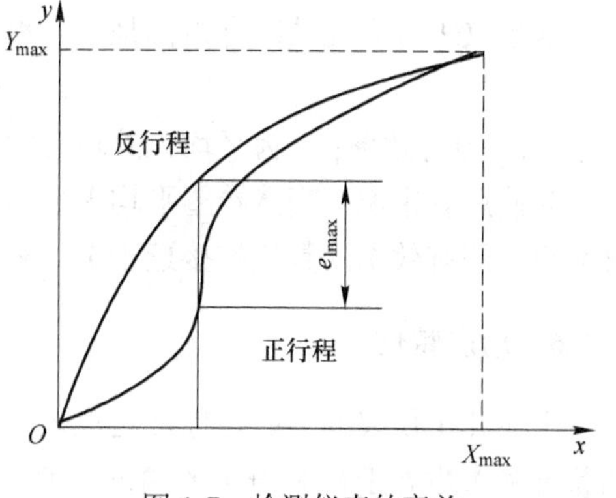

图1-7 检测仪表的变差

不同的测量值，变差的大小也会不同。为了便于与仪表的精度比较，变差的大小一般采用最大引用误差形式表示，即

$$E_{hmax} = e_{hmax}/S_p \times 100\% \qquad (1-4)$$

式中，E_{hmax}为最大变差；e_{hmax}为仪表的正、反行程指示值最大偏差值。

造成变差的原因有很多，例如传动机构的间隙、运动部件的摩擦、弹性元件的弹性滞后的影响等。变差的大小反映了仪表的稳定性，要求仪表的变差不能超过精度等级所限定的允许误差。

【例1-3】 某测温仪表的测量范围为0~600℃，精度等级为0.5级。进行定期校验时，校验数据见表1-2。试确定该仪表的变差和精度等级。如果仪表不合格，应将该仪表定为几级精度使用？

解： 分析校验数据表可知，变差的最大值发生在500℃处，可求出

$$e_{hmax} = 503 - 498 = 5℃$$

$$E_{hmax} = e_{hmax}/S_p \times 100\% = 5/(600-0) \times 100\% = 0.83\%$$

最大绝对误差发生在600℃处，由最大绝对误差

$$e_{max} = 600 - 605 = -5℃$$

可求出仪表精度为

$$AC = e_{max}/S_p \times 100 = |-5|/(600-0) \times 100 = 0.83$$

表 1-2　温度计校验数据表　　℃

标准表读数		0	100	200	300	400	500	600
被校表读数	正行程	0	102	202	304	404	503	605
	反行程	0	100	199	301	403	498	602

确定精度等级时，应将计算精度圆整为大于国家规定的精度等级值，所以，这台仪表的精度等级应定为 1.0 级，大于仪表原定 0.5 级的精度等级。因此该温度计判为不合格，应降为 1.0 级仪表使用。

1.2.5　可靠性

现代工业生产的自动化程度日益提高，检测仪表的任务不仅要提供检测数据，而且要以此为依据，直接参与生产过程的控制。因此，检测仪表在生产过程中的地位越来越重要，一旦出现故障往往导致严重的事故。为此必须加强仪表可靠性的研究，提高仪表质量。

衡量仪表可靠性的综合指标是有效率，其定义为

$$\eta_e = t_u/(t_u + t_f) \tag{1-5}$$

式中，η_e 为有效率；t_u为平均无故障时间；t_f为平均修复时间。

对使用者来说，当然希望平均无故障工作时间尽可能长，同时又希望平均修复时间尽可能短，即有效率的数值越接近于1，仪表工作越可靠。

1.2.6　动态特性

上述几个仪表的性能指标都是仪表的静态特性，是当仪表处于稳定平衡状态时，仪表的状态和参数处于相对静止的情况下得到的性能参数。仪表的动态特性是指被测量变化时，仪表指示值跟随被测量随时间变化的特性。仪表的动态特性反映了仪表对测量值的速度敏感性能。

仪表的动态性能指标，一般用被测量初始值为零，并做满量程阶跃变化时仪表示值的时间反应参数来描述。

被测量做满量程阶跃变化时，仪表的动态特性如图 1-8 所示。图 1-8（a）所示的情况，仪表指示值在稳定值上下振荡波动，称为欠阻尼特性；图 1-8（b）所示的情况，仪表指示值慢慢增加，逐渐达到稳定值，称为过阻尼特性。

对于欠阻尼特性，仪表的动态特性用上升时间 t_{rs}、稳定时间 t_{st}及过冲量 y_{os}表示。图中，A 一般为5%或 10%，B 一般为 90%或 95%，C 一般为 2%~5%。

对于过阻尼特性，仪表的动态特性用时间常数 T_{tc}表示。T_{tc}等于被测量做满量程阶跃变化时，仪表指示值达到满量程的 63.2%时所需时间。

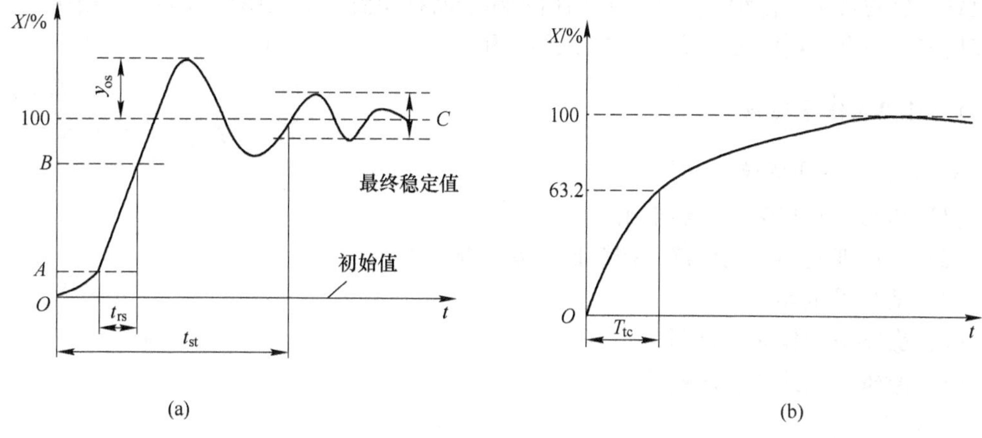

图 1-8 仪表的动态特性
（a）仪表的欠阻尼特性；（b）仪表的过阻尼特性

学习评价

（1）控制仪表与控制系统有什么关系？

（2）什么是信号制？控制系统仪表之间采用哪种连接方式最佳，为什么？

（3）防爆仪表与易燃易爆气体或蒸汽之间有何对应关系？

（4）怎样才能构成一个安全火花防爆系统？

（5）简述过程控制仪表的型号含义和命名方法。

（6）简述我国 DDZ 型仪表采用的标准信号。

（7）现场与控制室仪表之间采用的信号是什么？

（8）控制室内部仪表之间采用的信号是什么？

（9）试画出控制系统仪表之间典型连接方式。

（10）检测仪表的静态性能指标有哪些，各反映仪表的什么性能？

（11）检测仪表的灵敏度和分辨率有什么异同之处，与仪表的动态指标的区别又是什么？

（12）检测仪表的动态性能指标有哪些，能反映仪表的什么性能？

（13）某温度仪表的测量范围为 0~1000℃，精度等级为 0.5 级，校验发现最大绝对误差为 7℃。试确定该仪表是否合格，该仪表的精度应定为几级？

（14）某压力表的量程为 1MPa，精度为 1.0 级，被测压力在 0.6MPa 左右，其测量精度最好可能为多少？如果改用量程为 1.6MPa 的压力表，精度等级和实际测量压力不变，其测量结果是否相同？测量精度最好为多少？

1.3 实 训 任 务

1.3.1 认识自动化仪表

1.3.1.1 任务描述

通过对自动化仪表相关知识的学习，能够根据仪表外观、铭牌，说出并写出其型号规格及各参数的含义；仔细观察仪表找出信号端子所在位置，并指明信号类型；用所给出的仪表构成一安全火花防爆系统，并画出系统图。

1.3.1.2　任务实施

A　任务实施所需装置

（1）压力表、热电偶、热电阻。

（2）差压变送器、执行器、控制器、安全栅。

（3）信号发生器。

（4）数字显示仪表、万用表。

（5）改锥、剥线钳、连接导线等。

B　任务内容

通过对自动化仪表基础知识的学习，充分理解仪表的设计思想和在工业控制领域所起的作用，在此基础上，搜集整理仪表的相关信息。

（1）认识自动化仪表。观察仪表铭牌、辨认仪表类型。按要求记录仪表名称、型号、规格、测量范围、分度号、制造厂名、出厂编号、制造年月等。

（2）检查仪表外观。观察各种仪表的的面板结构，外观应良好；标志清晰、无松动、破损；无读数缺陷；仪表示值清晰等。

（3）查找输入、输出信号端子。

（4）现场与控制室仪表之间连接如图 1-9 所示。

（5）控制室内部仪表之间连接。

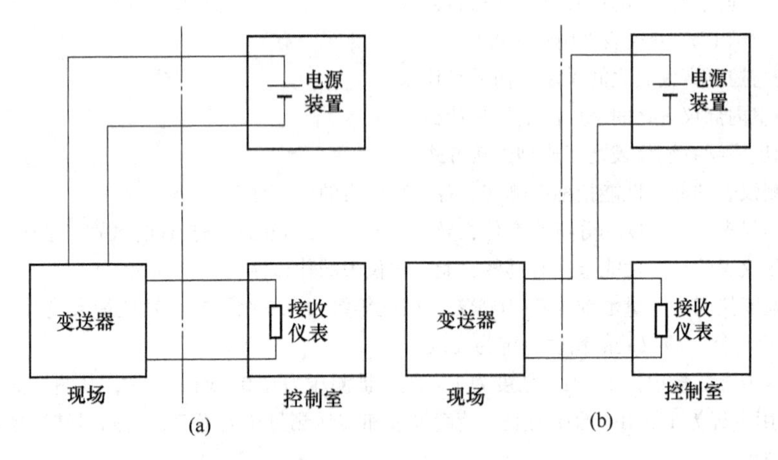

图 1-9　现场与控制室仪表之间的连接

（a）四线制；（b）二线制

1.3.2　信号发生校验仪的认识与使用

1.3.2.1　任务描述

通过对信号发生/校验仪的使用，熟悉信号发生/校验仪的作用及具体功能；知道面板各操作按钮的功能、指示灯含义、输入/输出信号的类型；能熟练设置输出所需的信号及测量各种仪表的信号。

1.3.2.2 任务实施

A 任务实施目的

(1) 熟悉信号发生/校验仪的作用及具体功能。

(2) 知道面板各操作按钮的功能、指示灯含义、输入/输出信号的类型。

(3) 会按要求测量或输出指定类型的信号。

B 任务实施所需装置

(1) SFX-2000 信号发生/校验仪一台，精度 0.05 级。

(2) 万用表一块。

C 任务相关知识

a 信号发生/校验仪的应用场合

SFX-2000 型手持式智能信号发生校验仪是一种智能化的工业仪表校验仪，精度高，体积小，可用于工业仪表的现场调校，也可用于实验室仪器仪表的校准。SFX-2000 功能强大，可模拟输出多种工业控制过程测控中所需的信号，同时也可测量这些工业控制过程中产生的信号。SFX-2000 的结构就是专为现场使用、单手操作而设计的，仪器所有的调整设置仅需单手即可。

SFX-2000 的强大而完善的源输出功能可以进行多种过程仪表的校验与调试。并且在二线制仪表的调校方面，SFX-2000 表现了其优越性，提供了 DC24V 的回路电源，用于直接调测二线制仪表。而在 20mA 的测量方面，可以稳定地显示 20.000（5 位有效数字）值。

b 信号发生校验仪的特点与功能

(1) 可测量输出电流、电压、频率与毫伏信号。

(2) 提供 DC24V 回路电源，直接调测二线制仪表。

(3) 液晶显示，可稳定显示 20.000mA、5.0000V 等五位计数。

(4) 精度为 0.05%。

(5) 自动量程，可有效地提高精度。

(6) 内置 Ni-MH 电池，一次充电可工作 20h。

(7) 频率测量的分辨力可达 0.01Hz。

c 测量指标与输出指标

测量指标见表 1-3。

表 1-3 测量指标

量 程	最大值	精 度
500.00mV	60V	0.05%+3d
5.0000V		0.05%+3d
50.000V		0.05%+3d
20.000mV	240mV	0.05%+2d
200.00mV		0.05%+2d

续表 1-3

量　程	最大值	精　度
5.0000mA	550mA	0.05%+2d
50.000mA		0.05%+2d
500.000mA		0.05%+2d
0~500kHz 五挡自动量程	650kHz	0.01%+1d

注：以上指标的测试条件为（23±5）℃。d 为测量读数在最后一位的大小。

输出指标见表 1-4。

表 1-4　输出指标

量　程	最大值	精　度
500.00mV	5.5V	0.05%+3d
5.0000V		0.05%+3d
20.000mV	240mV	0.1%+2d
200.00mV		0.1%+2d
20.000mA	24mA	0.05%+2d
200.00Hz	22kHz	0.01%+1d
2.0000kHz		
20.000kHz		

注：以上指标的测试条件为（23±5）℃。d 为测量读数在最后一位的大小。

d　技术参数

输入电阻：

电流挡为 10Ω；电压挡为 10MΩ；频率挡为 1MΩ；毫伏挡为 1000MΩ。

负载特性：

电流挡为 R_L≤750Ω（信号是 4~20mA），R_L≤1.5kΩ（信号是 0~10mA）；电压挡为 R_L≥5kΩ；频率挡为 R_L≥5kΩ；毫伏挡为 R_L≥5kΩ。

频率输入波形：矩形波、正弦波、三角波、脉冲（T_{on}≥1.5μs）。

频率输入灵敏度：V_{P-P}≥300mV（频率是 1000kHz）。

使用温度：0~50℃。

环境湿度：相对湿度不超过 90%，无结露。

外形尺寸：190mm×95mm×40mm。

质量：380g（含电池）。

e　SFX-2000 型手持式智能信号发生/校验仪面板认识

SFX-2000 型手持式智能信号发生/校验仪面板如图 1-10 所示。

D　任务内容

（1）正确开启信号发生/校验仪。

（2）按“in/out”选择输出信号，按“FUNC”选择合适的信号类型。

（3）按“STEP”选择合适的信号调整精度，将接线插头插入合适的端子内，按上下

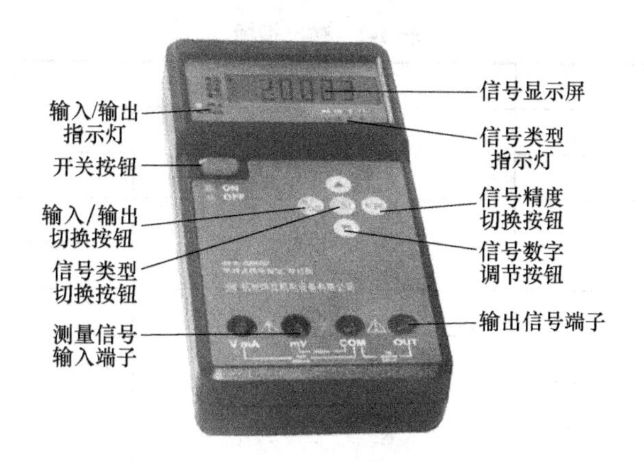

图 1-10 SFX-2000 型手持式智能信号发生/校验仪面板图

箭头，直到面板显示屏达到所需信号大小，用万用表测量输出信号。

（4）任务完成后，关断信号发生/校验仪。

1.3.2.3 任务工单

（1）任务：每组给出一 SFX-2000 型手持式智能信号发生/校验仪。要求：

1）熟悉信号发生/校验仪的作用及具体功能；

2）知道面板各操作按钮的功能、指示灯含义、输入/输出信号的类型；

3）会按要求测量或输出指定类型的信号。

（2）在表 1-5 中写出该信号发生/校验仪的型号及精度。

表 1-5 信号发生/校验仪的型号及精度

序号	名 称	型号规格	精 度	备 注
1				

（3）写出该信号发生仪的使用场合及功能。

（4）了解该信号发生/校验仪的测量、输出指标，并填写表 1-6 和表 1-7。

表 1-6 测量指标

量 程	最大值	精 度
	60V	0.05%+3*d*
		0.05%+3*d*
		0.05%+3*d*
	240mV	0.05%+2*d*
		0.05%+2*d*
	550mA	0.05%+2*d*
		0.05%+2*d*
		0.05%+2*d*
	650kHz	0.01%+1*d*

表 1-7　输出指标

量　程	最大值	精　度
	5.5V	0.05%+3d
		0.05%+3d
	240mV	0.1%+2d
		0.1%+2d
	24mA	0.05%+2d
	22kHz	0.01%+1d

（5）指出图 1-11 中操作面板中各按钮指示灯的作用。

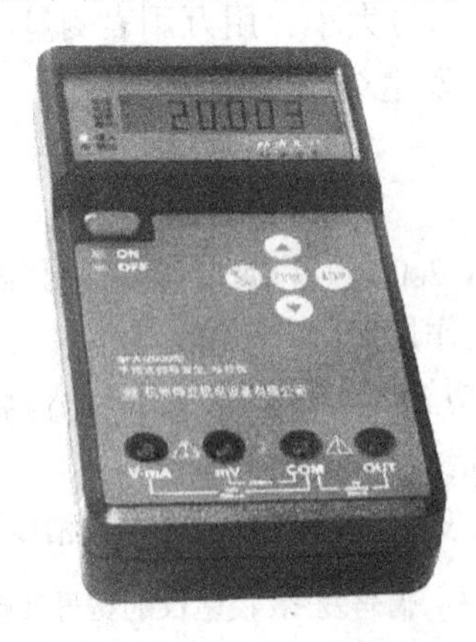

图 1-11　SFX-2000 型信号发生/校验仪面板图

（6）使用该信号发生/校验仪输出表 1-8 中各信号，并请另一小组进行测量。

表 1-8　输出信号

电压	1V	2V	3V	4V	5V
频率	4kHz	8kHz	12kHz	16kHz	20kHz
毫伏	40mV	80mV	120mV	160mV	200mV
测量小组评价：					

1.3.2.4　思考

（1）毫安信号常用于测量和校验什么仪表？

（2）毫伏信号常用于测量和校验什么仪表？

学习情境2 压力仪表的使用与维护

学习目标

能力目标：

(1) 能根据使用要求选择安装合适的压力仪表；

(2) 会对压力仪表进行校验、安装和接线；

(3) 能熟练进行差压变送器的零位、量程、线性的调整及示值校验。

知识目标：

(1) 掌握压力检测的基本概念及压力检测的原理；

(2) 了解压力仪表的分类及适用场合；

(3) 熟悉常用压力仪表的基本结构、工作原理；

(4) 掌握差压变送器的基本结构、工作原理及其校验方法。

2.1 压力检测仪表

2.1.1 概述

压力是工业生产中的重要操作参数之一，压力的测量在生产中起着极其重要的作用。如化工、炼油生产过程都是在一定的压力条件下进行的，像高压聚乙烯要在150MPa的高压下进行聚合，而炼油厂的减压蒸馏则要在比大气压低很多的负压下进行。如果压力达不到要求，不仅产品的产量和质量不能满足要求，而且可能酿成严重事故。为了保证生产的正常运行，达到优质、高产、低消耗，必须对压力进行监控。

在工业生产中，压力是指介质垂直作用在单位面积上的力（实质是压强的概念，本书在不引起误解的情况下，两者通用）。在压力测量中，常有绝对压力、表压、负压（真空度）之分，其相互关系如图2-1所示。

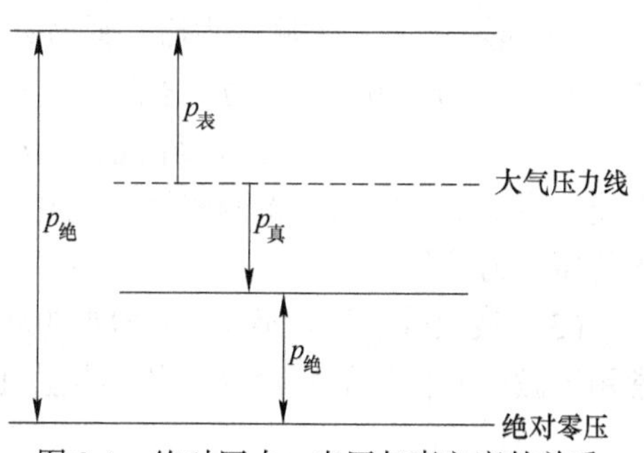

图2-1 绝对压力、表压与真空度的关系

绝对真空下的压力称为绝对零压，以绝对零压为基准的压力就是绝对压力。表压是以一个大气压为基准的压力，所以，表压是绝对压力与大气压力之差。当被测压力低于大气压时，表压为负值，其绝对值称为真空度，因此真空度是大气压力减去绝对压力的差值。

因为各种工艺设备和测量仪表通常都处于大气当中，本身就承受着大气压力，所以工程上常用表压或真空度来表示压力的大小。以后所提到的压力，除特殊说明外，均指表压或真空度。

根据国际单位制规定，压力单位为帕斯卡（Pa），简称帕，$1Pa = 1N/m^2$。但帕所代表的压力较小，工程上常用兆帕（MPa）表示。兆帕与帕的换算关系为：$1MPa = 10^6 Pa$。

测量压力和真空度的仪表很多，压力检测仪表常用的测压方法有三种：

（1）液柱测压法。根据流体静力学原理，将被测压力转换成液柱高度进行测量。如U形管压力计、单管压力计、斜管压力计等，这种压力计结构简单、使用方便，但其精度受工作液的毛细管作用、密度及视差等因素影响，测量范围较窄，只能进行就地指示，一般用来测量低压或真空度。

（2）弹性测压法。根据弹性元件受力变形的原理，将被测压力转换成弹性元件形变的位移进行测量。如弹簧管压力计、波纹管压力计及膜片式压力计等，这类压力表测量范围广、结构简单、价格低廉、工作可靠、使用方便，常用于精度要求不高，信号无须远传的场合，作为压力的就地检测和监视装置。

（3）电气测压法。通过机械或电气元件将被测压力信号转换成电信号（电压、电流、电容、电阻、频率等）进行测量和传送。如电容式、电阻式、电感式、应变片式和霍尔片式等压力传感器，这类仪表结构简单，测量范围宽，静压误差小，精度高，调整使用方便，常用于测量快速变化、脉动压力及需要远距离传送压力信号的场合。

2.1.2 弹性式压力计

弹性式压力计根据各种弹性元件在被测压力的作用下产生弹性变形的原理来进行压力测量。弹性式压力计简单可靠、读数清晰、便宜耐用、测量范围广，是目前工业生产上应用最为广泛的一种压力指示仪表。压力表的常用标准有《一般压力表》（GB/T 1226—2010）、《精密压力表》（GB/T 1227—2010）、《膜盒压力表》（JB/T 9074—1999）等。

2.1.2.1 常用弹性元件

弹性元件是一种简易可靠的压力敏感元件。它不仅是弹性式压力计的测压元件，也常用作气动单元组合仪表的基本组成元件。

（1）单圈（多圈）弹簧管。单圈弹簧管是弯成270°圆弧的空心金属管，其截面为扁圆形或椭圆形。当通以被测压力后，弹簧管自由端会产生位移。单圈弹簧管自由端位移较小，能测量高达1000MPa的压力。多圈弹簧管自由端位移较大，可以测量中、低压和真空度。

（2）膜片、膜盒。膜片是由金属或非金属材料做成的具有弹性的薄片，在压力作用下能产生变形。膜盒是将两张金属膜片沿周口对焊起来成一薄壁盒子，里面充以硅油，用来传递压力信号。

（3）波纹管。波纹管是一个周围为波纹状的薄壁金属筒体，易于变形，位移很大，常用于微压和低压的测量（一般不超过1MPa）。

2.1.2.2 单圈弹簧管压力表

A 弹簧管测压原理

弹簧管一端封闭，可以自由移动，另一端固定在接头上，当通入被测压力后，由于椭圆形截面在压力的作用下将趋于圆形，弯成圆弧的弹簧管随之产生向外挺直的扩张变形，其自由端移动，当弹簧管由于自身刚度产生的反作用力与被测压力相平衡时，自由端位移一定。显然，被测压力越大，自由端位移越大，测出自由端的位移量，就能反映被测压力的大小，这就是弹簧管的测压原理。

B　弹簧管压力表的结构及动作过程

弹簧管压力表结构组成如图 2-2 所示，由测压元件（弹簧管）、传动放大机构（拉杆、扇形齿轮、中心齿轮）、指示机构（指针、面板）及外壳等几部分构成。

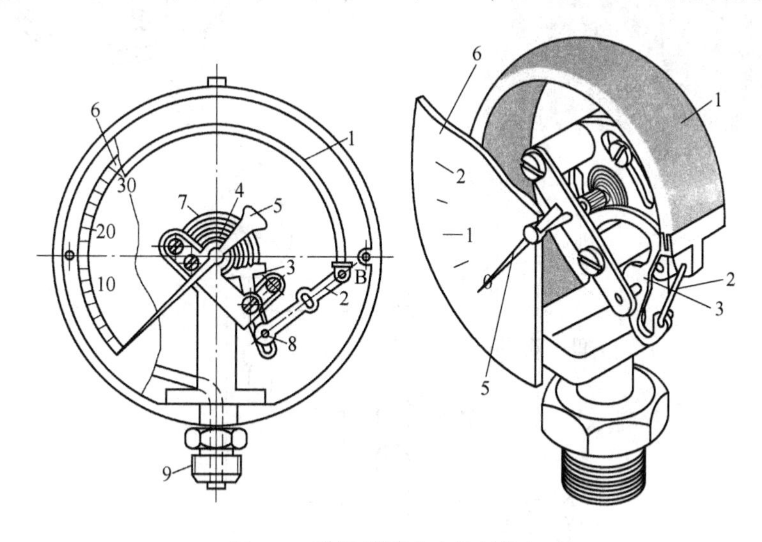

图 2-2　弹簧管压力表的结构组成

1—弹簧管；2—拉杆；3—扇形齿轮；4—中心齿轮；5—指针；6—面板；7—游丝；8—调整螺钉；9—接头

被测压力信号经弹簧管转换成自由端位移信号，通过拉杆使扇形齿轮作逆时针偏转，由于齿轮的啮合作用，中心齿轮顺时针转动，带动同轴的指针偏转，在面板的刻度标尺上指示出被测压力的数值。理论和实验表明弹簧管自由端的位移与被测压力成正比关系，因此弹簧管压力表的刻度标尺是线性的。

游丝用来克服因扇形齿轮和中心齿轮间的传动间隙而产生的仪表变差。调整螺钉用来调整压力表的量程。

变差校正：游丝 7 始终给中心齿轮施加一个微小的力矩，使中心齿轮和扇形齿轮始终有一侧齿面啮合，以克服齿轮传动啮合间隙而产生的仪表变差。

量程调整：改变调整螺钉 8 在扇形齿轮的槽孔中位置，以改变传动放大机构的放大倍数，实现压力表量程的调整。

C　电接点压力表

在生产过程中往往需要把压力控制在规定的范围内，如果超出了这个范围，就会破坏正常的工艺过程，甚至发生事故，在这种情况下可采用电接点压力表。它是在一个弹簧管压力表的基础上加一个电接触装置而成的，电接触装置可以在系统压力达到最高或最低工作压力（压力偏离给定范围）时，接通或切断电路，及时发出报警信号，提醒操作人员注意，并可通过中间继电器构成联锁回路实现压力的自动控制。图 2-3 所示是电接点压力表的外形、结构和工作原理示意图。

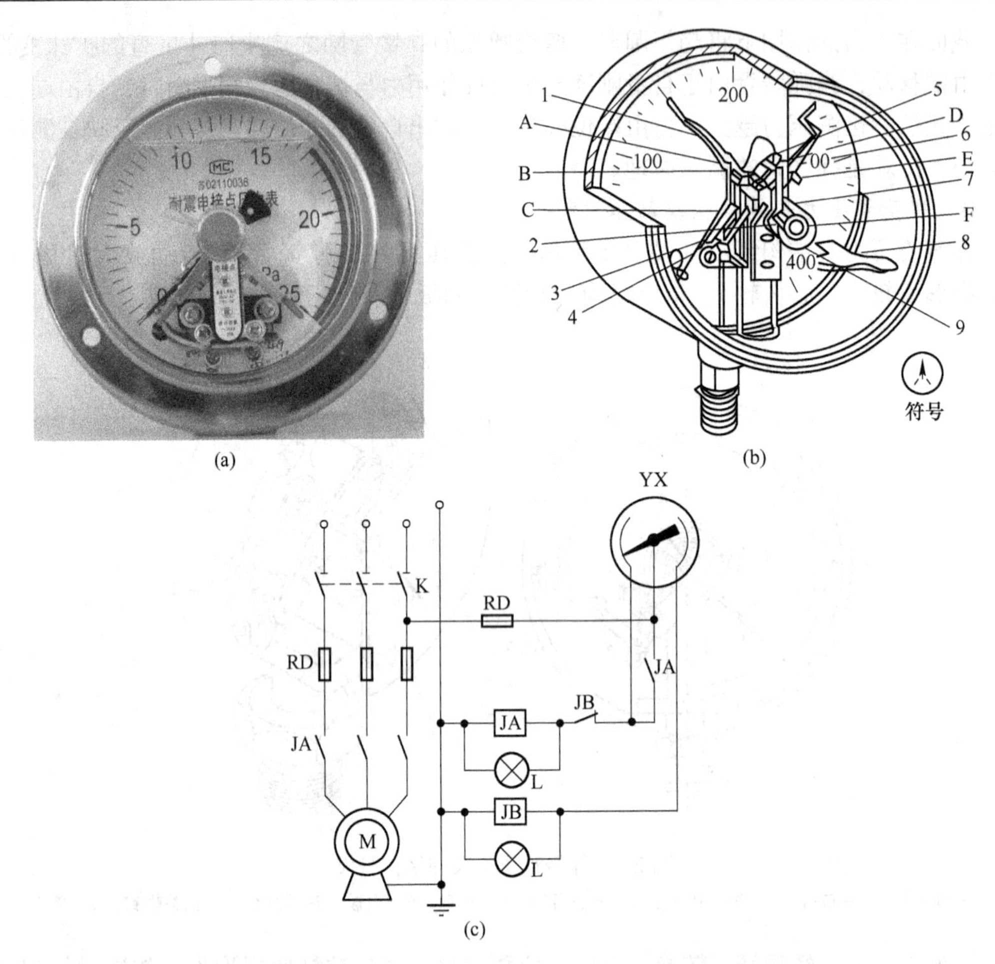

图 2-3　电接点压力表的外形、结构和工作原理示意图

(a) 外形；(b) 结构；(c) 工作原理

1—下限指针；2—指针；3—下限触头；4—动触头；5—上限触头；6—上限指针；7—拨针；8—钥匙；9—弹簧；A～F—销；YX—电接点压力表；M—电动机；JA—接触器及其触点；JB—中间继电器及其触点；K—组合开关；L—指示灯；RD—熔断器

电接点压力表的中间和电源的某一相相连，当压力低于某一数值时，因中间继电器 JB 处于常闭状态，所以 JA 得电接通，JA 触点动作带动电机 M 转动；在此过程中 JA 处于自锁状态，因此电机 M 不会停。当压力超过某一数值时，下面一个回路的 JB 得电，此时上一回路的 JB 常闭触点断开，JA 失电，电机 M 停转。

在有爆炸介质的场合下，当电接点压力表的动触点和静触点相碰时会产生火花或电弧，为此在这些场合需要采用防爆型电接点压力表。

2.1.3　电气式压力计

电气式压力计是指将压力转换成电信号进行显示的仪表。电气式压力变送器是指将压力转换成标准电信号输出的仪表。电气式压力计一般由压力传感元件、测量电路和信号处理电路所组成。这种压力计的测量范围较广，可以远距离传送信号，在工业生产中可以实现压力自动控制和报警，并可与控制设备联用。

2.1.3.1 应变式压力传感器

应变式压力传感器是利用电阻应变原理构成的。电阻应变片有金属应变片（金属丝或金属箔）和半导体应变片两类。金属丝应变片的结构如图 2-4 所示，当应变片产生纵向拉伸变形时，应变丝长度变长、截面积变小，其阻值增加；当应变片产生纵向压缩变形时，截面积变大、应变丝长度变短，其阻值减小。

使用时，金属应变片要紧贴在应变物上，如测梁的受力。如果没有应变物，只测气体的压力，则要借助于应变筒。如图 2-5 所示，应变筒 1 的上端与外壳 2 固定在一起，下端与膜片 3 紧密接触，应变片 r_1 沿应变筒轴向贴放，r_2 沿径向贴放，当被测压力 p 作用于膜片使应变筒作轴向受压变形时，r_1 纵向压缩应变、阻值变小，r_2 纵向拉伸应变、阻值变大，应变片电阻的变化可用电桥测出，r_1 和 r_2 的变化，使桥路失去平衡，有不平衡电压 ΔU 输出。

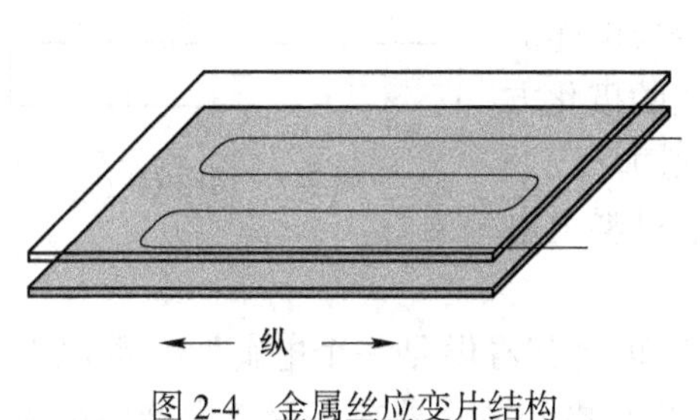

图 2-4 金属丝应变片结构

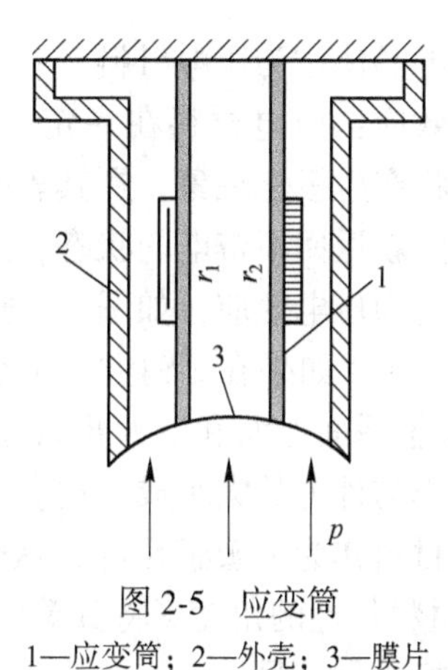

图 2-5 应变筒

1—应变筒；2—外壳；3—膜片

2.1.3.2 扩散硅式压力传感器

如图 2-6 所示，扩散硅式压力传感器是根据单晶硅的压阻效应工作的。在一片很薄的单晶硅片上利用集成电路工艺扩散出四小片等值电阻，构成惠斯登测量桥路。当被测压力变化时，硅片产生应变，从而使电桥四个桥臂的电阻产生微小的应变，一对桥臂电阻变大，另一对变小，电桥失去平衡，其输出电压的大小与被测压力成正比，此信号经过精密的补偿和信号处理，转换成与输入压力信号呈线性关系的标准电流信号输出。扩散硅式压力传感器可直接与二次仪表以及计算机控制系统连接，实现生产过程的自动检测和控制，可广泛应用于各种工业领域中的气体、液体的压力检测。

扩散硅式压力传感器的测量精度高；测量范围宽，最小 0～200Pa，最大 0～400MPa；内部带有完善的温度补偿，工作可靠；零点输出小，长期稳定性好；体积小、质量轻、高阻抗、低功耗、抗干扰能力强；工作频率高、使用寿命长；具有可靠的机械保护和防爆保护，适于在各种恶劣的环境条件下工作，便于数字化显示。

2.1.3.3 压电式压力传感器

压电式压力传感器是利用某些材料的压电效应原理制成。具有这种效应的材料如压电

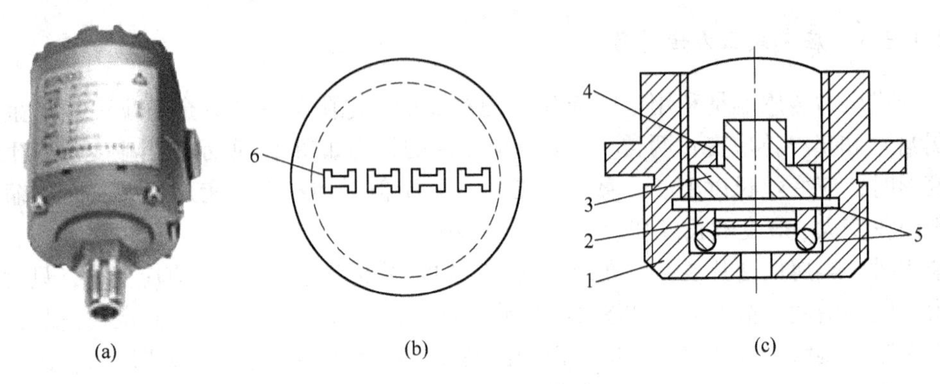

图 2-6　扩散硅式压力传感器

（a）外形；（b）单晶硅片；（c）结构

1—基座；2—单晶硅片；3—导环；4—螺母；5—密封垫圈；6—等效电阻

陶瓷、压电晶体称为压电材料。

压电效应：压电材料在一定方向受外力作用产生形变时，内部将产生极化现象，在其表面上产生电荷。当去掉外力时，又重新返回不带电的状态，这种机械能转变成电能的现象，称之为压电效应，如图 2-7 所示，压电陶瓷的极化方向为 z 轴方向。如果在 z 轴方向上受外力作用，则垂直于 z 轴的 x、y 轴平面上面和下面出现正负电荷，压电材料上电荷量的大小与外力的大小成正比。

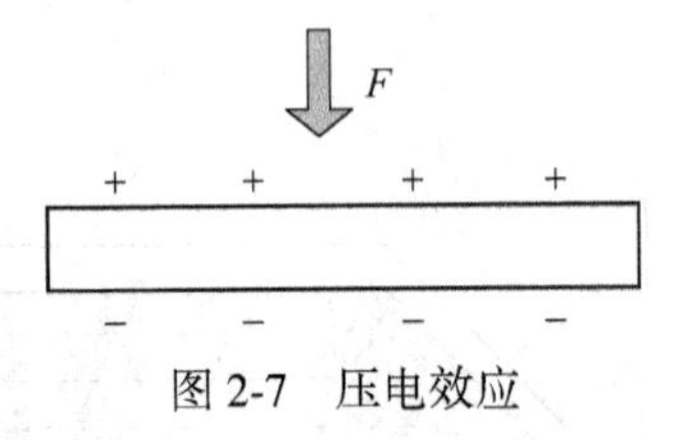

图 2-7　压电效应

压电材料作为力敏感元件，从输出特性的角度可将其看做是一个电荷源（静电发生器）；从材料特性的角度可将其等效为一个电容，后接电压放大器或电荷放大器即可将压力信号转换为电信号。

2.2　压力变送器

2.2.1　概述

变送器在自动检测和控制系统中的作用，是将各种工艺参数，如温度、压力、流量、液位、成分等物理量转换成统一的标准信号，以供显示、记录或控制之用。

变送器按被测参数可分为差压变送器、压力变送器、温度变送器、液位变送器、流量变送器等，按输入信号可分为模拟式和数字式两大类，理想输入输出特性如图 2-8 所示。

图中，$y=\frac{x}{x_{max}-x_{min}}(y_{max}-y_{min})+y_{min}$，$x_{min}$ 可能等于 0，也可能不等于 0。

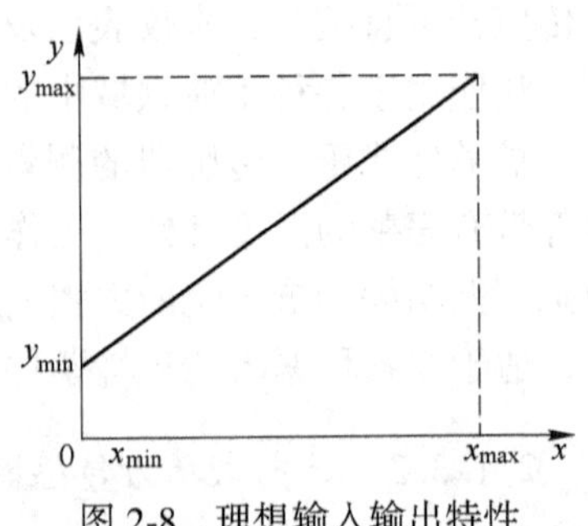

图 2-8　理想输入输出特性

2.2.1.1 变送器的构成原理

A 模拟式变送器构成原理

变送器是基于负反馈原理工作的，其构成原理如图 2-9 所示，包括测量部分（即输入转换部分）、放大器和反馈部分。测量部分用以检测被测变量 x，并将其转换成能被放大器接受的输入信号 z_i（电压、电流、位移、作用力或力矩等信号）。

反馈部分则把变送器的输出信号 y 转换成反馈信号 z_f，再送至输入端。z_i 与调零信号 z_0 的代数和同反馈信号 z_f 进行比较，其差值 ε 送入放大器进行放大，并转换成标准信号 y。

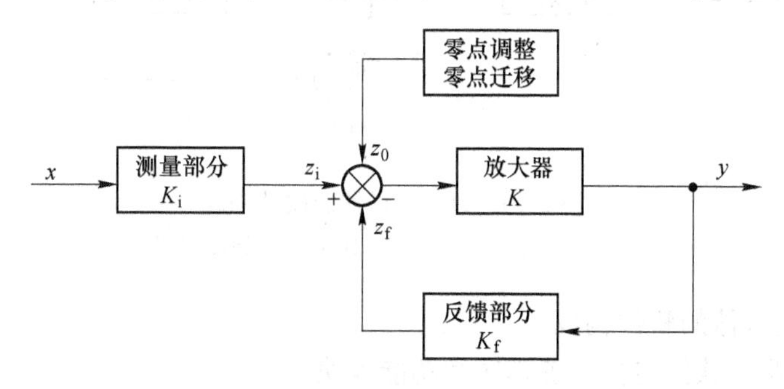

图 2-9 变送器的构成原理

由图 2-9 可求得变送器输出与输入之间的关系为：

$$y = \frac{K_i x K}{1 + KK_f} + \frac{z_0 K}{1 + KK_f}$$

当满足 $KK_f \gg 1$ 的条件时，

$$y = \frac{K_i K}{KK_f} x + \frac{K}{KK_f} z_0 = \frac{K_i}{K_f} x + \frac{z_0}{K_f}$$

由上式可知：

（1）调整 K_i、K_f 可以改变线性关系的斜率，从而可以调量程，调试会影响零点；

（2）调整 z_0 可以改变零点，同时也会引起线性关系的平移。

在小型电子式变送器中，反馈部分往往仅由几个电阻和电位器构成，因此常把反馈部分和放大器合在一起作为一个负反馈放大部分看待；或者将反馈部分和放大器合做在一块芯片内，这样变送器即可看成由测量部分和放大器两部分组成。另外，调零和零点迁移环节也常常合并在放大器中。

B 数字式变送器的构成原理

数字式变送器由两大部分组成：硬件电路，以微处理器 CPU 为核心；软件，包括系统程序和功能模块。

a 数字式变送器的硬件构成

数字式变送器的硬件构成如图 2-10 所示。智能式变送器还配置有手持终端（外部数据设定器或组态器），用于对变送器参数进行设定，如设定变送器的型号、量程调整、零点调整、输入信号选择、输出信号选择、工程单位选择和阻尼时间常数设定以及自诊断等。

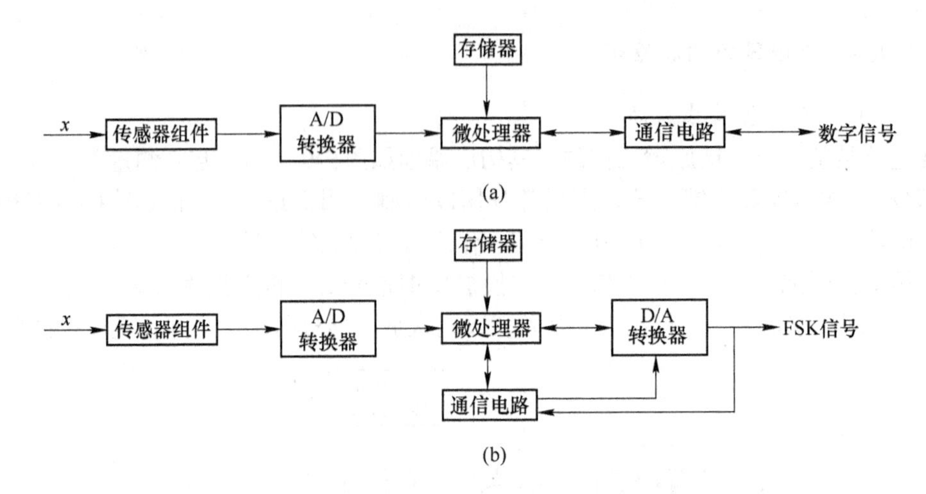

图 2-10　数字变送器的硬件构成

（a）一般形式；（b）采用 HART 协议通信方式

b　数字式变送器的软件构成

数字式变送器的软件包括系统程序和功能模块。

系统程序对变送器硬件的各部分电路进行管理，并使变送器能完成最基本的功能，如模拟信号和数字信号的转换、数据通信、变送器自检等。

功能模块可能有资源模块、变量转换、模拟输入、量程自动切换、非线性校正、温度误差校正、阻尼时间设定、显示转换、运算功能、PID 控制功能、警报等。

2.2.1.2　变送器的共性问题

变送器的共性问题包括量程调整、零点调整和零点迁移、线性化、变送器信号传输方式等。

A　量程调整

量程调整（即满意度调整）的目的是使变送器输出信号的上限值 y_{max}（即统一标准信号的上限值）与测量范围的上限值 x_{max} 相对应。如图 2-11 所示为变送器量程调整前后输入输出特性。由图可见，量程调整相当于改变输入输出特性的斜率，也就是改变变送器输出信号 y 与被测变量 x 之间的比例系数。

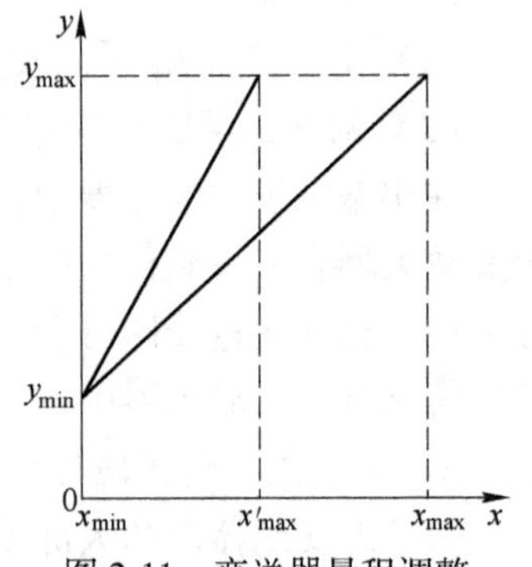

图 2-11　变送器量程调整前后输入输出特性

量程调整的方法：

（1）模拟式变送器。改变反馈部分的反馈系数：K_f↑→量程↑；改变测量部分转换系数：K_i↑→量程↓。

（2）数字式变送器。可以通过软件设置实现量程调整。

B　零点调整和零点迁移

零点调整和零点迁移如图 2-12、图 2-13 所示，其目的都是使变送器的输出信号的下限值 y_{min} 与测量范围的下限值 x_{min} 相对应。在 $x_{min}=0$ 时，为零点调整；$x_{min}\neq0$ 时，为零点迁移，也就是说零点调整使变送器的测量起始点为零，零点迁移则是把测量起始点由零迁移到某一数值（正值或负值）。

当测量的起始点由零变为某一正值时，称为正迁移；反之，当测量的起始点由零变为某一负值时，称为负迁移。如图 2-14 所示。

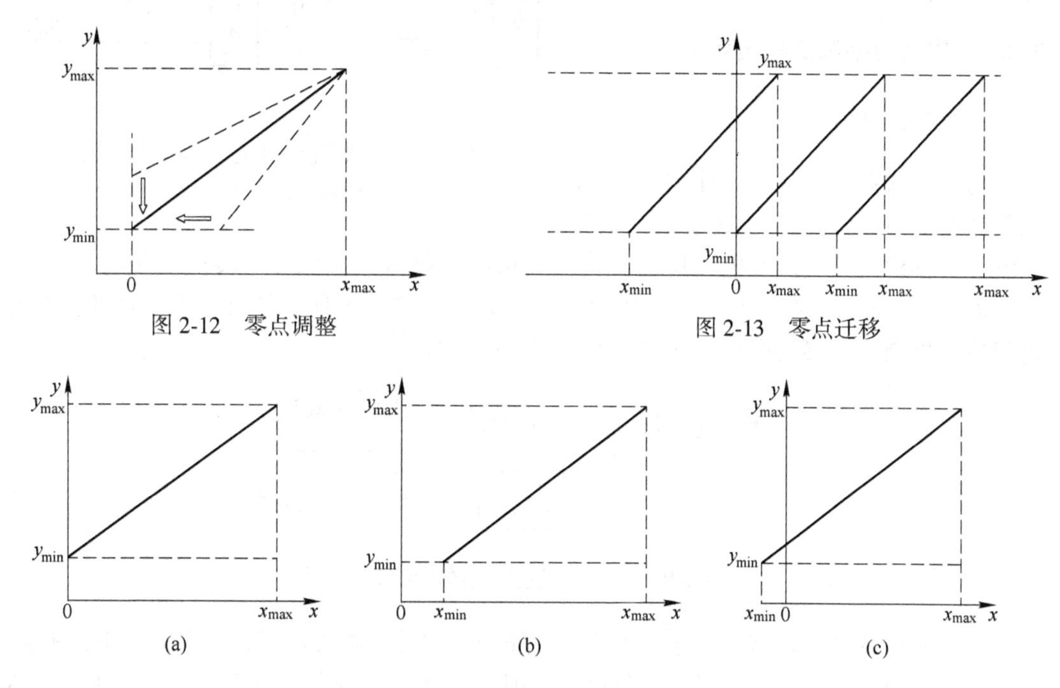

图 2-12 零点调整

图 2-13 零点迁移

图 2-14 变送器零点迁移前后的输入与输出特性

（a）未迁移；（b）正迁移；（c）负迁移

由图 2-14 可以看出，零点迁移以后，变送器的输入输出特性沿 x 坐标向右或向左平移了一段距离，其斜率并没有改变，即变送器的量程不变。进行零点迁移，再辅以量程调整，可以提高仪表的测量灵敏度。

对于模拟式变送器，可以通过改变放大器输入端上的调零信号 z_0 进行零点调整和零点迁移；对于数字式变送器，可以通过软件设置实现零点调整和零点迁移。

C 线性化

原因：传感器组件输出信号与被测参数之间存在着非线性关系。

模拟式变送器非线性补偿方法：反馈补偿。使反馈部分与传感器组件具有相同的非线性特性。

数字式变送器非线性补偿方法：测量补偿（软件实现）。使测量部分与传感器组件具有相反的非线性特性。

D 变送器信号传输方式

气动变送器：两根气动管线。

电动模拟式变送器：二线制、四线制。

数字式变送器：双向全数字量传输信号（现场总线通信方式）、HART 通讯协议方式。

电动模拟式变送器信号传输方式如图 2-15 所示。

二线制：两根导线同时传送变送器所需的电源和输出电流信号。其优点是节省连接电缆、有利于安全防爆和抗干扰。

四线制：两根导线分别传输供电电源和输出信号用。

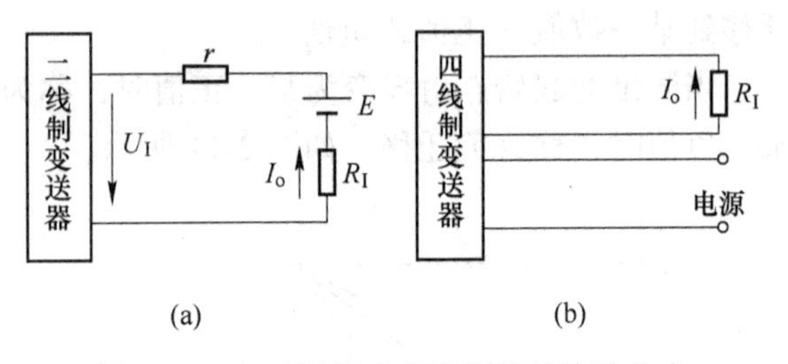

图 2-15　电动模拟式变送器信号传输方式

（a）二线制变送器；（b）四线制变送器

2.2.2　电动力平衡式差压变送器

2.2.2.1　概述

力平衡式差压变送器的构成方框图如图 2-16 所示，它包括测量部分、杠杆系统、位移检测放大器及电磁反馈机构。测量部分将被测差压 Δp_i 转换成相应的输入力 F_i，该力与电磁反馈机构输出的作用力 F_f 一起作用于杠杆系统，使杠杆产生微小的偏移，再经位移检测放大器转换成统一的直流电流输出信号。

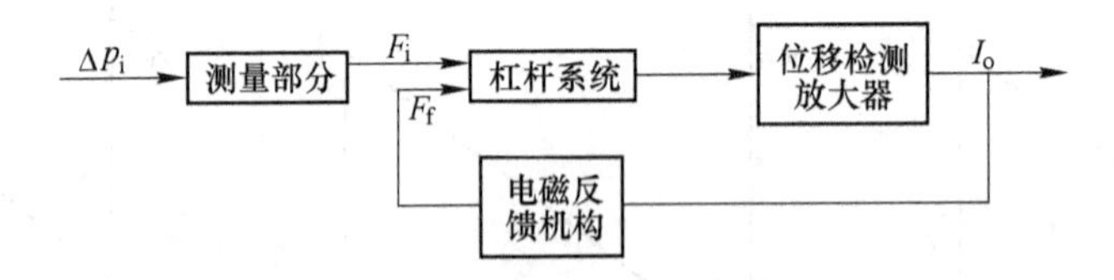

图 2-16　力平衡式差压变送器构成方框图

这类差压变送器是基于力矩平衡原理工作的，它是以电磁反馈力产生的力矩去平衡输入力产生的力矩。由于采用了深度负反馈，因而测量精度较高，而且保证了被测差压 Δp_i 和输出电流 I_o 之间的线性关系。

在力平衡式差压变送器的杠杆系统中，目前已广泛采用了固定支点的矢量机构，并用平衡锤使副杠杆的重心与其支点相重合，从而提高了仪表的可靠性和稳定性。下面就以这种变送器为例进行讨论。

变送器的主要性能指标基本误差一般为±0. 25%，低差压为±1%，微差压为±1. 5%、±2. 5%，变差为±2. 5%，灵敏度为±0. 05%，负载电阻为 250~350Ω。

2.2.2.2　工作原理和结构

力平衡式差压变送器的工作原理可以用图 2-17 来说明。

被测差压信号 p_1、p_2 分别引入测量元件 3 的两侧时，膜盒就将两者之差（Δp_i）转换为输入力 F_i。此力作用于主杠杆的下端，使主杠杆以轴封膜片 4 为支点而偏转，并以力 F_1 沿水平方向推动矢量机构 8。矢量机构 8 将推力 F_1 分解成 F_2 和 F_3，F_2 使矢量机构的推板向上移动，并通过连接簧片带动副杠杆 14，以 M 为支点逆时针偏转。这使固定在副杠杆上的差动变压器 13 的检测片（衔铁）12 靠近差动变压器，两者间的气隙减小。检测片的位移变化量通过低频位移检测放大器 15 转换并放大为 4~20mA 的直流电流 I_o，作为变送器的输出信号。同时，该电流又流过电磁反馈机构的反馈动圈 16，产生电磁反馈力 F_f，使副杠杆顺时针偏转。当反馈力 F_f 所产生的力矩和输入力 F_i 所产生的力矩平衡时，变送器便达到一个新的稳定状态。此时，放大器的输出电流 I_o 反映了被测差压 Δp_i 的大小。

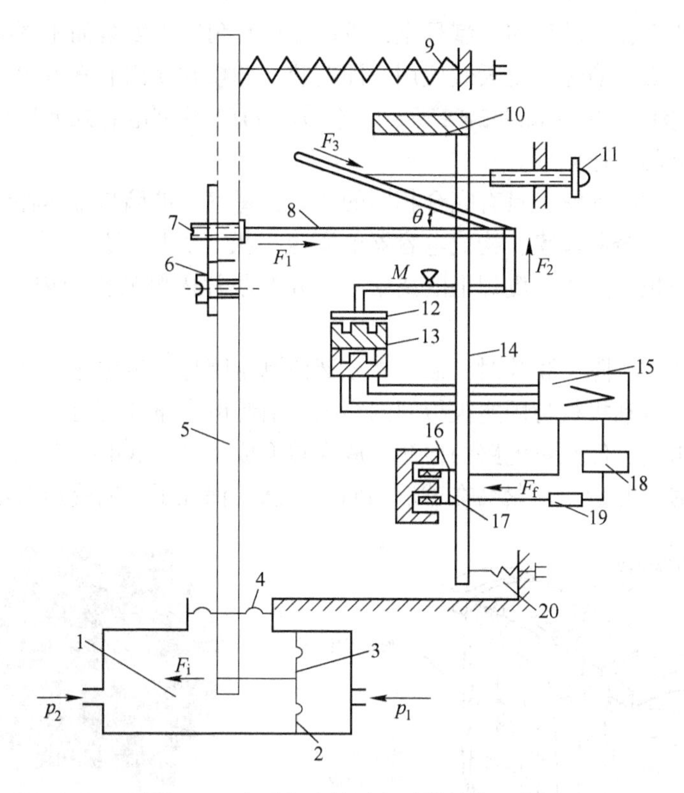

图 2-17 力平衡式差压变送器结构示意图

1—低压室；2—高压室；3—测量元件（膜盒、膜片）；4—轴封膜片；5—主杠杆；6—过载保护簧片；7—静压调整螺钉；8—矢量机构；9—零点迁移弹簧；10—平衡锤；11—量程调整螺钉；12—检测片（衔铁）；13—差动变压器；14—副杠杆；15—放大器；16—反馈动圈；17—永久磁钢；18—电源；19—负载；20—调零弹簧

2.2.3 电容式差压变送器

电容式差压变送器是将压力的变化转换成电容量的变化进行测量的，是美国罗斯蒙特公司于 1959 年研制的，这项技术首先用于军事工业，并于 1969 年正式发表，随后各国相继研制；我国于 20 世纪 70 年代末开始生产电容式差压变送器，如西安仪表厂的 1151 系列（引进美国罗斯蒙特公司技术），兰州炼油厂仪表厂 FC 系列（引进日本富士公司技术）均属于此类仪表。

电容式差压变送器是微位移式变送器，它以差动电容膜盒作为检测元件，并且采用全密封熔焊技术。因此整机的精度高、稳定性好、可靠性高、抗震性强，其基本误差一般为±0.2%或±0.25%。

敏感元件的中心感压膜片是在施加预张力条件下焊接的，其最大位移量为 0.1mm，既可使感压膜片的位移与输入差压呈线性关系，又可以大大减小正、负压测量室法兰的张力和力矩影响而产生的误差。中心感压膜片两侧的固定电极为弧形电极，可以有效地克服静压的影响和更有效地起到单向过压的保护作用。

采用二线制方式，输出电流为 4～20mA DC 国际标准统一信号，可与其他接收 4～20mA DC 信号的仪表配套使用，构成各种控制系统。

变送器设计小型化、品种多、型号全，可以在任意角度下安装而不影响其精度，量程和零点外部可调，安全防爆，全天候使用，即安装、调校和使用非常方便。

1151 电容式差压变送器如图 2-18 所示。本节以 1151 系列电容式差压变送器为例介绍电容式差压变送器的工作原理。

电容式敏感元件称 δ 室，具有完全相同的两室，每室由玻璃与金属杯体烧结后，磨出球形凹面，再镀一层金属薄膜，构成电容器的固定极板。测量膜片焊接在两个杯体之间，为电容器的活动极板。杯体外侧焊上隔离膜片，并在膜片内侧的空腔内充满硅油或氟油，以便传递压力。

当被测压力作用于隔离膜片时，通过灌充液使测量膜片产生位移，其位移量和压差成正比，从而改变了可动极板与固定极板间的距离，引起电容量的变化，形成差动电容并通过引线传给测量电路，经测量电路的检测，放大转换成 4~20mA DC 信号。

当 δ 室过载时，测量膜片紧贴在球形凹面上，从而保证了单向受压时不致损坏。

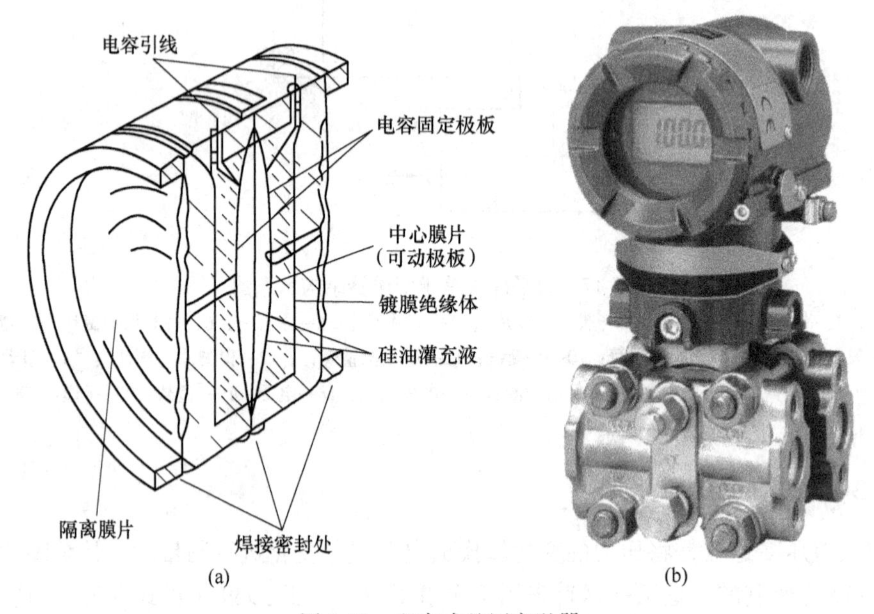

图 2-18 电容式差压变送器

（a）内部结构图；（b）外形图

变送器由测压部件、电容/电流转换电路、放大和输出限制电路三部分组成，其构成框图如图 2-19 所示，原理电路图如图 2-20 所示。

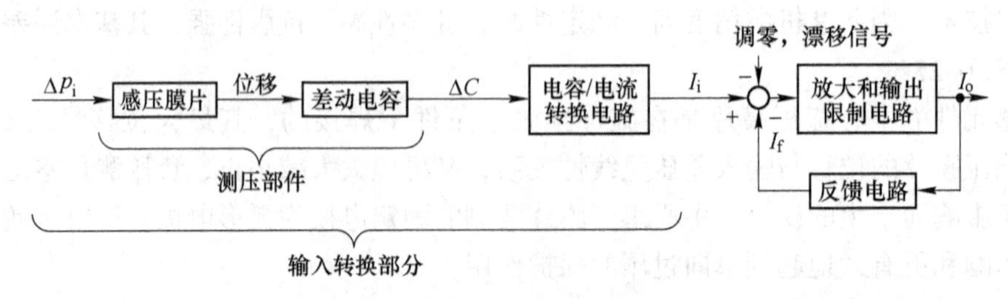

图 2-19 电容式差压变送器构成框图

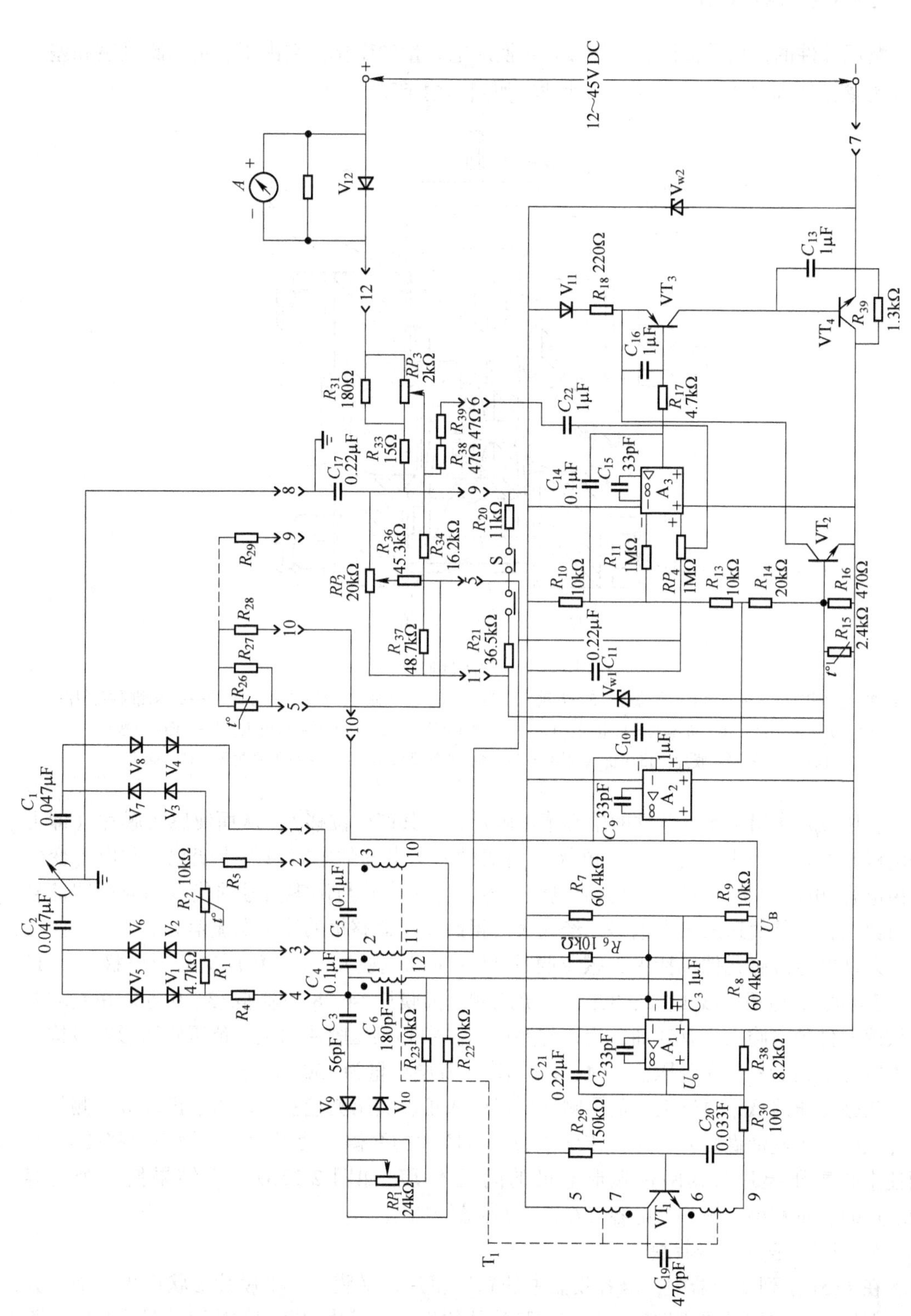

图 2-20 电容式差压变送器原理电路图

2.2.3.1　测压部件

测压部件的作用是把被测差压 Δp_i 转换成电容量的变化。它由正、负压测量室和差动电容敏感元件等部分组成。测压部件结构如图 2-21 所示。

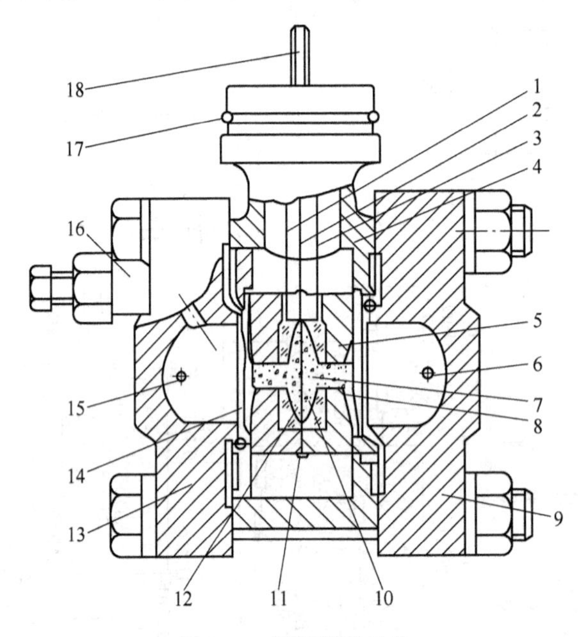

图 2-21　测压部件结构

1~3—电极引线；4—差动电容膜盒座；5—差动电容膜盒；6—负压侧导压口；7—硅油；8—负压侧隔离膜片；9—负压侧基座；10—负压侧弧形电极；11—中心感压膜片；12—正压侧弧形电极；13—正压侧基座；14—正压侧隔离膜片；15—正压侧导压口；16—放气排液螺钉；17—O 形密封环；18—插头

差压 Δp_i 作用于测量部件的中心感压膜片，使其产生位移 S，从而使感压膜片（即可动电极）与两弧形电极（即固定电极）组成的差动电容的电容量发生变化。此电容变化量由电容/电流转换电路转换成直流电流信号，电流信号与调零信号的代数和与反馈信号进行比较，其差值送入放大电路，经放大后得到变送器整机的输出电流信 I_o。

差动电容敏感元件包括中心感压膜片 11（可动电极），正、负压侧弧形电极 10、12（固定电极），电极引线 1、2、3，正、负压侧隔离膜片 14、8 和基座 13、9 等。在差动电容敏感元件的空腔内充有硅油，用以传递压力。中心感压膜片和正、负压侧弧形电极构成的电容为 C_{i1} 和 C_{i2}，无差压输入时，$C_{i1}=C_{i2}$，其电容量为 150~170pF。

当被测压差 Δp_i 通过正、负压侧导压口引入正、负压测量室，作用于正、负压侧隔离膜片上时，由硅油做媒介将压力传到中心感压膜片的两侧，使膜片产生微小位移 ΔS，从而使中心感压膜片与其两边弧形电极的间距不等，如图 2-22 所示，结果使一个电容（C_{i1}）的容量减小，另一个电容（C_{i2}）的容量增加。

A　差压/膜片位移转换

在 1151 系列变送器中，电容膜盒中的感压膜片是平膜片，平膜片形状简单，加工方便，但压力和位移是非线性的，只有在膜片的位移小于膜片的厚度的情况下是线性的。膜片在制作时，无论测量高差压、低差压或微差压都采用周围夹紧并固定在环形基体中的金属平膜片做感压膜片，以得到相应的差压/位移转换。有：

$$\Delta S = K_1 \times \Delta p_i \tag{2-1}$$

式中，K_1 为位移/差压转换系数。

由于膜片的工作位移小于 0.1mm，当测量较低差压时，则采用具有初始预紧应力的平膜片。在自由状态下被绷紧的平膜片，具有初始张力。这不仅提高了线性度，还减少了滞后。对厚度很薄、初始张力很大的膜片，其中心位移与差压之间也有良好的线性关系。

当测量较高差压时，膜片较厚，很容易满足膜片的工作位移小于膜片的厚度的条件，所以这时位移与差压呈线性关系。

可见，在 1151 系列变送器中，通过改变膜片厚度可得到变送器不同的测量范围，即测量较高差压时，用厚膜片；而测量较低差压时，用张紧的薄膜片；两种情况均有良好的线性关系，且测量范围改变后，其整机尺寸变化很小。

B 膜片位移/电容转换

中心感压膜片的位移 ΔS 与差动电容的电容量变化示意图如图 2-22 所示。设中心感压膜片与两边弧形电极之间的距离分别为 S_1、S_2。

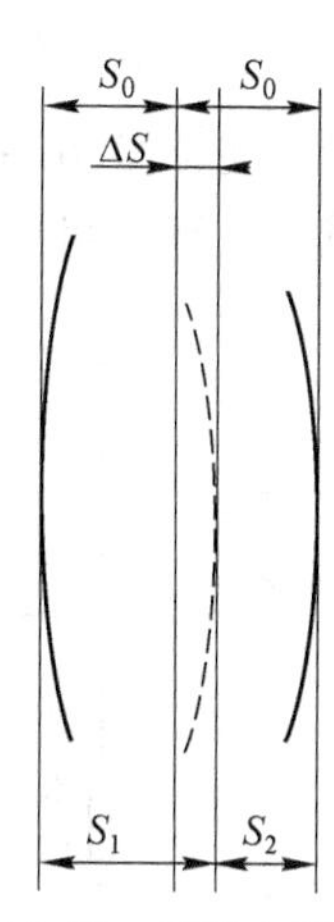

图 2-22 差动电容变化示意图

当被测差压 $\Delta p_i = 0$ 时，中心感压膜片与两边弧形电极之间的距离相等，设其间距为 S_0，则 $S_1 = S_2 = S_0$；在有差压输入即被测差压 $\Delta p_i \neq 0$ 时，中心感压膜片在 Δp_i 作用下将产生位移 ΔS，则有 $S_1 = S_0 + \Delta S$ 和 $S_2 = S_0 - \Delta S$。

若不考虑边缘电场影响，中心感压膜片与两边弧形电极构成的电容 C_{i1} 和 C_{i2}，可近似地看做平行板电容器，其电容量可分别表示为：

$$C_{i1} = \frac{\varepsilon A}{S_1} = \frac{\varepsilon A}{S_0 + \Delta S}$$

$$C_{i2} = \frac{\varepsilon A}{S_2} = \frac{\varepsilon A}{S_0 - \Delta S}$$

式中，ε 为电极板之间介质的介电常数；A 为弧形电极板的面积。

两电容之差为：$$\Delta C = C_{i2} - C_{i1} = \varepsilon A\left(\frac{1}{S_0 - \Delta S} - \frac{1}{S_0 + \Delta S}\right)$$

可见，两电容量的差值与中心感压膜片的位移 S 呈非线性关系。显然不能满足高精度的要求。但若取两电容量之差与两电容量和的比值，则有：

$$\frac{C_{i2} - C_{i1}}{C_{i2} + C_{i1}} = \frac{\varepsilon A\left(\frac{1}{S_0 - \Delta S} - \frac{1}{S_0 + \Delta S}\right)}{\varepsilon A\left(\frac{1}{S_0 - \Delta S} + \frac{1}{S_0 + \Delta S}\right)} = \frac{\Delta S}{S_0} = K_2 \Delta S \tag{2-2}$$

式中，K_2 为比例系数，$K_2 = \frac{1}{S_0}$。

上式表明：

（1）差动电容的相对变化值与 ΔS 呈线性关系，要使输出与被测差压呈线性关系，就需要对该值进行处理。

（2）差动电容的相对变化值与介电常数 ε 无关，这一点很重要，因为从原理上消除了灌充液介电常数随温度变化而变化给测量带来的误差，可大大减小温度对变送器的影响，变送器的温度稳定性好。

（3）差动电容的相对变化值的大小与电极板间的初始距离 S_0 成反比关系，S_0 越小，差动电容的相对变化量越大，即灵敏度越高。

（4）如果差动电容结构完全对称，可以得到良好的稳定性。

2.2.3.2　电容/电流转换电路

转换电路的作用是将差动电容的相对变化值成比例地转换成差动电流信号 I_i 并实现非线性补偿功能，其电路如图 2-23 所示。它由振荡器、解调器、振荡控制放大器、线性调整电路等组成。

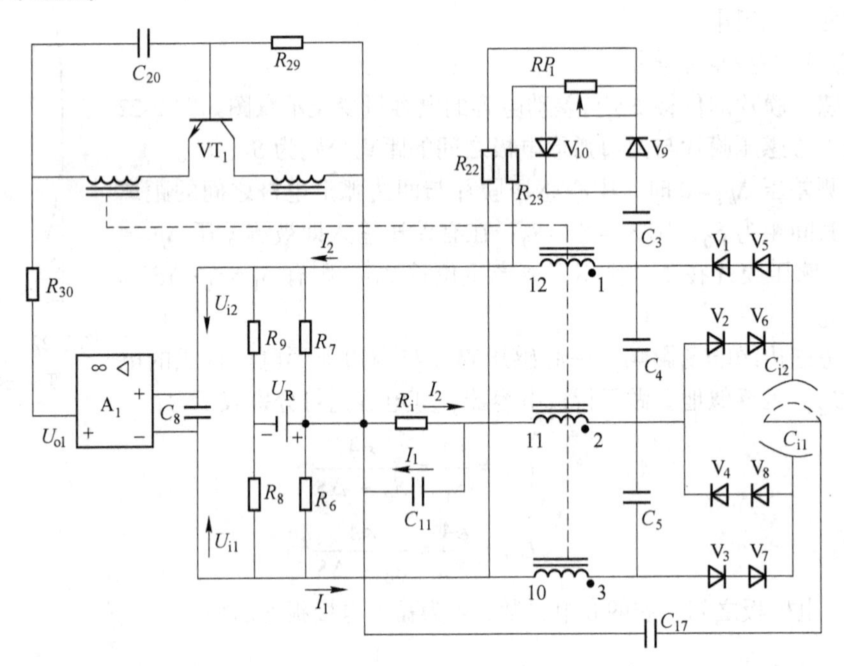

图 2-23　转换电路

A　振荡器

振荡器用于向差动电容 C_{i1}、C_{i2} 提供高频电流，它由晶体管 VT_1、变压器 T_1 及有关电阻 R_{29}、R_{30} 和电容 C_{19}、C_{20} 组成，其电路如图 2-24 所示。图中，运算放大器 A_1 的输出电压 U_{o1} 作为振荡器的供电电源，因此 U_{o1} 的大小可控制振荡器的输出幅度。变压器 T_1 有三组输出绕组（图 2-23 中 1—12、2—11、3—10），图中只画出了输出绕组回路的等效电路，其等效电感为 L，等效负载电容为 C，

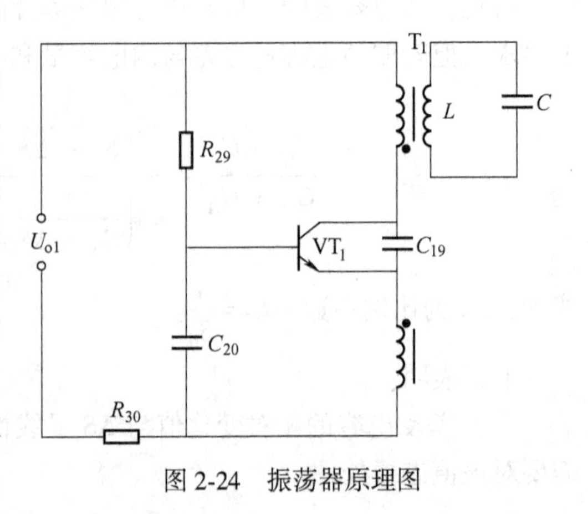

图 2-24　振荡器原理图

它的大小主要取决于变送器测量元件的差动电容值。振荡器为变压器反馈型振荡电路。在电路设计时，只要选择适当的电路元器件参数，便可满足振荡的相位和振幅条件。

等效电容 C 和输出绕组的电感 L 构成并联谐振回路，其谐振频率也就是振荡器的振荡频率，由等效电容 C 和输出绕组的电感 L 决定，约为 32kHz。振幅大小由运算放大器 A_1 决定。

B 解调器

解调器主要由二极管 $V_1 \sim V_8$，电阻 $R_6 \sim R_9$、R_i，电容 C_{11}、C_{17} 等组成，与测量部分连接，其原理简图如图 2-25 所示。

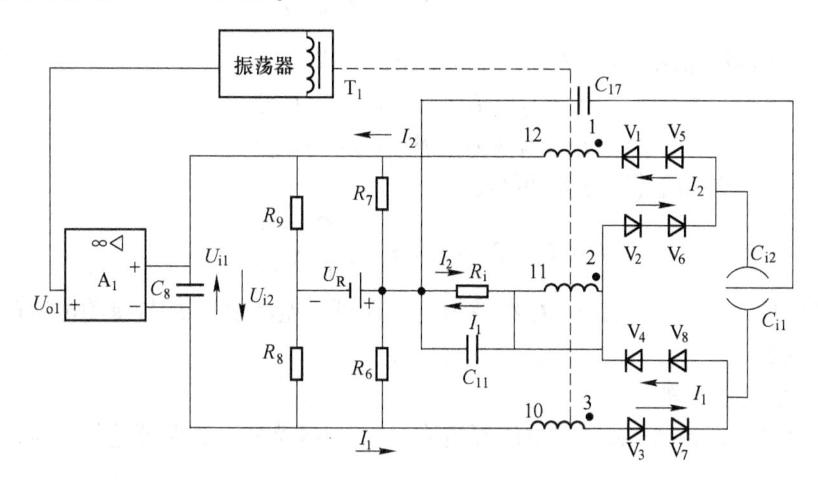

图 2-25 解调和振荡控制电路

解调器的作用是将通过随差动电容 C_{i1}、C_{i2} 相对变化的高频电流，调制成直流电流 I_1 和 I_2，然后输出两组电流，差动电流 I_i（$I_i = I_2 - I_1$）和共模电流 I_c（$I_c = I_1 + I_2$）。差动电流 I_i 随输入差压 Δp_i 而变化，此信号与调零及反馈信号叠加后送入运算放大器 A_3 进行放大后，再经功放、限流输出 4~20mA DC 电流信号。共模电流 I_c 与基准电压进行比较，其差值经放大后，作为振荡器的供电源，只要共模电流保持恒定不变，才能保证差动电流与输入差压之间为单一的比例关系。

图 2-25 中 R_i 为并在电容 C_{11} 两端的等效电阻。U_R 是运算放大器 A_2 的输出电压，此电压提供基准电压，恒定不变，可看成是一个恒压源。

由于差动电容的电容量很小，其值远远小于 C_{11} 和 C_{17}。因此在振荡器输出幅度恒定的情况下，流过 C_{i1} 和 C_{i2} 电流的大小主要由这两个电容的电容量决定。由图 2-23 可知，绕组 2—11 输出的高频电压，经 V_4、V_8 和 V_2、V_6 整流得到直流电流 I_2 和 I_1。I_1 的流经线路是 T_1（11）$\rightarrow R_i \rightarrow C_{17} \rightarrow C_{i1} \rightarrow V_8$、$V_4 \rightarrow T_1$（2）；$I_2$ 的流经线路是 T_1（2）$\rightarrow V_2$、$V_6 \rightarrow C_{i2} \rightarrow C_{17} \rightarrow R_i \rightarrow T_1$（11）。由图可见，经 V_2、V_6 及 V_4、V_8 整流后流过 R_i 的两路电流 I_2 和 I_1，方向是相反的，两者之差（$I_2 - I_1$）即为解调器输出的差动电流 I_i。I_i 在 R_i 上的压降 U_i，即为放大电路的输入信号。绕组 3—10 和绕组 1—12 输出的高频电压，经 V_3、V_7 和 V_1、V_5 整流同样得到 I_1 和 I_2。此时，I_1 的流经线路是 T_1（3）$\rightarrow V_3$、$V_7 \rightarrow C_{i1} \rightarrow C_{17} \rightarrow R_6$、$R_8 \rightarrow T_1$（10）；$I_2$ 的流经线路是 T_1（12）$\rightarrow R_7$、$R_9 \rightarrow C_{17} \rightarrow C_{i2} \rightarrow V_5$、$V_1 \rightarrow T_1$（1）。由图可见，经 V_3、V_7 和 V_1、V_5 整流而流经并联电阻 R_6 与 R_8 和并联电阻 R_7 与 R_9 的两

路电流 I_2 和 I_1，其方向是一致的，两者之和（I_2+I_1）即为解调器输出的共模电流 I_c。解调器线路中每一电流回路均用两只二极管相串联进行整流，目的是提高电路的可靠性。

在 $\frac{1}{2\pi fC_{i1}}$ 或 $\frac{1}{2\pi fC_{i2}} \geqslant \frac{1}{2\pi fC_{11}}+\frac{1}{2\pi fC_{17}}$ 的情况下，可认为 C_{i1}、C_{i2} 两端电压的变化等于振荡器输出高频电压的峰-峰值 U_{pp}，故流过 C_{i1}、C_{i2} 的电流 I_1 和 I_2 的平均值可分别表示为：

$$I_1 = \frac{U_{pp}}{T} \times C_{i1} = fU_{pp}C_{i1}$$

$$I_2 = \frac{U_{pp}}{T} \times C_{i2} = fU_{pp}C_{i2}$$

式中，T 为高频电压振荡周期；f 为高频电压振荡频率。

则
$$I_i = I_2 - I_1 = fU_{pp}(C_{i2} - C_{i1}) \tag{2-3}$$
$$I_c = I_2 + I_1 = fU_{pp}(C_{i2} + C_{i1}) \tag{2-4}$$

将式（2-4）代入式（2-3）后可得：

$$I_i = I_2 - I_1 = (I_2 + I_1)\frac{C_{i2} - C_{i1}}{C_{i2} + C_{i1}}$$

由上式可见，只要设法使 I_2+I_1 维持恒定，即可使差动电流 I_i 与差动电容的相对变化值之间呈线性关系。

C　振荡控制放大器

振荡控制放大器由 A_1 和基准电压源组成，A_1 与振荡器、解调器连接，构成深度负反馈控制电路。

振荡控制放大器的作用是保证共模电流 $I_c=I_2+I_1$ 为常数。

由图 2-25 可知，A_1 的输入端接受两个电压信号 U_{i1} 和 U_{i2}，U_{i1} 是基准电压 U_R 在 R_9 和 R_8 上的压降；U_{i2} 是 I_2+I_1 在并联电阻 R_6 与 R_8 和并联电阻 R_7 与 R_9 上的压降。这两个电压信号之差送入 A_1，经放大得到 U_{o1}，去控制振荡器。

当 A_1 为理想运算放大器时，则有：

$$U_{i1} = U_{i2} \tag{2-5}$$

从电路分析可知，这两个电压信号分别为：

$$U_{i1} = \frac{U_R}{R_6 + R_8} \times R_8 - \frac{U_R}{R_7 + R_9} \times R_9 \tag{2-6}$$

$$U_{i2} = \frac{R_6R_8}{R_6 + R_8}I_1 + \frac{R_7R_9}{R_7 + R_9}I_2 \tag{2-7}$$

因为 $R_6=R_9$，$R_7=R_8$，故式（2-6）、式（2-7）两式可分别简化为：

$$U_{i1} = \frac{R_8 - R_9}{R_6 + R_8}U_R$$

$$U_{i2} = \frac{R_6R_8}{R_6 + R_8}(I_1 + I_2)$$

将 U_{i1}、U_{i2} 代入式（2-5）可求得：

$$I_1 + I_2 = \frac{R_8 - R_9}{R_6R_8}U_R \tag{2-8}$$

式（2-8）中 $R_6=R_9=10\text{k}\Omega$，$R_8=60.4\text{k}\Omega$，$U_R=3.2\text{V}$，均恒定不变，则 $I_1+I_2=0.267\text{mA}$ 为一常数。

设
$$K_3=\frac{R_8-R_9}{R_8R_6}U_R$$

那么
$$I_i=I_2-I_1=K_3\frac{C_{i2}-C_{i1}}{C_{i2}+C_{i1}} \tag{2-9}$$

假定 I_1+I_2 增加，使 $U_{i1}<U_{i2}$。使 A_1 的输出 U_{o1} 减小（U_{o1} 是以 A_1 的电源正极为基准），从而使振荡器的振荡幅值减小，变压器 T_1 输出电压幅值减小，直至 I_1+I_2 恢复到原来的数值。显然，这是一个负反馈的自动调节过程，最终使 I_1+I_2 保持不变。

转换电路的输出差动电流与差动电容相对变化值之间呈线性关系。

D 线性调整电路

由于差动电容检测元件中有分布电容 C_0 的存在，差动电容的相对变化量变为：

$$\frac{(C_{i2}+C_0)-(C_{i1}+C_0)}{(C_{i2}+C_0)+(C_{i1}+C_0)}=\frac{C_{i2}-C_{i1}}{C_{i2}+C_{i1}+2C_0}$$

由上式可知，在相同输入差压 Δp_i 的作用下，分布电容 C_0 将使差动电容的相对变化量减小，使 $I_i=I_2-I_1$ 减小，从而给变送器带来非线性误差。为了克服这一误差，保证仪表精度，在电路中设置了线性调整电路。非线性因素的总体影响是使输出呈现饱和特性，所以随着差压的增加，该电路采用提高振荡器输出电压幅度，增大解调器输出电流的方法，来补偿分布电容所产生的非线性。线性调整电路由 V_9、V_{10}、C_3、R_{22}、R_{23}、RP_1 等元件组成，其原理简图如图 2-26 所示。

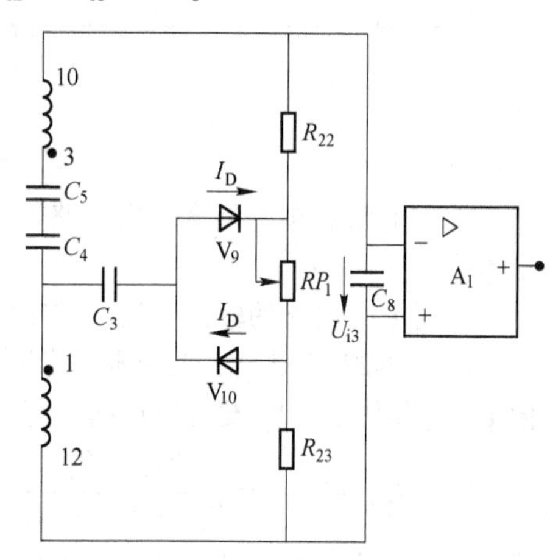

图 2-26 线性调整电路

绕组 3—10 和绕组 1—12 输出的高频电压经 V_9、V_{10} 半波整流，电流 I_D 在 R_{22}、RP_1、R_{23} 形成直流压降，经 C_8 滤波后得到线性调整电压 U_{i3}。

$$U_{i3}=I_D(R_{22}+RP_1)-I_DR_{23}=I_D(RP_1+R_{23})-I_DR_{22}$$

因为 $R_{22}=R_{23}$，所以有

$$U_{i3}=I_DRP_1$$

由上式可见，线性调整电压 U_{i3} 的大小，通过调整电位器 RP_1 的阻值来决定。当 $RP_1=0$ 时，$U_{i3}=0$，无补偿作用；当 $RP_1\neq0$ 时，$U_{i3}\neq0$（U_{i3} 的方向如图 2-26 所示）。该调整电压 U_{i3} 作用于 A_1 的输入端，使 A_1 的输出电压增加，振荡器供电电压 U_{o1} 增加，从而使振荡器振荡幅度增大，提高了差动电流 I_i，这样就补偿了分布电容所造成的误差。

2.2.3.3 放大电路

放大和输出限制电路的电路原理如图 2-27 所示。放大电路主要由集成运算放大器 A_3 和晶体管 VT_3、VT_4 等组成。A_3 为前置放大器，VT_3、VT_4 组成复合管功率放大器，将 A_3 的输出电压转换成变送器的输出电流 I_o。电阻 R_{31}、R_{33}、R_{34} 和电位器 RP_3 组成反馈电阻网络，

输出电流 I_o 经这一网络分流，得到反馈电流 I_f，I_f 送至放大器输入端，构成深度负反馈。从而保证使输出电流 I_o 与输入差动电流 I_i 之间为线性关系。调整 RP_3 电位器，可以调整反馈电流 I_f 的大小，从而调整变送器的量程。电路中 RP_2 为零点调整电位器，用以调整输出零点，S 为正、负迁移调整开关。用 S 接通 R_{20}或 R_{21}，实现变送器的正向或负向迁移。

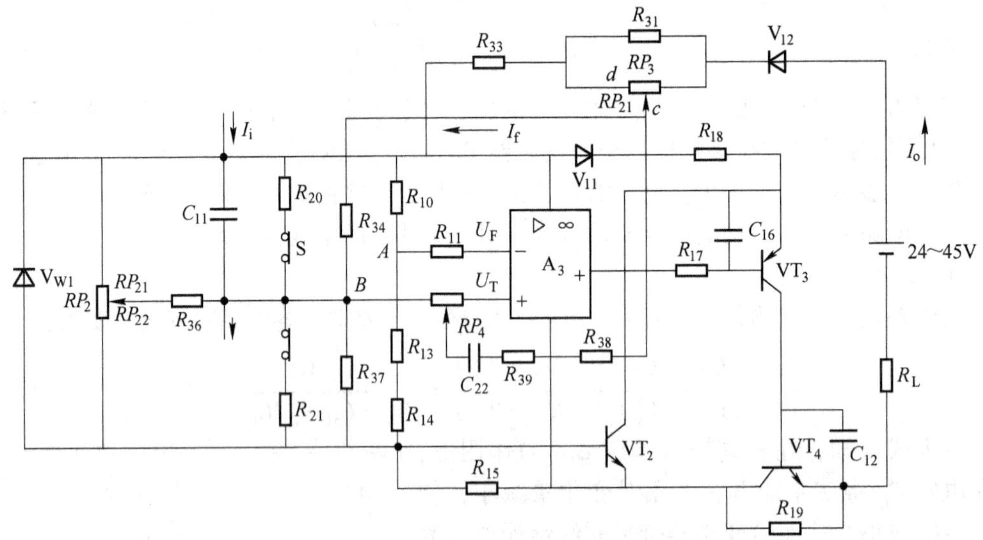

图 2-27　放大和输出限制电路原理图

放大电路的作用是将转换电路输出的差动电流 I_i 放大，并转换成 4~20mA 的直流输出电流 I_o。

现对放大电路的输出电流 I_o 与输入差动电流 I_i 的关系做进一步的分析。

由图 2-27 可知，A_3 反相输入端电压 U_F 是 V_{W1}稳定电压 U_{VW1}通过 R_{10}、R_{13}、R_{14}分压值 U_A 与晶体管 VT_2 发射极正向压降 U_{be2}之和，即：

$$U_F = U_A + U_{be2} = \frac{R_{13} + R_{14}}{R_{10} + R_{13} + R_{14}} U_{VW1} + U_{be2} = \frac{10 + 30}{10 + 10 + 30} \times 6.4 + 0.7 = 5.5\text{V}$$

式中，U_{VW1}为稳压二极管 V_{W1}的稳压值，实际值为 6.4V；U_A 为相对 U_{VW1}负极对 A 点电压，该电压处于 A_3 的共模输入电压范围之内，从而保证了集成运算放大器的正常工作。

A_3 同相输入端电压 U_T 是 B 点电压 U_B 与 U_{be2}之和，U_B 是由三个信号叠加而成，即：

$$U_B = U_i + U_z + U_f \tag{2-10}$$

式中，U_B为相对 U_{VW1}负极对 B 点电压；U_i 为解调器输出差动电流 I_i 在 B 点产生的电压；U_z 为调零电路在 B 点产生的调零电压；U_f 为负反馈电路的反馈电流 I_f 在 A 点产生的电压。

在求取 U_i 电压时，设 R_i 为并在 C_{11}两端的等效电阻（见图 2-27），则有：

$$U_i = - I_i R_i \tag{2-11}$$

式中，U_i 为负值。因为 C_{11}上的压降为上正下负，即 B 点电压随 I_i 的增加而降低。

在求取 U_z 电压时，设 R_z 为计算 U_z 在 B 点处的等效电阻，其等效的调零电路如图 2-28 所示。

$$U_z = U_{VW1} \times \frac{RP_{22} + R_{36} + R_z}{(RP_{21} + RP_{22})(R_{36} + R_z) + RP_{21} \cdot RP_{22}} \times \frac{RP_{22}}{RP_{22} + R_{36} + R_z} \times R_z = \alpha U_{VW1}$$

在求取 U_f 电压时，设 R_f 为计算 U_f 在 B 点处的等效电阻，R_d 为电位器滑动触点 c 和 d 之间的电阻，其等效负反馈电路如图 2-29 所示。

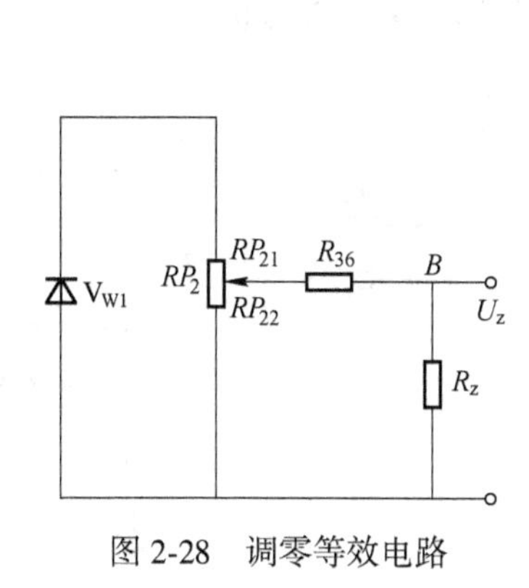

图 2-28 调零等效电路

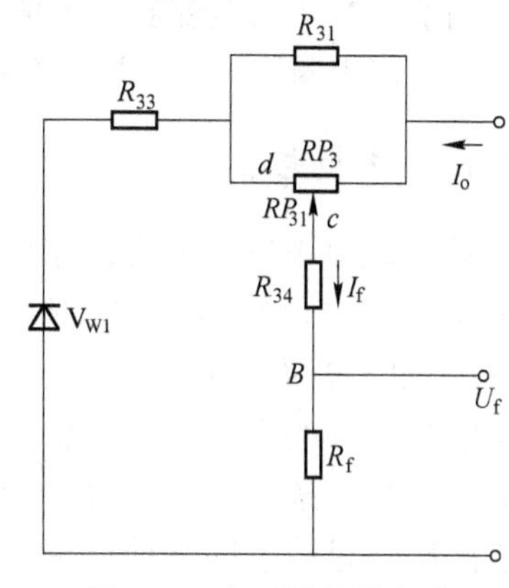

图 2-29 负反馈等效电路

根据三角形-星形变换方法可求得：$R_d = \dfrac{RP_{31}R_{31}}{RP_{31} + R_{31}}$。

由于 $R_{34} + R_f \gg R_d + R_{33}$，可近似地求得反馈电流 I_f 为：

$$I_f = \frac{R_d + R_{33}}{R_{34} + R_f}I_o$$

设

$$\beta = \frac{R_{34} + R_f}{R_{33} + R_d}$$

则有

$$U_f = R_f I_f = R_f \frac{R_{33} + R_d}{R_{34} + R_f}I_o = \frac{R_f}{\beta}I_o$$

当为理想运算放大器时，$U_T = U_F$（即 $U_A = U_B$），则有：

$$U_A = U_i + U_z + U_f \tag{2-12}$$

将 U_i、U_z、U_f 代入式(2-12)，得：

$$I_o = \frac{\beta R_i}{R_f}I_i + \frac{\beta}{R_f}(U_A - \alpha U_{VW1}) \tag{2-13}$$

设 $K_4 = \dfrac{\beta R_i}{R_f}$、$K_5 = \dfrac{1}{R_i}$，并将式（2-1）、式（2-2）、式（2-9）代入式（2-13）得：

$$I_o = K_1K_2K_3K_4\Delta p_i + K_4K_5(U_A - \alpha U_{VW1}) \tag{2-14}$$

由上式可见：

（1）变送器的输出电流 I_o 与输入差压 Δp_i 呈线性关系。

（2）式中 K_4K_5（$U_A - \alpha U_{VW1}$）为调零项，在输入差压为下限值时，调整该项使变送器输出电流为 4mA；α 值通过调整 RP_2 电位器和 S 接通 R_{20} 或 R_{21} 来实现；当 R_{20} 接通时，α 增大，则输入差压 Δp_i 增大（保证输出电流 I_o 不变），从而实现正向迁移；当 R_{21} 接通时，α 减小，则输入差压 Δp_i 减小，从而实现负向迁移。

（3）$K_4 = \dfrac{\beta R_i}{R_f}$ 改变 β 值，可改变变送器量程，通过调整电位器 RP_3 来实现。

（4）调整 RP_3（改变 β 值），不仅调整了变送器的量程，而且也影响了变送器的零位信号。

同样调整 RP_2 不仅改变变送器的零位，而且也影响了变送器的满度输出，但量程不变；因此，在仪表调校时要反复调整零点和满度，直至都满足要求为止。

2.2.3.4　其他电路

（1）输出限制电路。输出限制电路由晶体管 VT_2、电阻 R_{18}、二极管 V_{11} 等组成，如图 2-30 所示。

输出限制电路的作用是防止输出电流过大，损坏变送器的元器件。当变送器正向压力过载或因其他原因造成输出电流超过允许值时，电阻 R_{18} 上的压降加大，因为 U_{AB} 恒定为 7.1V 左右，迫使晶体管 VT_2 的 U_{ce2} 下降，使其工作在饱和区，所以流经 VT_2 的电流减小；同时晶体管 VT_3、VT_4 也失去放大作用，从而使流过 VT_4 的电流受到限制。输出限制电路可保证变送器过载时，输出电流不大于 30mA。

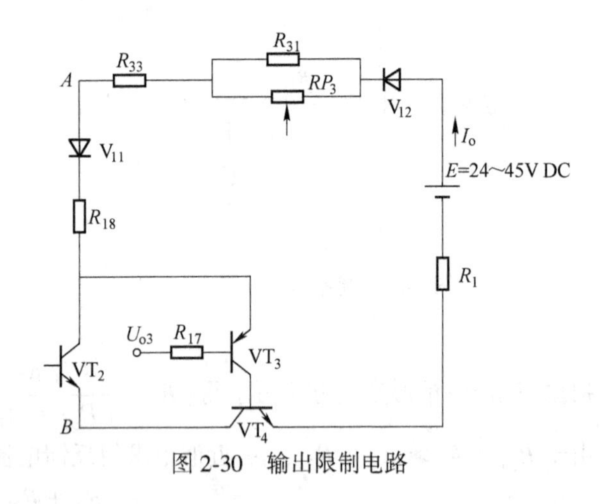

图 2-30　输出限制电路

（2）阻尼电路。R_{38}、R_{39}、C_{22} 和 RP_4 等组成阻尼电路。用于抑制变送器输出因被测差压变化所引起的波动。RP_4 为阻尼时间常数调整电位器，调节 RP_4 可改变动态反馈量，阻尼调节范围为 0.2～1.67s。

（3）反向保护电路。V_{W2} 除起稳压作用外，当电源反接时，它还提供反向通路，以防止元器件损坏。V_{12} 用于在指示仪表未接通时，为输出电流提供通路，同时当电源接反时，起反向保护作用。

（4）温度补偿电路。R_1、R_4、R_5 和热敏电阻 R_2 用于量程温度补偿；R_{27}、R_{28}、热敏电阻 R_{26} 用于零点温度补偿。

2.2.4　智能型压力变送器

20 世纪 80 年代初，随着计算机技术和通讯技术的飞速发展，美国霍尼韦尔（Honeywell）公司率先推出了 ST3000 系列智能压力变送器。图 2-31 所示为智能变送器工作原理框图。

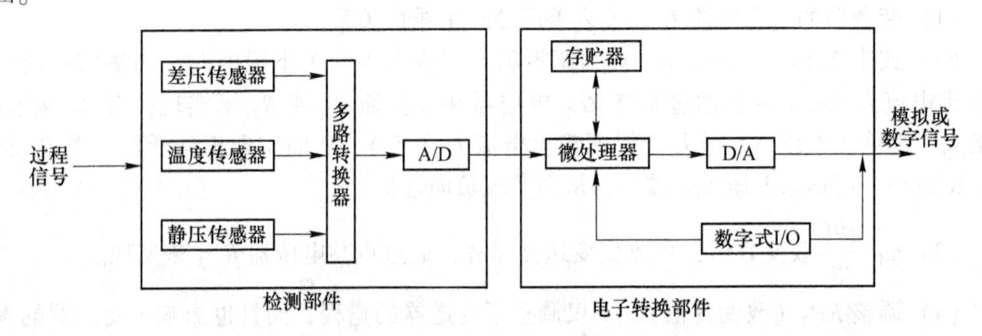

图 2-31　ST3000 系列变送器工作原理框图

智能式变送器的核心是微处理器，利用微处理器的运算和存储能力，可以对传感器的测量数据进行计算、存储和数据处理，包括对测量信号的调理（如滤波、放大、A/D转换等）、数据显示、自动校正和自动补偿等；还可以通过反馈回路对传感器进行调节，使采集数据达到最佳。由于微处理器具有各种软、硬件功能，因而可以完成传统变送器难以完成的工作。

2.2.4.1 ST3000系列智能变送器

ST3000系列智能变送器具有优良的性能和出色的稳定性，它能测量气体、液体和蒸汽的流量、压力和液位，对于被测量的差压输出4~20mA模拟信号和数字信号。

ST3000系列变送器由检测部件和电子转换部件两大部分组成。其检测部件为高级扩散硅传感器，当被测过程压力或差压作用在隔离膜片上时，通过封入液传到膜盒内的传感器硅片上，使其应力发生变化，因而其电阻值也跟着变化。通过电桥产生与压力成正比的电压，再经A/D转换器转换成数字信号后送电子转换部件中的微处理器。在传感器的芯片上，还有两个辅助传感元件：一个是温度传感元件，用于检测表体温度；另一个是压力传感元件，用于检测过程静压。温度和静压的模拟值也被转换成数字信号，并送至转换部件中的微处理器，微处理器对以上信号进行转换和补偿运算后，输出相应的4~20mA模拟量信号或数字量信号。

变送器在制作过程中所有的传感器经受了整个工作范围内的压力和温度循环测试，测试数据由生产线上的计算机采集，经微处理器处理后，获得相应的修正系数，传感器的压力特性、温度特性和静压特性分别存放在电子转换部件的存储器中，从而保证变送器在运行过程中能精确地进行信号修正，保证了仪表的优良性能。

存储器还存储所有的组态，包括设定变送器的工作参数、测量范围、线性或开方输出、阻尼时间、工程单位选择等，还可向变送器输入信息性数据，以便对变送器进行识别与物理描述。存储器为非易失性的，即使断电，所存储的数据仍能保持完好，以随时实现智能通讯。

ST3000采用DE和HART通信协议，它可以和手持终端或对应过程控制系统在控制室、变送器现场或在同一控制回路的任何地方进行双向通讯，具有自诊断、远程设定零点和量程等功能。

ST3000的手持通信器带有键盘和液晶显示器，可以接在现场变送器的信号端子上，就地设定或检测，也可以在远离现场的控制室中，接在某个变送器的信号线上进行远程设定及检测。手持通讯器可以进行组态、变更测量范围、校准变送器及自诊断。

由于智能型变送器具有长期稳定的工作能力和良好的总体性能，每五年才需校验一次，可远离有危险生产现场，所以具有广阔的应用前景。

目前常用的智能压力（差压）变送器有霍尼韦尔的ST3000/100、ST3000/900系列、罗斯蒙特（Rosemount）的3051C和1151S系列及日本横河的EJA系列等。

罗斯蒙特的1151S智能变送器是在1151模拟变送器的基础上开发出来的，它的膜盒和模拟式的相同，也是电容式δ室传感器，但其电子部件不同，1151模拟变送器采用的模拟电子线路，输出4~20mA模拟信号，1151S智能变送器是以微处理器为核心部件的专用集成电路，并加了A/D和D/A转换电路，整个变送器的电子部件仅由一块板组成，既可输出 4~20mA 模拟信号，又能在其上面叠加数字信号，可以和手持终端或其他支持 HART 通信协议的设备进行数字通信，实现远程设定零点和量程。1151S 智能变送器基本精度为±0.1%，最大测量范围为模拟式的 2 倍，量程比为 1∶15，各项技术性能都比 1151 模拟变送器有所提高。

罗斯蒙特的 3051C 与 1151S 的传感器都是电容式的，但膜盒部件有所不同。3051C 将电容室移到了电子罩的颈部，远离过程法兰和被测介质，不与过程热源直接接触，仪表的温度性能的抗干扰特性提高。3051C 的检测部件增加了测温传感器，用于补偿环境温度变化引起的影响，3051C 的检测部件还增加了传感器存储器，用于存储膜盒制造过程中，在整个工作范围内的温度和压力循环测试信息和相应的修正系数，从而保证变送器运行中能精确地进行信号修正，提高了仪表的精度，增加了零部件间的互换性，缩短了维修过程。3051C 的整机性能较 1151S 有较大提高，3051C 属于高性能智能变送器，而 1151S 属于低性能经济型智能变送器。

日本横河公司 EJA 智能变送器的敏感元件为硅谐振式传感器，如图 2-32 所示，它是一种微型构件，体积小、功耗低、响应快，便于和信号部分集成。在一个单晶硅芯片表面的中心和边缘采用微电子加工技术制作两个形状、尺寸、材质完全一致的 H 形状的谐振梁，谐振梁在自激振荡回路中作高频振荡。当硅片受到压力作用，单晶硅片的上下表面受到的压力不等时，将产生形变，导致中心谐振梁因压缩力而频率减小，边缘谐振因受拉伸力而频率增加，两频率之差直接送到 CPU 进行数据处理，然后经 D/A 转换成 4~20mA 模拟信号和数字信号，利用测量两个谐振频率之差，即可得到被测压力或差压。

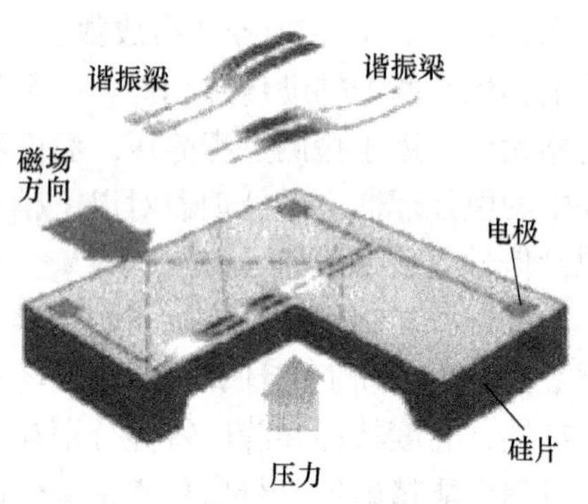

图 2-32　硅谐振式传感器原理图

硅谐振传感器中的硅梁、硅膜片、空腔被封在微型真空中，既不与充灌液接触，又在振动时不受空气阻力的影响，所以仪表性能稳定。

目前我国企业广泛采用的智能型变送器大多是既有数字输出信号，又有模拟输出信号的混合式智能变送器，通常又称为 Smart 变送器，它与全数字式现场总线智能变送器相比，在仪表结构与实际功能上是有区别的。

2.2.4.2　模拟型变送器与智能型变送器的比较

（1）模拟型变送器的特点：

1）结构简单。模拟式基于微位移检测和转换技术，是微位移平衡式变送器，体积小，质量轻。

2）精度较高。电容式、扩散硅式、振弦式等变送器都是 0.25 级，稳定性也好。

3）测量范围较宽，静压误差较小。所有参数设定通过机械调整、使用方便。

4）采用二线制传输信号，本质安全防爆。

（2）智能型变送器的特点：

1）在检测部件中，除了压力传感元件外，一般还有温度传感元件。产品采用微机械电子加工技术、超大规模的专用集成电路和表面安装技术，因此仪表结构紧凑，可靠性高，体积很小。

2）精度高，误差一般都在±0.1%~±0.2%，有的还能达到±0.075%；测量范围很宽，量程比达到40、50、100甚至400；其他性能，如温度性能、静压性能、单向过载性能等也比模拟型变送器有很大的提高。

3）智能变送器内装有微处理器，可以在手持通信器（手持终端）上进行组态，远方设定仪表的零点和改变量程，对于操作人员难以到达的场合尤其方便。

4）能自诊断故障，对非线性、温漂、时漂等进行自动补偿。数据处理方便准确，可根据内部程序自动处理数据，如进行统计处理、去除异常数值等。

5）具有双向通信功能。微处理器不但可以接收和处理传感器数据，还可将信息反馈至传感器，从而对测量过程进行调节和控制。可进行信息存储和记忆，能存储传感器的特征数据、组态信息和补偿特性等。

6）具有数字量接口输出功能，可将输出的数字信号方便地和计算机或现场总线等连接。

（3）现场总线型智能变送器的特点。现场总线智能变送器是在原有变送器的基础上根据现场总线通信协议开发出来的一种变送器，它是现场总线控制系统 FCS 的基础。其特点如下：

1）全数字式。在混合式智能变送器中，由于开发时的条件限制，还保留有模拟信号，叠加其上的数字信号只用于传递辅助信息，用于变送器的校验、组态和诊断。但在现场总线变送器中，模拟信号已没有必要，是全数字结构，因此仪表结构简单，精度提高。

2）现场总线通信方式。在混合式智能变送器中，通信标准不是国际上规定的现场总线通信标准，通信速率很慢，而且不同公司的变送器通信协议也不相同，相互之间不能互换和互相操作。而现场总线智能变送器是现场总线控制系统的一部分，它的通信标准和现场总线标准是同一个，双向传输，串行，既能和上位机系统通信，又能和现场设备通信，一对导线上可传输多种信息，不同厂家、不同型号的变送器，只要功能类同，就可以进行互换和相互操作。

3）精度提高。在混合式智能变送器中，由于通信速度太慢，只是一些辅助信息用数字传送，主要信息仍用4~20mA 模拟信号传送，信号经 D/A 转换，会产生转换误差。同时，传输模拟信号过程中，由于周围电磁环境的干扰，信号会产生畸变，产生传输误差。而现场总线智能变送器由于采用了全数字的仪表结构和数字传输，所以在系统中不需要 A/D 和 D/A 转换。这样，不但仪表本身的精度提高，而且信号的传输精度也会提高。

4）功能增强。在模拟通信方式下，一对导线只能传送一个信号，只能测量一个被测参数；而在现场总线通信方式下，一对传输导线上可以传输多个信息，一台变送器带有多个敏感元件，可测量和传送多个被测参数。数字传感器和微处理器相结合，加上按现场总线标准的通信方式，使得变送器的功能大为增强。现场总线变送器已不是传统意义上的变送器，而是同时起着变送、控制和通信的作用，集变送、控制和通信于一身。在系统中，每台变送器都是一个网络节点，它们和操作站、维护管理系统、上位机一样，平等地挂在总线上，共同完成系统的自动化任务。

2.2.5　压力表的选用和安装

正确地选用和安装压力表是保证压力检测仪表在生产过程中发挥应有作用的重要环节。

2.2.5.1　压力表的选用

压力表的选用应根据工艺生产过程对压力测量的要求，结合其他各方面的情况，加以全面的考虑和具体的分析，一般应该考虑以下几个方面的问题：

（1）仪表类型的确定。仪表类型的选用必须满足生产工艺的要求。如是否需要远传变送、自动记录或报警；是否进行多点测量；被测介质的物理化学性质是否对测量仪表提出特殊要求；现场环境条件对仪表类型是否有特殊要求等。总之，根据工艺要求来确定仪表类型是保证仪表正常工作及安全生产的重要前提。

如测氨气压力时，应选用氨用表，普通压力表的弹簧管大多采用铜合金，高压时用碳钢，而氨用表的弹簧管采用碳钢材料，不能用铜合金，否则易受腐蚀而损坏。而测氧气压力时，所用仪表与普通压力表在结构和材质上完全相同，只是严禁沾有油脂，否则会引起爆炸。氧气压力表在校验时，不能像普通压力表那样采用变压器油作为工作介质，必须采用油水隔离装置，如发现校验设备或工具有油污，必须用四氯化碳清洗干净，待分析合格后再行使用。

（2）仪表量程的确定。仪表的测量范围是指仪表可按规定的精度对被测量进行测量的范围，它是根据操作中需要测量的参数大小来确定的。

测量压力时，为延长仪表的使用寿命，避免弹性元件因受力过大而损坏，压力表的上限值应高于工艺生产中可能的最大压力值；为保证测量值的准确度，所测压力值不能太接近仪表的下限值。一般测量稳定压力时，正常操作压力应介于仪表量程的 1/3~2/3；测量脉动压力时，正常操作压力应介于仪表量程的 1/3~1/2；测量高压时，正常操作压力应介于仪表量程的 1/3~3/5。

所选压力表的量程范围数值应与国家标准规定的数值相一致。

我国常用压力表量程范围（MPa）：0.1、0.16、0.25、0.4、0.6、1、1.6、2.5、4、6、10、16、25、40、60。

（3）仪表精度等级的确定。仪表精度是根据生产工艺上所允许的最大测量误差来确定的，即由控制指标和仪表量程决定。所选用的仪表越精密，其测量结果越精确可靠，但相应的价格也越贵，维护量越大。通常，在满足工艺要求的前提下，应尽可能选用精度较低、价廉耐用的仪表。

2.2.5.2　压力表的安装

压力表的安装正确与否，直接影响到测量的准确性和压力表的使用寿命。

（1）取压点的选择。取压点的选择应能反映被测压力的真实大小。

1）要选在被测介质流束稳定的直管段部分，不要选在管路拐弯、分叉、死角或其他易形成漩涡的地方。

2）测流动介质的压力时，应使取压点与流动方向垂直，取压管内端面与生产设备连接处的内壁应保持平齐，不应有凸出物或毛刺。

3）测量液体压力时，取压点应在管道水平中心线以下0~45°夹角内，使导压管内不积存气体；测量气体压力时，取压点应在管道水平中心线以上45°~90°夹角内，使导压管内不积存液体；测量蒸汽压力时，取压点应在管道水平中心线以上0~45°夹角内，使导压管内有稳定的冷凝液。

（2）导压管铺设。

1）导压管粗细要合适，内径为6~10mm，长度不超过50m，以减少压力指示的迟缓。如超过50m，应选用能远距离传送的压力计。

2）导压管水平安装时应保证有1∶10~1∶20的倾斜度，以利于排出其中积存的液体或气体。

3）当被测介质易冷凝或冻结时，须加保温或伴热管线。

4）取压口到压力计之间应装有切断阀，以备检修压力计时使用。切断阀应装在靠近取压口的地方。

（3）压力计的安装。

1）压力计应装在易于观察和检修的地方，避免振动和高温。

2）测量60℃以上热介质压力时，应加装冷凝弯或冷凝圈，以防止弹性元件受介质温度的影响而改变性能；测量腐蚀性介质的压力时，应加装带插管的隔离罐；测量黏稠性介质的压力时，应加装隔离器，以防介质堵塞弹簧管。

3）压力表连接处应加装适当垫片。被测介质低于80℃及2MPa时，可用橡胶垫片；低于450℃及5MPa时，可用石棉或铅垫片；温度和压力更高时，可用退火紫铜垫片。测氧气压力时，禁用浸油垫片及有机化合物垫片；测乙炔压力时，禁用铜垫片，否则会引起爆炸。

4）当被测压力较小，压力计与取压口不在同一高度时，由此高度差引起的测量误差应进行修正。

5）为安全起见，测量高压的仪表除选用表壳有通气孔的外，安装时表壳应向墙壁或无人通过之处，以防发生意外。

学习评价

（1）什么叫压力？表压力、绝对压力、负压力之间有何关系？

（2）为什么压力计一般做成测表压而不做成测绝对压力的形式？

（3）弹簧管压力计的测压原理是什么？试简述弹簧管压力计的主要组成及测压过程。

（4）电接点式压力计的工作过程及报警条件是什么？试简述其工作原理。

（5）电容式差压变送器的测量原理是什么？它在结构上有何特点？

（6）智能仪表与普通仪表有什么不同？智能仪表的显著特点是什么？

（7）如何正确选用压力计，选择其类型、量程、精度时各有什么考虑？

（8）安装压力计要注意什么问题？

2.3 实训任务

2.3.1 弹簧管压力表的校验

2.3.1.1 任务描述

通过本任务，熟悉弹簧管压力表的组成结构和工作原理；会对弹簧管压力表的零位、量程、线性调整及示值进行校验；会对校验数据进行计算分析，并根据结果确定仪表精度等级。

2.3.1.2 任务实施

A　任务实施所需装置

（1）活塞式压力表校验仪一台，精度等级 0.05 级。

（2）标准压力表一块，推荐精度等级 0.25 级，测量范围 0~6MPa。

（3）普通弹簧管压力表一块，推荐精度等级 1.6 级，测量范围 0~6MPa。

（4）隔膜式压力表一块，推荐精度等级 1.6 级，测量范围 0~1MPa。

（5）电接点压力表一块，推荐精度等级 2.5 级，测量范围 0~0.6MPa。

（6）300mm 扳手和 200mm 扳手各一把。

（7）工作液变压器油若干。

B　任务内容

（1）识别各种压力表的规格型号、精度等级和量程范围。

（2）按图 2-33 所示连接好系统。

1）图 2-33 是由一个手摇式压力泵、两个压力表接头及相应的连通管路构成，由相关阀门的开关来确定各部分的连通、关闭情况。

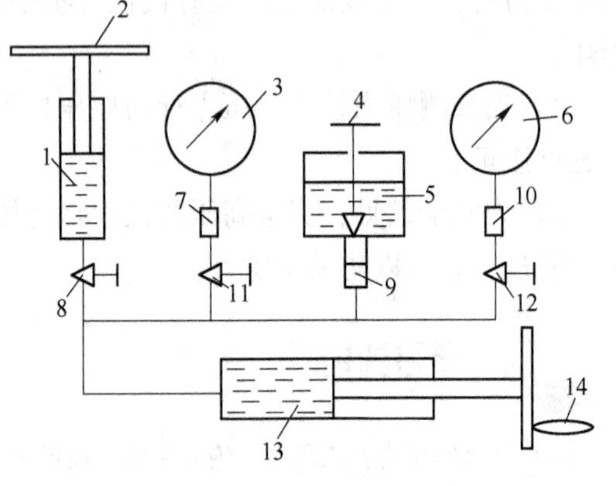

图 2-33　压力表校验连接图

1—活塞式压力泵；2—砝码托盘；3—标准压力表；4—油杯阀；5—油杯；6—被校压力表；7，9，10—螺母；8，11，12—截止阀；13—手摇压力泵；14—手轮

2）该校验仪利用手轮摇动时推进活塞而使介质产生压力，对压力表进行校验。

3）吸油过程：将截止阀 8、11、12 关紧，手摇压力泵旋进至最深位置。在油杯 5 中充入适量的工作液，一般大概在油杯的 1/2 位置即可。之后打开油杯阀 4，摇动手轮使其活塞慢慢退出，则各管路及手摇压力泵内便有工作液充入。

4）排出管路系统内的空气：由于在充入工作液之前管路内通有大气，此时管路内仍然有空气存在，因此在实训前还要做排气的工作。待系统吸入工作液之后，关闭油杯阀 4，打开截止阀 11、12，在未安装压力表的情况下缓慢旋进手摇泵活塞，直到压力表安装处没有气泡而有工作液溢出时关闭截止阀11、12，打开油杯阀4，旋出手轮以补足工作液，再次关闭油杯阀4即可。

5）校验：将被校压力表分别装在压力表校验器左、右两个螺母接头上，打开截止阀11、12，用手轮加压即可进行压力表的校验。

校验时，先检查零位偏差，如合格，则可在被校表测量范围的20%、40%、60%、80%、100%五点做校验，每个校验点应分别在轻敲表壳前后进行两次读数，然后记录各校验点处被校表和标准表的指示值。以同样的方式做反行程校验和记录。

校验结束后，按照上述过程反操作，将工作液压入油杯。最后分别将结果填写在表2-3~表2-6中，并进行整理与计算。

2.3.1.3 思考

（1）为什么要排除压力表校验器内的空气？

（2）为什么要求轻敲表壳时，仪表示值的变动不应超过基本允许绝对误差值的一半？

（3）被校表的量程不合适时应如何调整？

2.3.1.4 预备知识——YS-60型活塞式压力计

A 用途

0.05级活塞式压力计（以下简称压力计），用于校验0.2级活塞式压力计及精密压力表，校验范围0~6MPa。

B 工作原理与基本结构

a 工作原理

压力计的工作原理是基于活塞本身重量和加在活塞上的专用砝码重量，作用在活塞面积上所产生的压力与液压容器内产生的压力相平衡。

b 基本结构

压力计由检验泵和测量系统两部分组成。如图2-33中检验泵部分包括手摇压力泵13、油杯5及两个阀11、12，在阀11和12上装有两端锁母，用以连接被校验的精密压力表；测量系统主要由一个经过精密研磨后具有精确截面的活塞，活塞直接承受底盘上的砝码重量。

C 技术数据

YS-60型活塞式压力计的技术数据见表2-1。

表2-1 YS-60型活塞式压力计技术数据

精确度等级	基本误差限	
	压力值在测量范围下限以下时	压力值在测量范围内时
0.05	测量范围下限的±0.05%	实际测量压力值的±0.05%

D 验收与保管

(1) 用户收到装箱压力计时，应先检查压力计包装箱是否完整，如有损伤，应即查明原因。

(2) 开箱后拆除衬垫物，检查压力计外观是否完好。

（3）压力计应存放在室内，其环境温度应为 5~35℃，相对湿度不大于 80%，周围空气不应含有腐蚀压力计的有害物质。

E　安装与使用

（1）压力计应放在便于操作的工作台上，利用调整螺钉来校准水平，必须使气泡水平仪的气泡位于中间位置。

（2）压力计的工作环境温度为（20±2）℃，周围空气不得含有腐蚀性气体。

（3）砝码应放在干燥地点。

（4）使用前，首先用汽油清洗压力计各部分，然后在手摇泵和测量系统的内腔注满变压器油（不允许混有杂质和污物），并将内腔中的空气排出。

（5）旋转手摇泵手轮，检查油路是否畅通，若无问题即可装上被检压力表。

（6）操作步骤：

1）打开油杯阀 4，左旋手轮，使手摇泵的汽缸充满油液。

2）关闭油杯阀 4，打开 8、11、12 三个截止阀，右旋手轮，产生初压，使底盘升起，到与指示板的上端相齐为止。

3）增加砝码重量，使之产生所需的检验压力。增加砝码时，应不断转动手轮，以免底盘下降；操作时，必须使底盘及砝码以不小于 30r/min 的角速度按顺时针方向旋转，借以克服摩擦阻力的影响。

4）检查完毕，左旋手轮，逐步卸去砝码，最后打开油杯，卸去全部砝码。

（7）压力计的活塞杆、活塞筒、底盘和砝码等必须根据压力计的统一出厂编号配套使用，不能互换。

F　维护与修理

（1）压力计除活塞杆和活塞筒是精密零件，不得轻易拆卸外，其他各部分应定期清洗，清洗和安装时都必须谨慎小心，防止脏物或擦布纤维混入。

（2）油液必须过滤，不许混有杂质或脏物，经使用一定时间后，必须更换新油。

（3）不用时必须盖上防尘罩，以免尘埃进入压力计内。

（4）每使用一年，必须送计量机关重新检定。

（5）压力计带有附件 5 个皮碗，当手摇泵口有泄漏时，将压紧螺母松开，用手轮逆时针摇动退出丝杠，取下活塞旧件，更换皮碗，更换后的皮碗应能径向自由转动。

G　压力表校验项目

（1）基本误差。

（2）回程误差。

（3）轻敲表壳后，其指针示值变动量。

2.3.1.5　任务工单

（1）任务：

1）熟悉弹簧管压力表的组成结构和工作原理。

2）熟悉活塞式压力计的操作使用方法。

3）能够对弹簧管压力表进行正行程和反行程校验。

4）会记录数据并进行数据处理。

5）掌握仪表精度等级的确定方法。

6）能够分析和处理常见问题。

（2）在图 2-34 中标出弹簧管压力表的结构组成。

（3）在图 2-35 中写出活塞式压力计各组成部分。

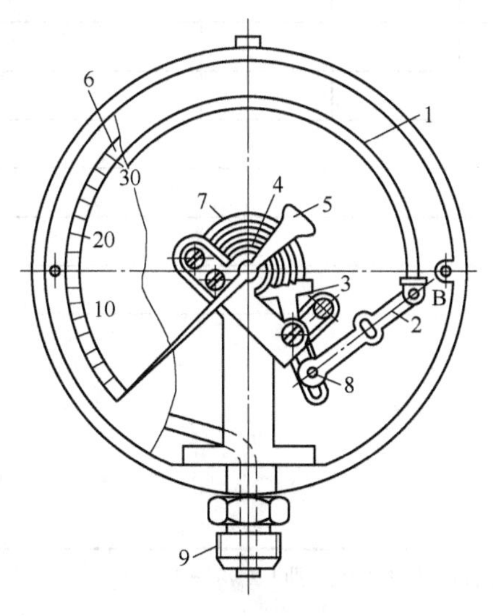

图 2-34　弹簧管压力表结构图

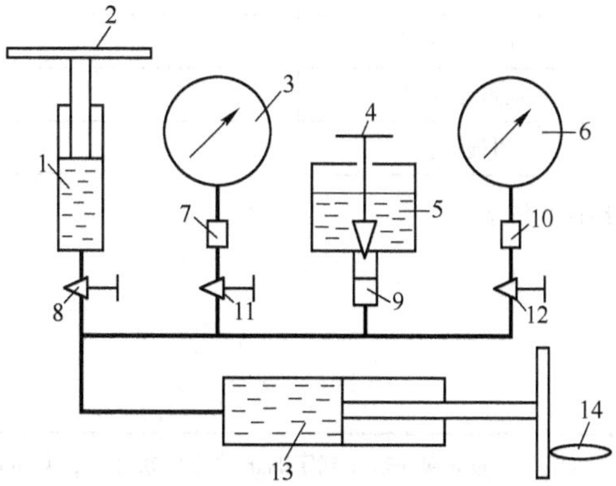

图 2-35　活塞式压力计

（4）写出压力表的校验项目。

（5）完成该测量任务所需仪器材料配置清单，并填入表 2-2 中。

表 2-2　仪器材料配置清单

器件名称	规格型号	数量	生产厂家	备　注

（6）在表 2-3～表 2-6 中填写校验。

表 2-3　标准压力表校验记录

被校压力表型号________　测量范围________　精度________

压力表校验仪名称________　型号________　绝对误差________

原　始　记　录

标准表示值/MPa	被校表示值/MPa		轻敲后被校表示值/MPa		绝对误差/MPa		正反行程示值之差
	正行程	反行程	正行程	反行程	正行程	反行程	

续表 2-3

标准表示值/MPa	被校表示值/MPa		轻敲后被校表示值/MPa		绝对误差/MPa		正反行程示值之差
	正行程	反行程	正行程	反行程	正行程	反行程	
零值误差							
实测基本误差							
轻敲变动量							
回程误差							

结论及分析：

注：1. 基本误差指在规定的正常工作条件下，测量值减去被测量真值的数值，即 $|X_{测量} - X_{真实}|$；

2. 轻敲变动量指轻敲表壳后其指针示值的变动量；

3. 回程误差指在相同条件下，压力表正行程、反行程在同一测点上的示值之差的绝对值。即 $|X_{正行程} - X_{反行程}|$。

表 2-4 普通弹簧管压力表校验记录表

被校压力表型号________ 测量范围________ 精度________

压力表校验仪名称________ 型号________ 绝对误差________

原 始 记 录

标准表示值/MPa	被校表示值/MPa		轻敲后被校表示值/MPa		绝对误差/MPa		正反行程示值之差
	正行程	反行程	正行程	反行程	正行程	反行程	
零值误差							
实测基本误差							
轻敲变动量							
回程误差							

结论及分析：

表 2-5 隔膜式压力表校验记录表

被校压力表型号________ 测量范围________ 精度________

压力表校验仪名称________ 型号________ 绝对误差________

原 始 记 录

标准表示值/MPa	被校表示值/MPa		轻敲后被校表示值/MPa		绝对误差/MPa		正反行程示值之差
	正行程	反行程	正行程	反行程	正行程	反行程	
零值误差							
实测基本误差							
轻敲变动量							
回程误差							

结论及分析：

表 2-6 电接点压力表校验记录表

被校压力表型号________ 测量范围________ 精度________

压力表校验仪名称________ 型号________ 绝对误差________

原 始 记 录

标准砝码示值/MPa	被校表示值/MPa		轻敲后被校表示值/MPa		绝对误差/MPa		正反行程示值之差
	正行程	反行程	正行程	反行程	正行程	反行程	
零值误差							
基本误差							
轻敲变动量							
回程误差							

结论及分析：

（7）写出任务实施中出现的问题及解决办法。

2.3.2　电容式差压变送器的调校

2.3.2.1　任务描述

通过本任务，熟悉差压变送器的组成结构和工作原理；能够对差压变送器进行校验、接线，掌握电容式差压变送器的零位、量程、线性的调整及示值校验方法；会对校验数据进行计算分析，并根据结果确定仪表精度等级。

2.3.2.2　任务实施

A　任务实施所需装置

（1）直流电源：0~30V DC 或 0~60V DC；

（2）标准电阻箱：0~111111Ω，精度为 0.1 级；

（3）4 位半数字电压表（或电流表），精度为 0.2 级；

（4）压力计；

（5）电容式差压变送器。

B　调校原理

调校接线如图 2-36 所示。校验时将被校差压变送器的负压室通大气，正压室接入压力源产生的压力，则被测差压就等于压力源的表压力。用标准压力表的示值作为真值，比较被校差压变送器的示值，即可确定被校变送器的误差、精度、变差等性能。

校验时，所选标准压力计一般为活塞式压力计。当差压变送器量程较小时，可选用气动浮球式压力计。目前有多种压力校验仪产品，将便携式压力源、数字压力计组合成一体，方便校验。标准表的选择应能满足允许最大绝对误差小于被校表允许最大绝对误差的三分之一。

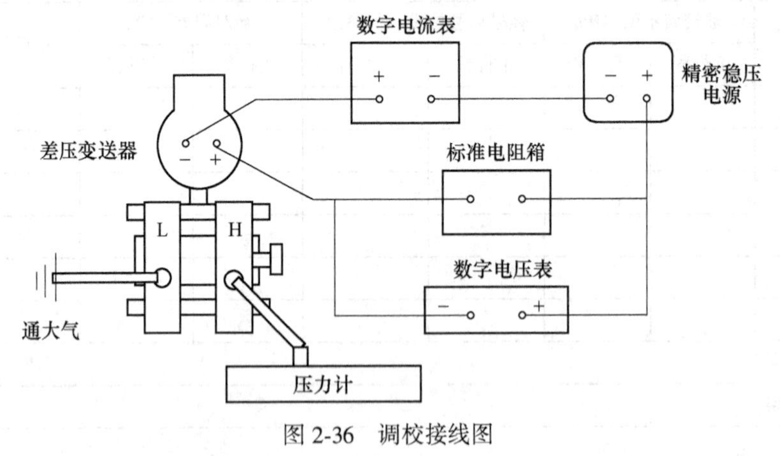

图 2-36　调校接线图

C　任务内容

以 3151 系列电容式差压变送器为例，变送器的调校可按以下步骤进行。

a　准备工作

先将气泵出气球阀关闭，将粗调压力表调至 40kPa，微调压力表调至 0MPa，然后按

图 2-36 连接校验电路，图中电流表和电压表选择其中之一。注意变送器接线要接在信号端子上，正负极分清楚。检查电路的电源极性和电压数值，切莫将变送器直接与 220V 电源连接，并检查气路的连接是否有泄漏。检查无误后方可通电。慢慢向右旋微调压阀，严禁超压（0.016MPa）!

b 调校

调校记录填写在表 2-7 中。第一项校验压力为输入压力，不得少于 5 个点。第二项标准输出，为理论输出值，可用下式计算：

$$I = 16p_i/p_m + 4\text{mA}$$

式中，I 为输出电流，mA；p_i 为输入调校标准压力；p_m 为调校满量程压力。

计算时必须精确到 0.01mA。

表 2-7 电容式差压变送器调校记录表

被校电容式差压变送器型号________ 测量范围________ 精度________							
原始记录							
序号	校验压力/kPa	标准输出/mA	实际输出/mA		引用误差		正反行程示值之差
			正行程	反行程	正行程	反行程	
最大允许误差			回差				
精度			最大引用误差				
结论及分析：							

（1）零点、量程调校。零点和量程调整按钮位于变送器表头壳体上，零点上标有 Z，量程上标有 S。施加测量下限的压力，等压力稳定后，同时按下“S”、“Z”，10s 后进入现场零点组态模式。按下“Z”，仪表将当前施加的压力设置为量程下限，仪表将输出 4mA。施加测量上限的压力，等压力稳定后，同时按下“S”、“Z”，10s 后进入量程组态模式，按下“S”，仪表将当前施加的压力设置为量程上限，仪表将输出 20mA。

注意：每进入零点和量程现场组态模式一次只能进行一次（零点或量程）设定。同时修改零点、量程需要进入该模式两次。

实现现场调零按“C”键 10s 可以进行零点重新校准。

（2）线性调整。零点、量程调好后，给差压变送器输入其他各点校验压力（如满量程的 25%、50%、75%等），待压力稳定后，读取变送器实际输出电流，记入上述调校表中，计算各点引用误差和回差，若其最大值没超过精度值，说明该仪表精度、线性、回差合格。

除零点和量程调整外，放大器板的焊接面还有一个线性微调器，一般在出厂时按产品的量程调到了最佳状态，不在现场调整。如果的确需要调整线性，应按下述步骤进行。

1）输入所调量程压力的中间压力，记下输出信号的理论值 12mA 和实际值 I 之间的偏差 $\Delta=I-12$。

2）计算：$\Delta I=6\times$最大量程/调校量程$\times|\Delta|$。输入满量程的压力，若偏差 Δ 为负，则调满量程输出，使之增加 ΔI；若偏差 Δ 为正，则调满量程输出，使之减小 ΔI。例如：变送器最大量程为 200kPa，实际使用量程为 40kPa，量程中间压力为 20kPa 时偏差 $\Delta=11.95-12=-0.05\text{mA}<0$，则 $\Delta I=1.5\text{mA}$，应调整线性微调器，使满量程输出增加 1.5mA。

3）重调零点和量程。

（3）阻尼调整。阻尼微调器用来抑制由被测压力引起的输出波动，其时间常数在 0.2s（正常值）和 1.67s 之间。出厂时，阻尼器调整到逆时针极限的位置上，时间常数为 0.2s。可在现场进行阻尼调整，顺时针转动阻尼微调器阻尼时间增加，时间常数调节不影响变送器。

2.3.2.3　任务工单

（1）任务：

1）熟悉电容式差压变送器的组成结构和工作原理。

2）能够对差压式变送器进行校验接线。

3）会记录数据并进行数据处理。

4）能够分析和处理常见问题。

（2）在图 2-37 中标出电容式差压变送器的结构组成。

（3）在图 2-38 中标出各部分名称。

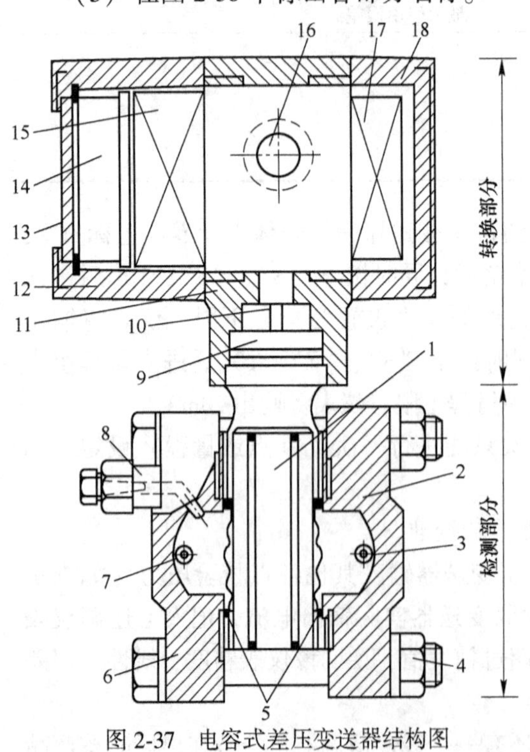

图 2-37　电容式差压变送器结构图

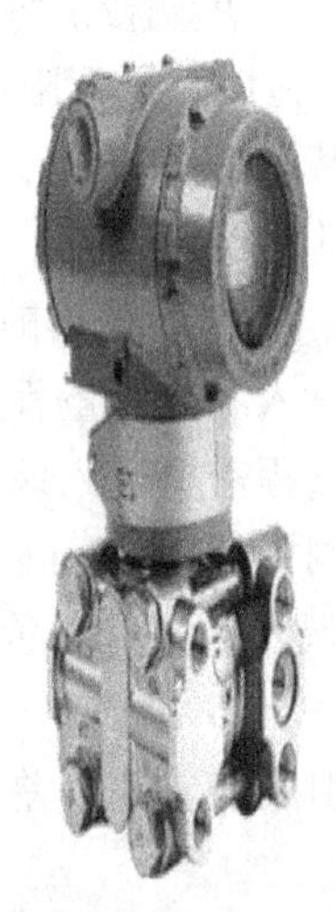

图 2-38　3151-DP 差压变送器实物图

（4）完成该测量任务所需仪器材料配置清单，并填入表2-8中。

表2-8 仪器材料配置清单

器件名称	规格型号	数量	生产厂家	备 注

（5）画出电容式差压变送器调校接线示意图。

（6）在表2-9中填写调校记录。

表2-9 电容式差压变送器调校记录表

<table>
<tr><td colspan="10">被校电容式差压变送器型号________ 测量范围________ 精度________</td></tr>
<tr><td colspan="10">原 始 记 录</td></tr>
<tr><td rowspan="2">序号</td><td rowspan="2">校验压力/kPa</td><td rowspan="2" colspan="2">标准输出/mA</td><td colspan="2">实际输出/mA</td><td colspan="2">引用误差</td><td rowspan="2" colspan="2">正反行程示值之差</td></tr>
<tr><td>正行程</td><td>反行程</td><td>正行程</td><td>反行程</td></tr>
<tr><td></td><td></td><td></td><td></td><td></td><td></td><td></td><td></td><td colspan="2"></td></tr>
<tr><td></td><td></td><td></td><td></td><td></td><td></td><td></td><td></td><td colspan="2"></td></tr>
<tr><td></td><td></td><td></td><td></td><td></td><td></td><td></td><td></td><td colspan="2"></td></tr>
<tr><td></td><td></td><td></td><td></td><td></td><td></td><td></td><td></td><td colspan="2"></td></tr>
<tr><td></td><td></td><td></td><td></td><td></td><td></td><td></td><td></td><td colspan="2"></td></tr>
<tr><td colspan="2"></td><td></td><td></td><td></td><td></td><td></td><td></td><td colspan="2"></td></tr>
<tr><td colspan="3">最大允许误差</td><td colspan="3"></td><td colspan="2">回差</td><td colspan="2"></td></tr>
<tr><td colspan="3">精度</td><td colspan="3"></td><td colspan="2">最大引用误差</td><td colspan="2"></td></tr>
<tr><td colspan="10">结论及分析：</td></tr>
</table>

（7）写出任务实施中出现的问题及解决办法。

学习情境3　温度仪表的使用与维护

学习目标

能力目标：

(1) 能根据测量要求选择合适的温度测量元件；

(2) 会对热电偶、热电阻进行校验、安装接线；

(3) 会查分度表确定所测温度；

(4) 会对温度变送器进行校验接线；

(5) 能正确对温度变送器进行调零、调量程。

知识目标：

(1) 掌握温度检测的基本概念；

(2) 掌握热电偶测温的基本原理，熟悉冷端温度补偿的基本方法；

(3) 掌握热电阻测温的基本原理；

(4) 熟悉工业用热电偶、热电阻的基本结构、工作原理；

(5) 掌握温度变送器的组成结构及工作原理；

(6) 掌握各种温度变送器接线原理和方法；

(7) 掌握温度变送器的调零、调量程方法。

3.1　温度检测仪表

3.1.1　概述

温度是表征物体冷热程度的物理量。自然界中任何物理、化学过程都与温度密切相关，在化工生产过程中，温度检测与控制直接和安全生产、产品质量、生产效率、节约能源等重要技术经济指标相联系，因此受到普遍重视。

温度不能直接测量，只能借助于冷热不同的物体之间的热交换以及物体的某些物理性质随温度的变化而变化的特性间接来测量。目前化工生产中常用的测温仪表按检测方法不同可分为接触式测温和非接触式测温两大类。

3.1.1.1　接触式测温

两个冷热程度不同的物体相接触时，必然产生热交换现象，直至两物体的冷热程度一致、达到热平衡时为止，接触式测温就是根据这一原理进行温度测量的，这种方法可以直接测得被测物体的温度，简单可靠、测量精度高，但由于测温元件与被测介质需进行充分的热交换，产生了测温滞后，且受到耐高温材料的限制，不能用于很高温度的测量。常用的接触式测温仪表有以下几种：

（1）液体膨胀式温度计。液体膨胀式温度计根据液体受热时体积膨胀的原理进行温度测量，其结构简单，使用方便，稳定性较好，价格便宜，精度较高，但容易破损，不能记录和远传，测温范围为-50~600℃，读数时，观察者的视线应与标尺垂直，对水银温度计应按凸月面的最高点读数，对酒精等有机液体温度计则按凹月面的最低点读数。

（2）固体膨胀式温度计。固体膨胀式温度计根据双金属受热时线性膨胀的原理进行温度测量，其结构紧凑，牢固可靠，机械强度较高，耐振动，价格便宜，但精度较低，测温范围为-80~600℃。

（3）压力式温度计。压力式温度计根据温包内的气体、液体或蒸汽受热后压力改变的原理进行温度测量，其特点是耐震，坚固，防爆，价格便宜，便于就地集中测量，但精度低，测温距离短，滞后大，毛细管机械强度差，损坏后不易修复，测温范围为-30~600℃。

（4）热电阻温度计。热电阻温度计根据导体或半导体的热阻效应原理进行温度测量，其测量准确，便于远距离、多点、集中测量和自动控制，适合测量中、低温范围，但振动场合容易损坏，使用时须注意环境温度的影响，测温范围为-200~650℃。

（5）热电偶温度计。热电偶温度计根据金属的热电效应原理进行温度测量，其测温范围广，测量准确，便于远距离、多点、集中测量和自动控制，但需要进行冷端温度补偿，测量低温时精度较低，测温范围为-269~2800℃。

3.1.1.2 非接触式测温

非接触式测温是利用热辐射或热对流实现热交换，从而进行温度测量的。测温元件不与被测介质直接接触，测温范围很广，不受测温上限的限制，也不会破坏被测物体的温度场，反应速度快，可用来测量运动物体的表面温度，但受发射物体的发射率、测量距离、烟尘和水汽等外界因素的影响，测量精度较低。常用的非接触式测温仪表有辐射高温计和光学高温计等。

在化工生产中，大多是利用热电偶和热电阻这两种温度检测元件来测量温度。

3.1.2 热电偶

热电偶是化工生产中最常用的温度检测元件之一，可直接与被测对象接触，不受中间介质的影响，测量精度高。常用的热电偶可从-50~1600℃连续测量液体、蒸汽和气体介质以及固体表面温度，某些特殊热电偶最低可测量-269℃（如金铁-镍铬），最高可达2800℃（如钨-铼）。

3.1.2.1 热电偶测温原理

如图3-1所示，将A、B两种不同的导体焊接在一起，一端置于温度为t的被测介质中，称为工作端或热端；另一端放在温度为t_0的恒定温度下，称为自由端或冷端。导体A、B称为热电极，这两种不同导体的组合就称为热电偶。只要两个焊接点的温度不相等，闭合回路中就会有热电势产生，这种现象称为热电效应。热电偶就是根据热电效应原理进行温度测量的。

热电势产生的原因：两种不同的金属，由于其自由电子的密度不同，当不同的金属相互接触时，在其接触端面上，会产生自由电子的扩散运动，从而在交界面上产生静电场，静电场的存在，阻止了扩散的进一步进行，最终使扩散与反扩散达到动态平衡。当 A、B 两种材料确定后，接触电势的大小只与接触端面的温度 t 和 t_0 有关。同种金属材料中，由于两焊点温度不同所产生的温差电势极小，可忽略不计。设 A、B 两种金属的自由电子密度 $N_A>N_B$，焊接点温度 $t>t_0$，则热电偶产生的热电势为：

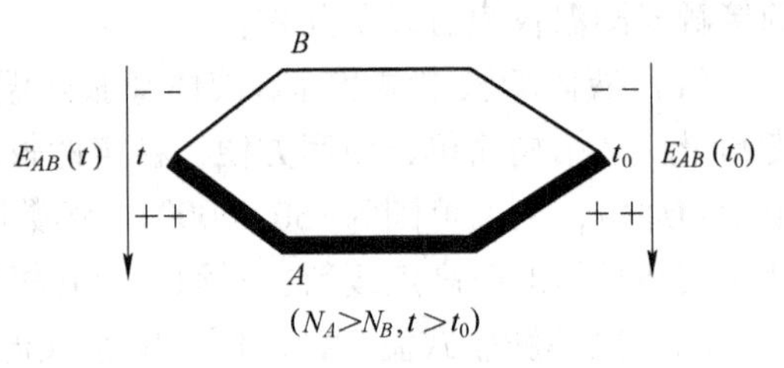

图 3-1　热电偶工作原理图

$$E_{AB}(t, t_0)=E_{AB}(t)-E_{AB}(t_0) \tag{3-1}$$

当冷端温度 t_0 恒定时，$E_{AB}(t_0)$ 为一常数，此时，热电势 $E_{AB}(t, t_0)$ 就为热端温度 t 的单值函数，当构成热电偶的热电极材料均匀时，热电势只与工作端温度 t 有关，而与热电偶的长短及粗细无关。只要测出热电势的大小，就能知道被测温度的高低，这就是热电偶的测温原理。

显然，当构成热电偶的热电极材料相同时，两接点的接触电势都为零，无论两接点温度如何，闭合回路中总的热电势都为零，所以同种材料构成热电偶无意义；如果两接点温度相等，尽管热电极材料不同，但两接点的接触电势相等，回路中总的热电势仍然为零，同样不能进行温度测量。

另外，热电偶测温回路中接入第三种金属导线（或更多种导线）时，只要保证引入线两端的温度相同，导线的接入对原热电偶产生的热电势并无影响，对测量结果也无影响。

3.1.2.2　常用热电偶的性质

根据热电偶的测温原理，理论上任意两种金属材料都可以构成热电偶。但实际上为了保证可靠地进行具有足够精度的温度测量，对热电极材料还有许多要求，如：热电势与温度应尽可能呈线性关系，并且温度每增加 1℃ 时所产生的热电势要大；电阻温度系数要小，电导率要高；物理、化学稳定性和复现性要好；材料组织要均匀，便于加工成丝等。

不同材料构成的热电偶，测温范围和性能各不相同。工业常用的标准化热电偶见表 3-1。

表 3-1　标准化热电偶

热电偶名称	分度号	正热电极	负热电极	测温范围/℃	
				长期使用	短期使用
铂铑$_{30}$-铂铑$_6$	B	铂铑$_{30}$合金	铂铑$_6$合金	300~1600	1800
铂铑$_{10}$-铂	S	铂铑$_{10}$合金	纯铂	-20~1300	1600
镍铬-镍硅	K	镍铬合金	镍硅合金	-200~1200	1300
镍铬-铜镍	E	镍铬合金	铜镍合金	-40~800	900

（1）铂铑$_{30}$-铂铑$_6$ 热电偶：适于在氧化性或中性介质中使用。高温时热电特性很稳定，测量准确，但其产生的热电势小，价格贵，低温时热电势极小，当冷端温度在 40℃以下使用时，可不进行冷端温度补偿。常用作基准热电偶。

（2）铂铑$_{10}$-铂热电偶：适于在氧化性或中性介质中使用。高温时性能稳定，不易氧化；有较好的化学稳定性；测量准确，线性较差，价格较贵，适于作基准热电偶或精密温度测量。

（3）镍铬-镍硅热电偶：适于在氧化性或中性介质中使用，500℃以下低温范围内，也可用于还原性介质中测量。该热电偶线性好，灵敏度高，测温范围较广，价格便宜，在工业生产中应用广泛。

（4）镍铬-铜镍热电偶：适于测量中、低温范围，灵敏度高，价格便宜，低温时性能稳定，适于在中性介质或还原性介质中使用。

由于构成热电偶的热电极材料不同，在相同温度下，热电偶产生的热电势也不同，标准热电偶的温度-电势对应关系，称为分度表。

必须注意，热电偶是在冷端温度为 0℃时进行分度的，若热电偶冷端温度 t_0 不为 0℃时，则热电势与温度之间的关系应根据下式进行计算。

$$E_{AB}(t,\ t_0) = E_{AB}(t,\ 0) - E_{AB}(t_0,\ 0) \tag{3-2}$$

式中，$E_{AB}(t,\ 0)$ 和 $E_{AB}(t_0,\ 0)$ 相当于该种热电偶的工作端温度分别为 t 和 t_0，而冷端温度为 0℃时产生的热电势，其值可以查热电偶的分度表得到。

3.1.2.3 热电偶的结构形式

由于热电偶的用途和安装位置不同，其外形也常不相同。热电偶的结构形式常分为以下几种，如图 3-2 所示。

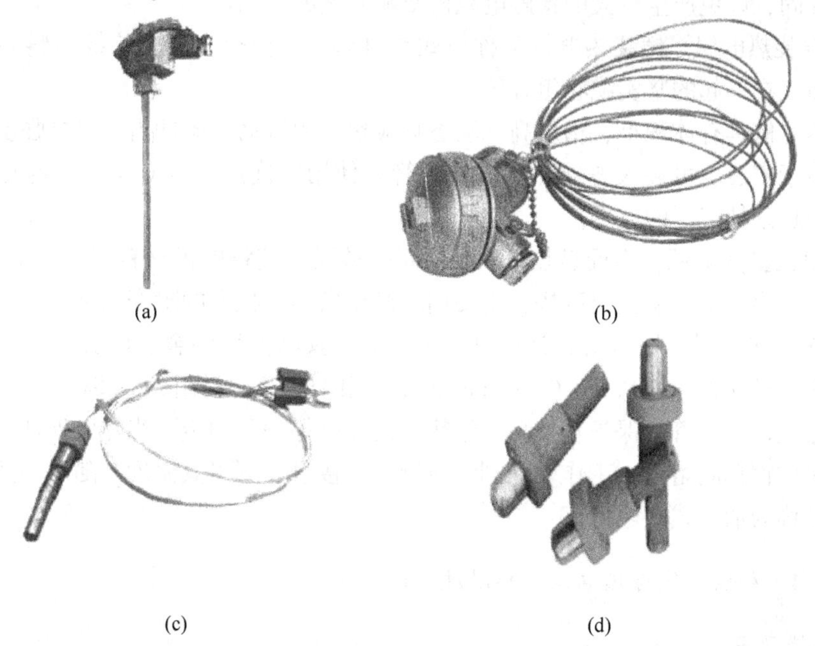

(a) (b) (c) (d)

图 3-2 热电偶结构形式

（a）普通热电偶；（b）铠装热电偶；（c）表面型热电偶；（d）快速型热电偶

（1）普通热电偶。普通热电偶主要由热电极、绝缘子、保护套管、接线盒几部分构成，如图 3-3 所示。

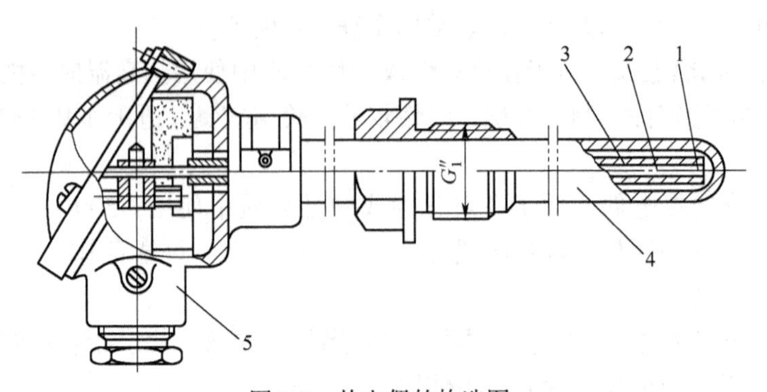

图 3-3　热电偶的构造图

1—测量端；2—热电极；3—绝缘套管；4—保护管；5—接线盒

热电极的直径由材料的价格、机械强度、电导率、使用条件和测量范围决定。贵金属电极丝较细，直径一般为 0.3～0.65mm，普通金属电极丝直径为 0.5～3.2mm，其长度由安装条件及插入深度而定，一般为 350～2000mm。

绝缘套管用于防止两根热电极短路。绝缘材料主要根据测温范围及绝缘性能要求来选择，通常用石英管、瓷管、纯氧化铝管等。

保护套管用于保护热电极，使其免受化学侵蚀和机械损伤，确保测温准确、延长使用寿命。常用材料有铜或铜合金、20 号碳钢、1Cr18Ni9Ti 不锈钢及石英等。

接线盒用来连接热电偶和显示仪表。一般由铝合金制成。接线盒的出线孔和盖子均用垫片和垫圈加以密封，以防灰尘和有害气体进入；接线盒内用于连接热电极和补偿导线的螺丝必须紧固，以免产生较大的接触电阻而影响测量的准确性。

（2）铠装热电偶。铠装热电偶又称缆式热电偶，是由热电极、绝缘材料和金属保护套管三者加工在一起的坚实缆状组合体。

铠装热电偶具有体积小、精度高、动态响应快、耐振动、耐冲击、机械强度高、可任意弯曲、便于安装、可装入普通热电偶保护管内使用等优点，可安装在结构复杂的装置上，已得到越来越广泛的应用。

（3）表面型热电偶。表面型热电偶利用真空镀膜工艺将电极材料蒸镀在绝缘基板上，其尺寸小，热容量小，响应速度快，主要用来测量微小面积上的瞬变温度。

（4）快速热电偶。快速热电偶专用于测量钢水及高温熔融金属的温度，只能一次性使用。其热电极由直径为 0.05～0.1mm 的铂铑$_{10}$-铂铑$_{30}$等材料制成，装在 U 形石英管内，外部有绝缘良好的纸管、保护管及高温绝热水泥加以保护和固定。当热电偶插入高温熔融金属时，保护帽瞬间熔化，工作端立刻与被测介质接触，测出其温度。随后，热电偶被烧坏，所以又称为消耗式热电偶。

3.1.2.4　补偿导线与热电偶冷端温度补偿方法

A　补偿导线

由热电偶测温原理可知，只有当热电偶冷端温度保持不变时，热电势才是被测温度的单值函数。但在实际工作中，由于热电偶的冷端常常靠近设备或管道，冷端温度不仅受环境温度的影响，还受设备或管道中被测介质温度的影响，因而冷端温度难以保持恒定。如果冷端温度自由变化，必然引起测量误差。为了准确地测量温度，应设法将热电偶的冷端延伸到远离被测对象且温度较为稳定的地方。由于热电偶大都采用贵重金属材料制成，而检测点到仪表的距离较远，为了降低成本，通常采用补偿导线将热电偶的冷端延伸到远离热源并且温度较为稳定的地方。

补偿导线由廉价金属制成，在0~100℃范围内，其热电特性与所连接的标准热电偶的热电特性完全一致或非常接近，使用补偿导线相当于将热电偶延长。不同热电偶所配用的补偿导线是不相同的，廉价金属制成的热电偶，可用其本身材料作为补偿导线。

使用补偿导线时，必须注意：

（1）选用的补偿导线必须与所用热电偶相匹配。

（2）补偿导线的正、负极应与热电偶的正、负极对应相接，否则会产生很大的测量误差。

（3）补偿导线与热电偶连接端的接点温度应相等，且不能超过100℃。

常用热电偶的补偿导线见表3-2。

表3-2 常用热电偶的补偿导线

热电偶名称	补偿导线正极		补偿导线负极		工作端为100℃，冷端为0℃时的标准热电势/mV
	材料	颜色	材料	颜色	
铂铑$_{10}$-铂	铜	红	铜镍	绿	0.645±0.037
镍铬-镍硅	铜	红	康铜	蓝	4.095±0.105
镍铬-铜镍	镍铬	红	铜镍	棕	6.317±0.170
铜-铜镍	铜	红	铜镍	白	4.277±0.047

B 热电偶冷端温度补偿方法

采用补偿导线可以将热电偶的冷端延伸到温度较为稳定的地方，但延伸后的冷端温度一般还不是0℃，而热电偶的分度表是在冷端温度为0℃时得到的，热电偶所用的配套仪表也是以冷端温度为0℃进行刻度的。为了保证测量的准确性，在使用热电偶时，只有将冷端温度保持为0℃，或者是进行一定的修正才能得出准确的测量结果。这称为热电偶的冷端温度补偿。常用的冷端温度补偿方法有：

（1）冰浴法。将通过补偿导线延伸出来的冷端分别插入装有变压器油的试管中，把试管放入装有冰水混合物的容器中，可使冷端温度保持0℃。这种方法在实际生产中不适用，多用于实验室。

（2）公式修正法。根据式（3-1），将测得的热电势$E_{AB}(t, t_0)$，和查分度表所得的热电势$E_{AB}(t_0, 0)$相加，便可得到实际温度下的热电势$E_{AB}(t, 0)$。再次查分度表，便可求出被测温度t。这种方法只适用于实验室或临时测温，在连续测量中不适用。

（3）校正仪表零点法。一般显示仪表未工作时指针均指在零位上（机械零点），如果热电偶的冷端温度t_0（室温）较为恒定，可在测温前，断开测量电路，将显示仪表的机械零点调整到t_0上，这相当于把热电势修正值预先加在显示仪表上。当接通测量电路时，显示仪表的指示值即为实际被测温度。

此法简单易行，在工业上经常使用，如果控制室的室温经常变化，会有一定的测量误差，通常用于测温要求不太高的场合。

（4）补偿电桥法。当热电偶冷端温度波动较大时，可在补偿导线后面接上补偿电桥（不平衡电桥），使其产生一个不平衡电压 ΔU，来自动补偿热电偶因冷端温度变化而引起的热电势变化。

采用补偿电桥时必须注意：

所选补偿电桥必须与热电偶配套；补偿电桥接入测量系统时正负极不可接反；显示仪表的机械零点应调整到补偿电桥设计时的平衡温度，若补偿电桥是在 20℃ 平衡的，仍需把仪表的机械零点预先调至 20℃ 处，若补偿电桥是按 0℃ 平衡设计的，则仪表的零点应调至 0℃ 处，大部分补偿电桥均按 20℃ 时平衡设计。

（5）补偿热电偶法。在生产中，为了节省补偿导线和投资费用，常用多支热电偶配用一台公用测温仪表，通过转换开关实现多点间歇测量，补偿热电偶是为了将冷端温度保持恒定而设置的，它的工作端插入 2～3m 深的地下或放在其他恒温器中，使其温度恒为 t_0，而它的冷端与测量热电偶的冷端都接在温度为 t_1 的同一个接线盒中，补偿热电偶的材料可以与测量热电偶相同，也可以是测量热电偶的补偿导线，此时相当于两支相同的热电偶反串，其测温仪表的指示值则为 $E_{AB}(t, t_1) - E_{AB}(t_0, t_1)$，即为 $E_{AB}(t, t_0)$ 所对应的温度，而不受接线盒所处温度 t_1 变化的影响。

3.1.2.5 热电偶测温系统的构成

热电偶测温系统一般由热电偶、补偿导线和显示仪表三部分组成，如图 3-4 所示。测温时必须注意：

（1）热电偶、补偿导线和显示仪表的分度号必须一致，接线端极性必须正确。

（2）如显示仪表为动圈表，还必须考虑冷端温度补偿的问题。

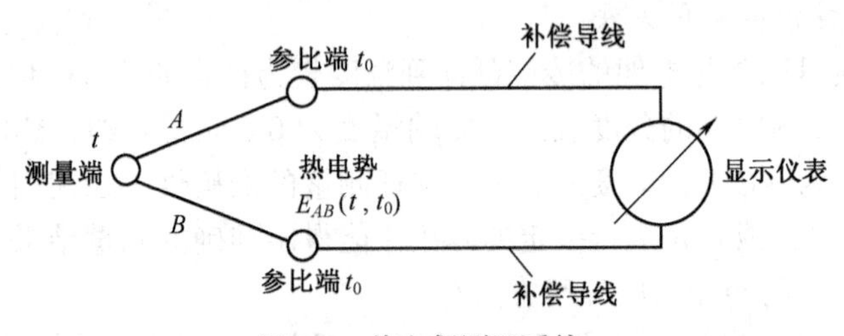

图 3-4 热电偶测温系统

3.1.3 热电阻

热电偶一般适用于中、高温的测量，测量 300℃ 以下的温度时，热电偶产生的热电势较小，对测量仪表的放大器和抗干扰能力要求很高，而且冷端温度变化的影响变得突出，增大了补偿难度，测量的灵敏度和精度都受到一定的影响，通常对 500℃ 以下的中、低温区，都使用热电阻来进行温度测量。

工业上广泛应用的热电阻温度计，可测量 -200～650℃ 范围内的液体、气体、蒸汽及固体表面的温度，其测量精度高，性能稳定，不需要进行冷端温度补偿，便于多点测量和远距离传送、记录。

3.1.3.1 热电阻测温原理

热电阻是根据金属导体电阻值随温度的变化而变化的性质来测量温度的，实验表明，大多数金属导体具有正的温度系数，温度每升高1℃，电阻值增加0.4%~0.6%，热电阻温度计利用热电阻与被测介质相接触，感知被测温度的变化，并将其转换成电阻的变化，再通过测量电路进一步转换成电压信号，最后送至显示仪表指示或记录被测介质温度。

3.1.3.2 常用热电阻

虽然大多数金属和半导体电阻都有随温度变化而变化的性质，但它们并不是都能作为测温用热电阻，制作热电阻的材料必须满足一定的要求。如：电阻温度系数和电阻率要大；热容量要小；在整个测温范围内有稳定的物理和化学性质；电阻值与温度应呈线性关系；易于提纯；有良好的复现性等。

热电阻大都由纯金属材料制成，工业上广泛应用的是铂电阻和铜电阻。

（1）铂电阻。金属铂易于提纯，在氧化性介质中具有很高的物理化学稳定性，测量精确，复现性好，但价格较贵，在高温下易受还原介质的影响，导致铂丝变脆，需加以保护，常用于精密测温或作为基准热电阻使用。

铂电阻的测温范围为-200~650℃，要确定 R_t 与 t 的关系，首先要确定0℃时的电阻 R_0 的大小。R_0 不同，对应的 R_t-t 关系也不同。这种 R_t-t 关系称为分度表。

工业上常用的铂电阻有两种，R_0 值分别为100Ω和10Ω，对应的分度号为Pt100和Pt10。其中Pt100热电阻的变化范围较大，因而灵敏度较高。

（2）铜电阻。铜易于加工提纯，电阻温度系数大，电阻与温度呈线性关系。在-50~150℃范围内，具有很好的稳定性，且价格便宜。但超过150℃后易被氧化，线性变差；另外，铜的电阻率小，要满足相应的阻值要求，铜电阻丝必须细而长，从而使其体积较大，机械强度较低。一般用于测量化学反应器和锅炉中介质的温度。

工业上常用的铜电阻有两种，R_0 分别为50Ω和100Ω，对应的分度号为Cu50和Cu100。

3.1.3.3 热电阻的结构形式

（1）普通热电阻。普通热电阻通常由电阻体、绝缘子、保护套管、接线盒四部分构成，除电阻体外，其余三部分与普通热电偶基本相同。为避免通过交流电时产生电抗，造成附加误差，电阻体一般采用双线无感绕法绕制。

（2）铠装热电阻。铠装热电阻是将电阻体、绝缘材料和保护套管三者经冷拔、旋锻加工而成的组合体，其体积小、抗震性强、可弯曲、热惯性小、使用寿命长，适用于结构复杂或狭小设备的温度测量。

（3）表面型热电阻。端面热电阻的电阻体经特殊处理，紧贴在温度计端面，其测量准确，响应迅速，体积小，适用于测量轴瓦和其他机件的温度。

（4）隔爆型热电阻。隔爆型热电阻采用特殊的接线盒，把其外壳内部爆炸性混合气体因受到火花或电弧等影响而发生的爆炸局限在接线盒内，使生产现场不致引起爆炸，适用于具有爆炸危险的场所的温度测量。

3.1.3.4　热电阻测温系统的组成

热电阻测温系统一般由热电阻、连接导线和显示仪表等组成。如图 3-5 所示。测温时必须注意：

（1）热电阻和显示仪表的分度号必须一致。

（2）为了消除连接导线电阻变化对测量的影响，热电阻必须采用三线制连接。

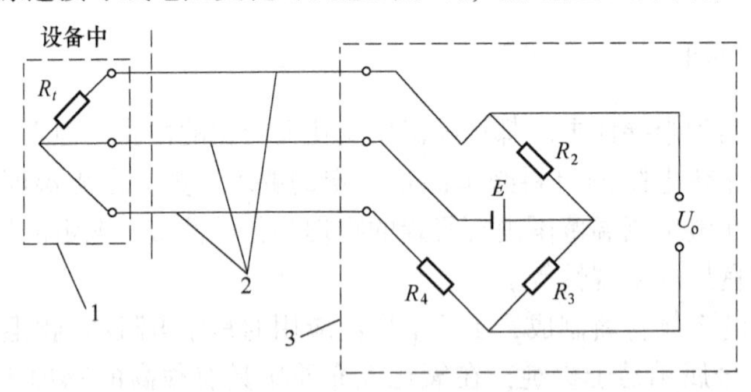

图 3-5　热电阻测温系统

1—热电阻；2—连接导线；3—信号转换单元

3.1.4　其他温度计

3.1.4.1　热膨胀式温度计

热膨胀式温度计是利用液体、气体或固体热胀冷缩的性质测量温度，分为液体膨胀式温度计和固体膨胀式温度计两大类。

A　玻璃管液体温度计

玻璃管液体温度计主要由玻璃温包、毛细管、工作液体和刻度标尺等组成，如图 3-6 所示。

工作液一般采用水银和酒精，其中水银与其他液体相比有许多优点，如不黏附玻璃、不易氧化、测量温度高、容易提纯、线性较好、准确度高。

玻璃管液体温度计是应用最广泛的一种温度计，其结构简单、使用方便、准确度高、价格低廉。按用途分类，可分为工业、标准和实验室用三种，标准玻璃温度计是成套供应的，可以作为检定其他温度计用，准确度可达 0.05～0.1℃；工业用玻璃温度计为了避免使用时被碰碎，在玻璃管外通常由金属保护套管，仅露出标尺部分，供操作人员读数；实验室用的玻璃管温度计的形式和标准的相仿，准确度也较高。

B　双金属温度计

如图 3-7 所示，双金属片是由两种膨胀系数不同的金属薄片叠焊在一起制成的测温元件，利用两种膨胀系数不同的金属元件的膨胀差异测量温度，双金属片受热后由于两种金属片的膨胀系数不同而使自由端产生弯曲变形，弯曲的程度与温度的高低成正比。

双金属温度计应用：仪表精度等级达到 1.0 级，仪表上壳采用防腐材料，其耐温性可以高达 200℃，最低为-40℃，广泛应用于石油、化工、冶金、纺织、食品等工业，双金属温度计是一种测量中低温度的现场检测仪表。可以直接测量各种生产过程中的-80~500℃范围内液体蒸汽和气体介质温度，现场显示温度，直观方便安全可靠，使用寿命长；抽芯式温度计可不停机短时间维护或更换机芯。轴向型、径向型、135°型、万向型等品种齐全，适应于各种现场安装的需要。

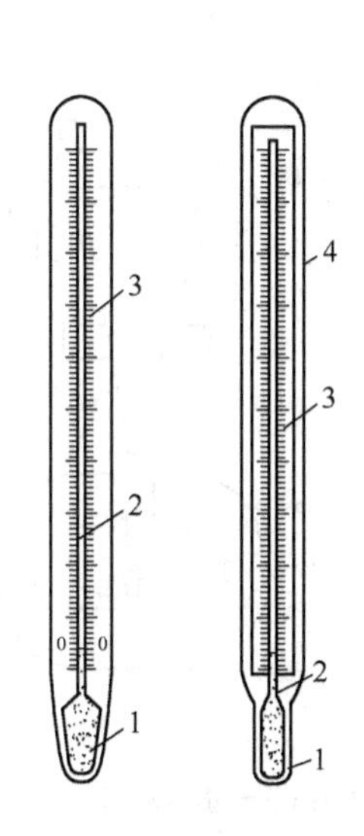

图 3-6 玻璃管液体温度计
1—玻璃温包；2—毛细管；
3—刻度标尺；4—玻璃外壳

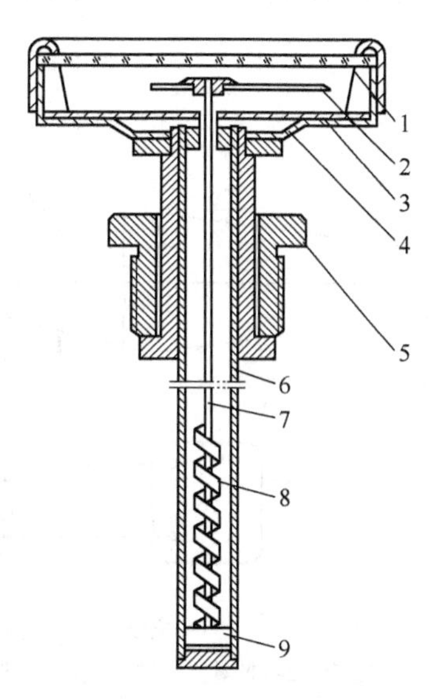

图 3-7 双金属温度计
1—表玻璃；2—指针；3—刻度盘；4—表壳；5—安装压帽；
6—金属保护管；7—指针轴；8—双金属螺旋；9—固定端

3.1.4.2 辐射温度计

A 全辐射高温计

全辐射高温计是通过接收被测物体全部辐射能量来测定温度的。它有透镜式和反射镜式两种。前者主要用来测量高温，后者用于测量中温，如图 3-8 所示。

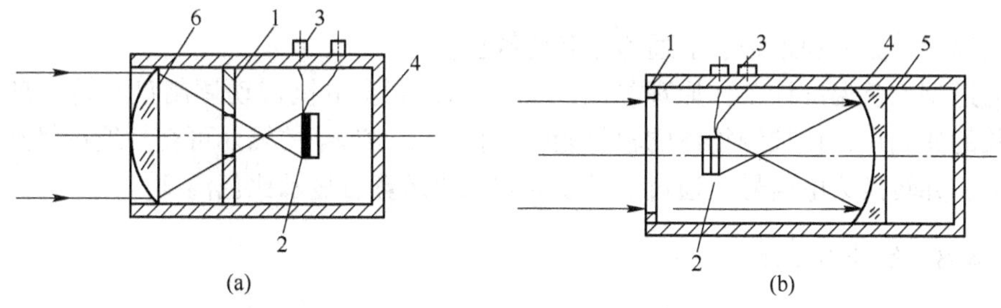

图 3-8 透镜式和反射镜式系统的示意图
（a）透镜系统的辐射温度计；（b）反射镜式系统的辐射温度计
1—光阑；2—检测元件；3—输出端子；4—外壳；5—反射聚光镜；6—透镜

B 光电式温度计

光电式温度计如图 3-9 所示。被测物体的辐射能量通过物镜 1、光阑 2、孔 3、遮光板 6、调制片 7、滤光片投射到光电器件 4 上。反馈灯 15 的辐射能量通过遮光板上的另一个孔 5 也投射到光电器件 4 上。

工作原理：在遮光板前调制片 7 作机械振动时交替打开和遮住孔 3 和孔 5，使两束辐射能交替投射到光电元件上。光电元件输出与两辐射能量之差成正比的交变电信号，经前置放大器 13 和主放大器 14 放大后改变反馈灯的电流及亮度，直到差值信号为零，这时反馈灯的亮度与被测物体的亮度相同。因此，通过反馈灯电流的大小就可以确定被测物体的温度。

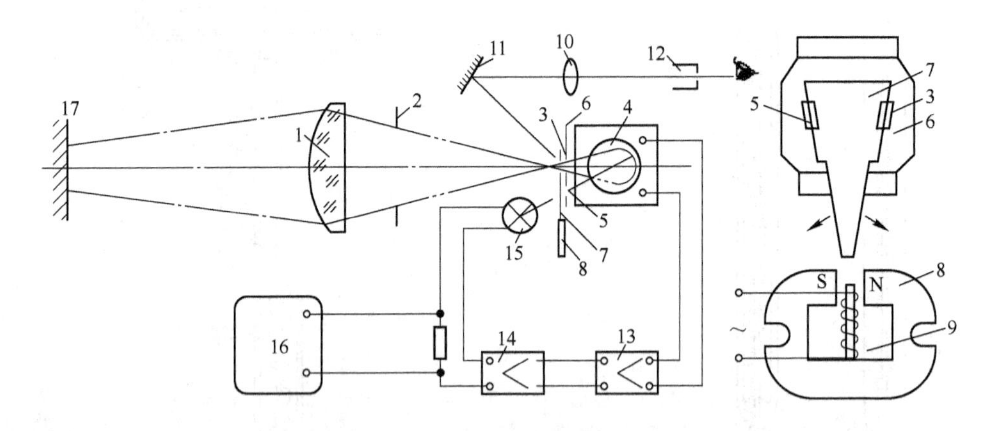

图 3-9　光电式温度计工作原理示意图

1—物镜；2—光阑；3，5—孔；4—光电器件；6—遮光板；7—调制片；8—永久磁铁；9—激磁绕组；10—透镜；11—反射镜；12—观察孔；13—前置放大器；14—主放大器；15—反馈灯；16—电位差计；17—被测物体

C　比色温度计

比色温度计也是一种辐射式温度计。辐射定律表明，绝对黑体的最大单色辐射强度当温度增高时是向波长减小方向移动的。这样，就使两个固定波长为 λ_1 及 λ_2 的亮度比会随温度而变化，因此，只要测定此亮度比值，即可由计算式算得绝对黑体的相应温度，如温度为 t 的实际物体在两个波长下的亮度比值与温度为 t_C 的黑体在同样两波长下的亮度比值相等，则将 t_C 称为该实际物体的比色温度，实际物体的温度 T 与比色温度 t_C 之间存在一定计算关系。

比色温度计分单通道型、双通道型和色敏型。

单通道型比色温度计工作原理如图 3-10 所示，同步电机带动调制盘旋转，盘上嵌着两种波长的滤光片，使被测物体的辐射能中波长为 λ_1 和 λ_2 的辐射可交替地投射到同一光电器件上，并转换为电信号，通过信号放大和比值运算后显示比色温度。

3.1.4.3　红外温度计

红外温度计也是一种辐射式温度计。任何物体只要其温度大于绝对零度，均会因分子热运动而发射红外线。物体发射的红外辐射能量与其温度有关。红外温度计根据这一特性进行温度测量。

图 3-11 所示为红外温度计的工作原理，其与光电温度计类似，采用光学反馈结构。

在图 3-11 中，被测物体与反馈光源的辐射线经圆盘调制器调制后输入红外检测器，调制器由同步电机带动工作，红外检测器输出的电信号经放大器和相敏整流器后至控制放大器，并调控反馈光源的辐射强度直到与被测物体的辐射强度相等为止，根据反馈光源的

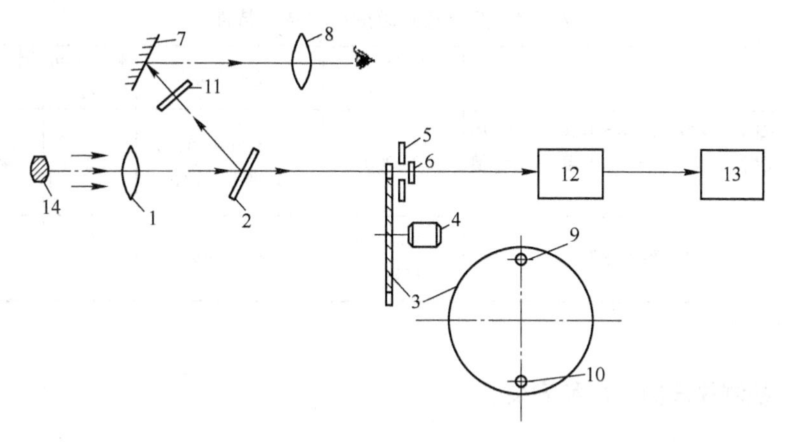

图 3-10　单通道型比色温度计工作原理示意图

1—物镜；2—平行平面玻璃；3—调制盘；4—同步电机；5—光阑；6—光电检测器；
7—反射镜；8—目镜；9—滤光片（λ_1）；10—滤光片（λ_2）；
11—分划镜；12—比值运算器；13—显示装置；14—被测对象

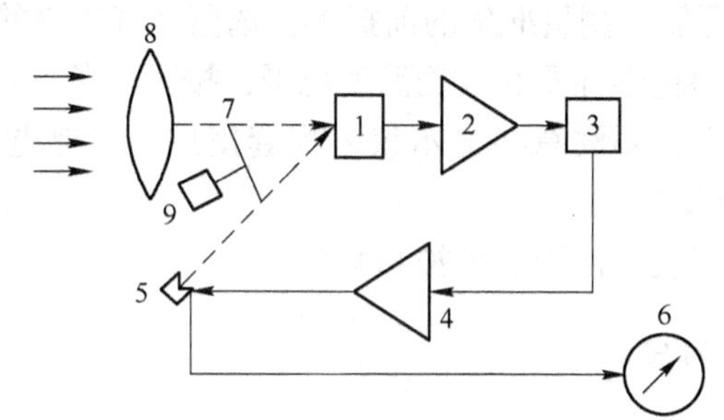

图 3-11　红外温度计工作原理示意图

1—红外检测器；2—放大器；3—相敏整流器；4—控制放大器；
5—反馈光源；6—显示器；7—调制盘；8—透镜；9—同步电动机

加热电流值，可由显示器示出被测物体的温度值。

红外温度计的光学系统有透射式和反射式两种，分别使被测物体的红外辐射能量通过透射或反射两种方式输至红外检测器，其种类见表 3-3。

红外温度计不加滤光设备的测温范围为-20～800℃，加滤光设备后可将测温上限提高到 3000℃，表 3-4 为部分红外温度计的技术特性。

表 3-3　红外温度计的透镜和反射镜材料

光学系统名称	材　　料	测温范围/℃	适用波长/μm
透镜式	光学玻璃 石英	≥700	0.76～3.0
	氟化镁 氧化镁	100～700	3.00～5.00
	锗、硅等	≤100	5.00～14.00
反射镜式	凹面玻璃反射镜，表面镀金、铝、镍等对红外辐射反射率很高的材料	0～700	2～15

表 3-4　部分红外温度计的技术特性

温度计名称	特　　点	测温范围 /℃	基本误差	响应时间 /s	测量距离 /m	距离系数
远程红外温度计	检测波段较宽（2~15μm），采用双反射光学系统，灵敏度高，示值稳定	0~200	±（1%t+0.5）℃ 分辨率：1℃	2	450	≈75
红外线亮度温度计	采用钨丝灯泡作参比源	200~1000 双量程	≤±1.5%	<1	>1	≈80

注：*t* 为测量温度。

3.1.5　温度检测仪表的选用和安装

3.1.5.1　温度仪表的选择

温度仪表的选择一般应考虑以下四个方面的问题：

（1）根据工艺要求、操作和环境条件、被测介质的温度范围，选用温度仪表的类型，在保证技术先进、安全可靠、测量准确的前提下，选用经济实用的仪表。

（2）根据被测介质的化学性质和被测温度范围，按环境条件选择保护套管材料。

（3）测温元件确定后，要注意与显示仪表配套使用。对热电偶，还应考虑补偿导线及冷端温度补偿器匹配问题。

（4）应便于仪表的安装、使用、维护和修理。

3.1.5.2　测温元件的安装

（1）测温点应选在介质温度变化灵敏并具有代表性的地方，不宜选在阀门、焊缝等阻力部件附近和介质流束呈死角处。

（2）测温元件在管道上安装时，应逆着流向，以保证测温元件与流体充分接触。

（3）若工艺管道过细，安装测温元件时可加装扩大管。

（4）测温元件的工作端应处于管道中流速最大处。膨胀式温度计应使测温点的中心位于管道中心线上；热电偶、铂电阻、铜电阻保护套管的末端应分别越过流束中心线 5~10mm、50~70mm、25~30mm；压力式温度计温包的中心应与管道中心线重合。

（5）测温元件要有足够的插入深度，外露部分应进行保温，以减少测量误差。

（6）热电偶和热电阻的接线盒盖应向下，以防雨水或其他液体渗入影响测量，热电偶应远离磁场。

（7）为减少测温滞后，可在保护外套管与保护套管之间加装传热良好的填充物，如变压器油（小于 150℃）、铜屑或石英砂（大于 150℃）。

（8）就地指示温度计应安装在便于观察的地方。

3.1.5.3　布线要求

（1）注意补偿导线的分度号与极性，不能接错。

（2）线路电阻一定要符合所配二次仪表的要求。

（3）为保护连接导线与补偿导线不受外来的机械损伤，应把连接导线或补偿导线穿入钢管内或走槽板。

（4）导线应尽量避免有接头。导线应有良好的绝缘，并加以屏蔽。

（5）信号线不能与交流输电线共用一根穿线管，信号线附近不应有交流动力线，以免引起感应。

3.2 温度变送器

3.2.1 概述

温度变送器是一种信号转换仪表，它可以与测温元件配合使用，把温度或温差信号转换成统一标准信号输出；还可以把其他能够转换成直流毫伏信号的工艺参数也变成相应的统一标准信号输出，以此实现温度参数的显示、记录和自动控制。它是工业生产过程中应用最广泛的一种模拟式温度变送器，它能与常用的各种热电偶和热电阻配合使用。

温度变送器按照连接方式可以分为二线制和四线制。DDZ-Ⅲ型温度（温差）变送器就是四线制温度变送器，属于控制室内架装仪表，有三类品种：直流毫伏变送器、热电偶温度变送器和热电阻温度变送器。在结构上有一体化结构和分体式结构之分，除此之外还有模拟式温度变送器和智能式温度变送器之分。

模拟式温度变送器其结构如图 3-12 所示，在线路结构上都分为量程单元和放大单元两个部分，其中放大单元是三者通用，而量程单元则随品种、测量范围的不同而不同。

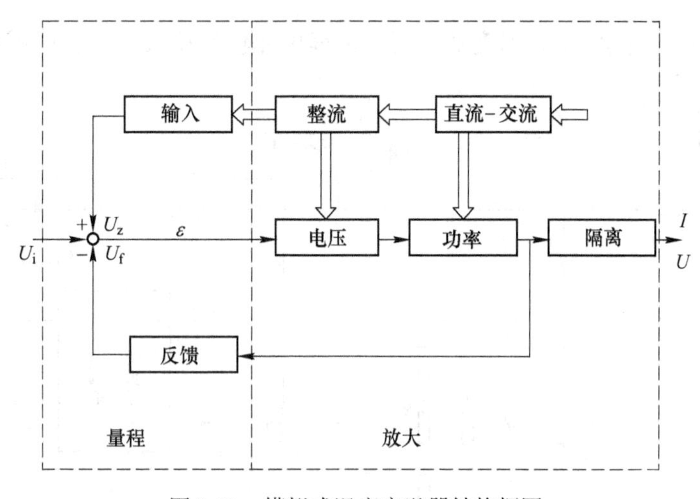

图 3-12 模拟式温度变送器结构框图

3.2.2 直流毫伏变送器的量程单元

直流毫伏变送器的量程单元由信号输入电路、零点调整桥路和反馈电路等部分组成，如图 3-13 所示，输入回路中 R_{i1}、R_{i2}和 VS_1、VS_2起限流和限压作用，限制打火能量在安全火花范围内。R_{i1}、R_{i2}与 C_i组成低通滤波器，以滤掉输入信号 V_i中的交流分量。

零点调整电路由 R_{i3}、R_{i4}、R_{i5}、R_{i6}、R_{i7}和 RP_i电位器等组成，其中 $R_{i5}=R_{i7}$的阻值远远大于其他电阻的阻值，作用是限制支路电流。VT_Z和 R_Z构成恒流源，桥路电压由 VT_Z和

VS_3提供。

反馈回路由 R_{f1}、R_{f2}、R_{f3}和量程调整电位器 RP_f等组成。其中 R_{f1}为反馈电压源的内阻，其阻值远小于 R_{f2}，V_f来自放大单元的隔离反馈部分。

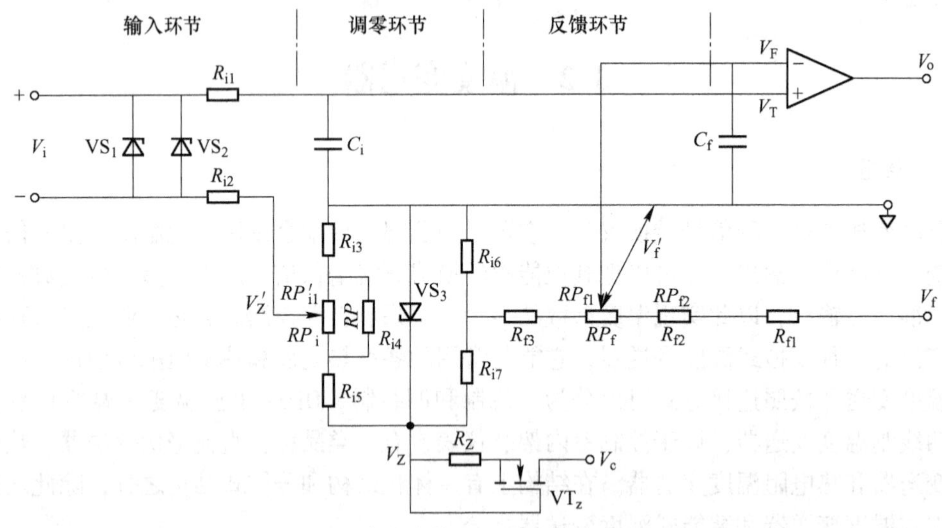

图 3-13　直流毫伏变送器量程单元原理图

3.2.3　热电偶式温度变送器的量程单元

如图 3-14 所示，热电偶式温度变送器的量程单元包括输入电路、调零和调量程回路、非线性反馈回路等。

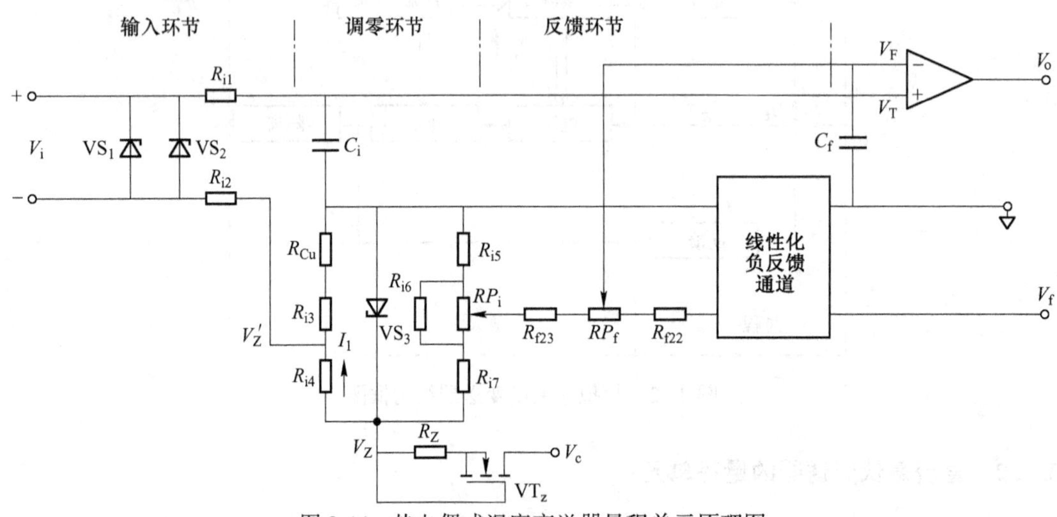

图 3-14　热电偶式温度变送器量程单元原理图

由图 3-14 可见，该变送器的量程单元与直流毫伏变送器的量程单元基本相同，但是由于热电偶检测元件的特性，存在三点差异：

（1）热电偶冷端温度的自动补偿（在 R_{i3}桥臂上增加一铜电阻 R_{Cu}）。

（2）在反馈回路增加了热电偶特性的线性化电路。

（3）零点调整电位器 RP_i 由桥路的左边移到桥路的右边。

3.2.3.1 进行冷端温度校正

当热电偶的被测温度一定而冷端温度升高时，其热电势 V_i 将减少。为补偿 V_i 的减少需在桥路输出增加一个适当的值，为此在桥路串接一铜电阻放在冷端附近。

冷端铜电阻阻值为：$R_{cu}(t_0)=R_0(1+\alpha t_0)$。$\alpha$ 为铜电阻温度系数，R_{cu} 具有正的温度系数，其阻值随温度的增加而增加，接于 R_{i3} 桥臂便可达到热电偶冷端温度自动补偿的目的。

3.2.3.2 反馈线性化

在反馈电路中需要完成量程调整和非线性校正两个功能。量程调整实质上是调整放大电路的闭环放大倍数，通过调节反馈电阻的大小就可实现。而非线性校正则采取在反馈回路中置入与热电偶特性相一致的非线性电路的方法，如图 3-15 所示。图 3-16 是采用 4 段折线逼近热电偶的特性原理，在反馈回路中加入一些稳压管和基准电压，利用稳压管的击穿特性实现折线电路。

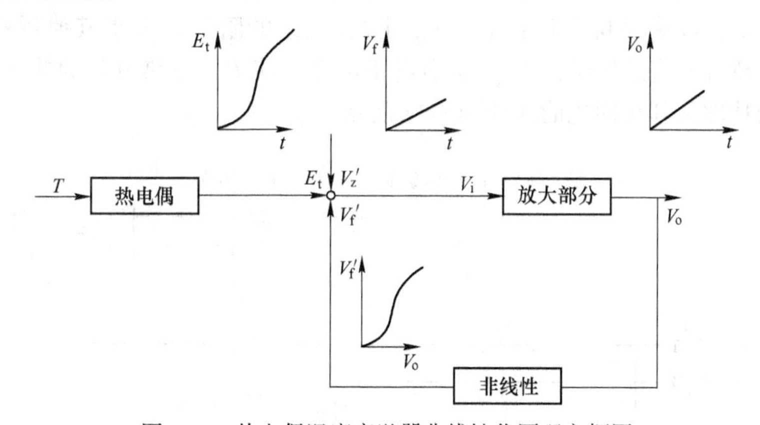

图 3-15 热电偶温度变送器非线性化原理方框图

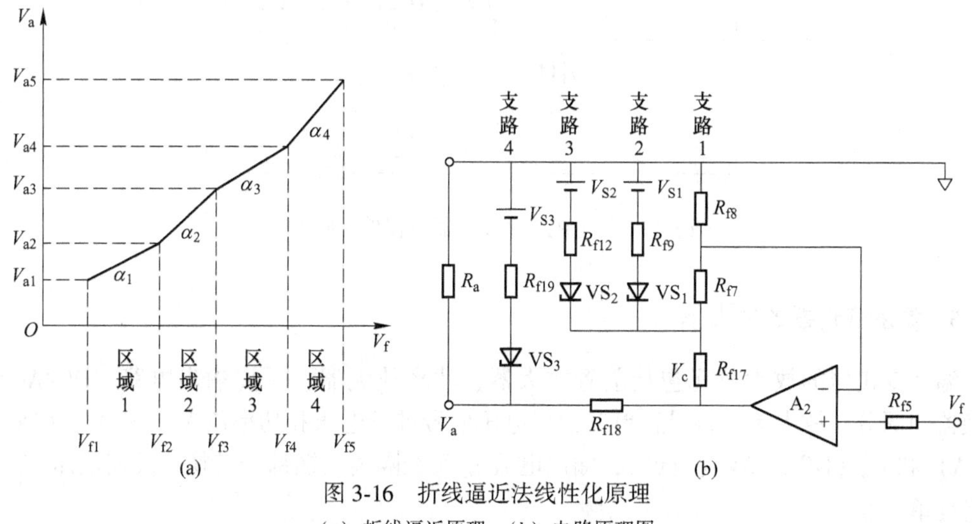

图 3-16 折线逼近法线性化原理

（a）折线逼近原理；（b）电路原理图

（1）当 V_f 电压使运放输出 $V_c < V_{f1}$ 时，对应变送器的零点，即 $I_0 = 4mA$ 或 $V_0 = 1V$。

（2）当 V_f 增加，$V_{f1} < V_c \leqslant V_{f2}$ 时，$VS_1 \sim VS_3$ 均截止，电阻网络取决于 R_{f17}、R_{f18}、R_{f7} 和 R_{f8}，此时折线斜率为 α_1。

（3）当 V_f 继续增加，$V_{f2} < V_c \leqslant V_{f3}$ 时，VS_1 导通，而 VS_2、VS_3 均截止，将 R_{f9} 并联到支路 1，此时折线斜率为 α_2。

（4）以此类推，当 V_f 继续增加，达到 $V_{f3} < V_c \leqslant V_{f4}$ 和 $V_{f4} < V_c \leqslant V_{f5}$ 时，VS_2 和 VS_3 相继导通，相继支路 3 和支路 4 的电阻并联到电阻网络中去，此时，折线斜率为 α_3 和 α_4。从而用 4 段折线逼近热电偶的非线性特性。

（5）由上述原理可见，折线的拐点取决于基准电压之值。折线的斜率取决于电阻网络的电阻值。

3.2.4　热电阻温度变送器的量程单元

图 3-17 中，R_t 为测温电阻；热电阻与桥路之间的连接采用三线制，引线电阻 $r_1 = r_2 = r_3 = 1\Omega$；$VS_1 \sim VS_4$ 为限压稳压管，起安全火花防爆作用；RP_i 为零点调整电位器；RP_f 为量程调整电位器；V_Z 为供桥电压；$R_{i2} = R_{i5}$ 且 R_{i2}、R_{i5} 的阻值远大于其他桥臂电阻阻值，故其起到恒定桥臂电流的作用，R_{f4} 支路引进正反馈电流 I_1'，对热电阻的非线性进行线性化。热电阻的特性及其线性化曲线如图 3-18 所示。

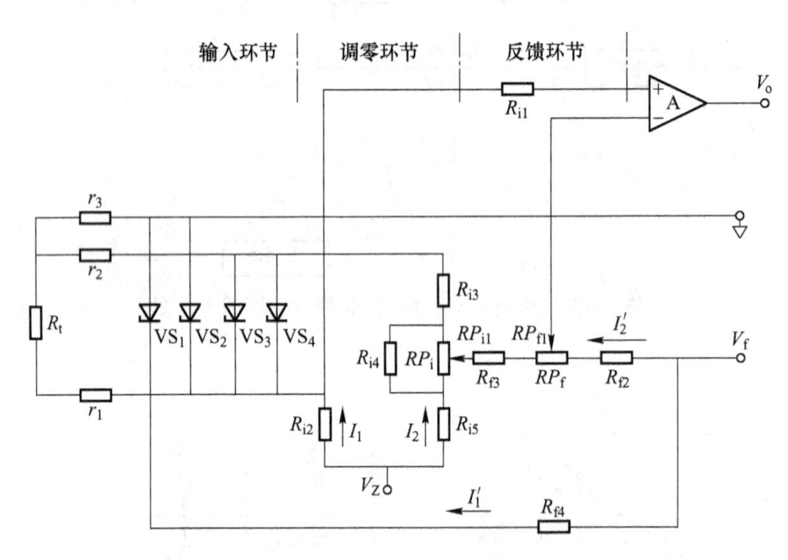

图 3-17　热电阻温度变送器量程单元原理图

3.2.5　温度变送器的放大单元

温度变送器的放大单元包括前置放大器、功率放大器、隔离输出电路、DC/AC/DC 变换器四部分。放大单元将量程单元输出电压信号进行电压和功率放大，输出 I_o（DC 4～20mA）和 U_o（DC 1～5V）。同时，输出电流 I_o 又经隔离反馈部分转换成反馈电压 U_f，送至量程单元。

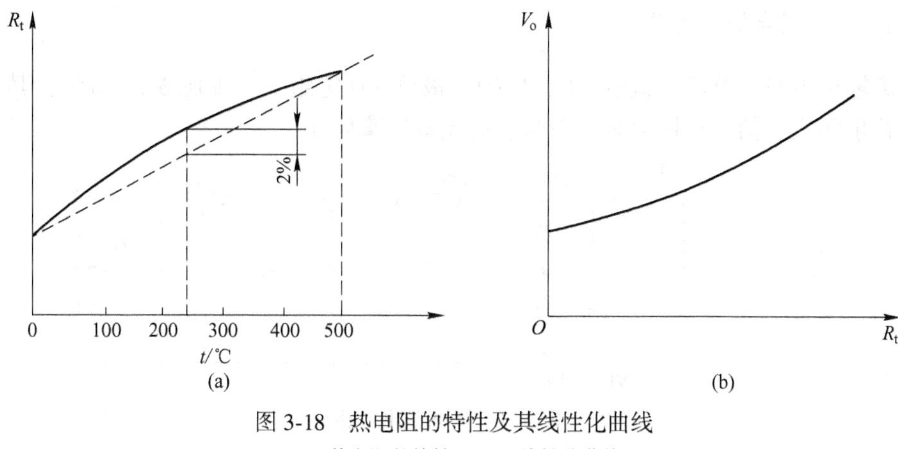

图 3-18 热电阻的特性及其线性化曲线
（a）热电阻的特性；（b）线性化曲线

3.2.5.1 前置（电压）放大器

如图 3-19 所示，采用低漂移、高增益的运算放大器。当温度变送器的最小量程为 3mV，温升 Δt 为 30℃，要求附加误差小于等于 0.3%时，通过计算可得失调电压的温漂系数：

$$\frac{\partial U_{os}}{\partial t} \leqslant 0.3\mu V/℃$$

3.2.5.2 功率放大器

功率放大器由 VT_1、VT_2、T_0 等组成，如图 3-20 所示，其作用是把电压放大器输出的电压信号转换成电流信号，再通过隔离变压器实现隔离输出。VT_1、VT_2 起功放作用，由交流方波电压供电。在方波的前后半周期，二极管轮流导通，电流通过 T_0 的两个绕组而产生交变磁通，在 T_0 副边产生交变电流 i_L。

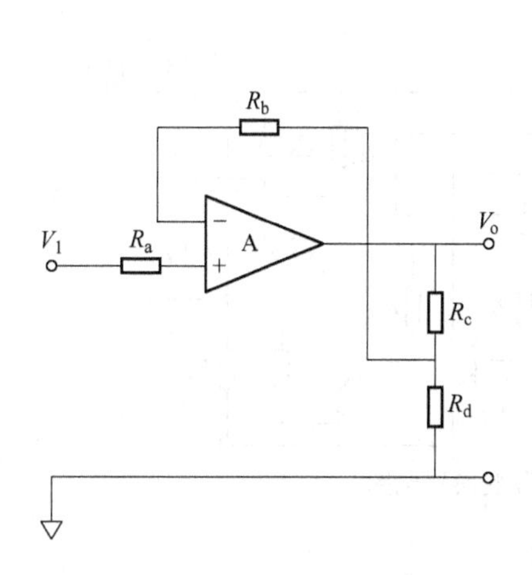

图 3-19 电压放大器

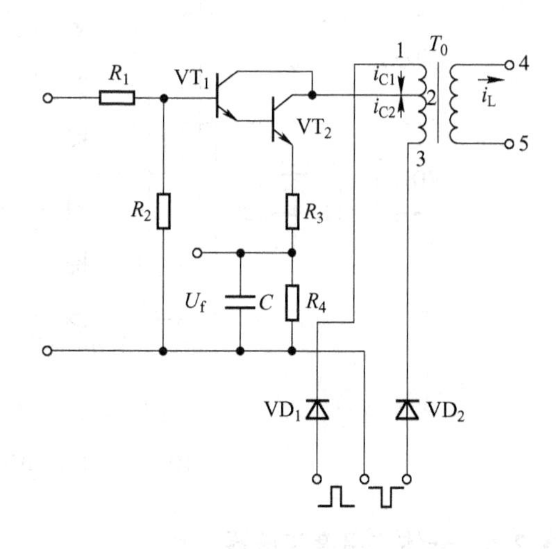

图 3-20 功率放大器

3. 2. 5. 3　隔离输出电路

隔离输出电路由整流二极管 VD、保护二极管 VD 等组成，如图 3-21 所示，其作用是将功放输出的交流信号转换成直流信号，并实现隔离输出。

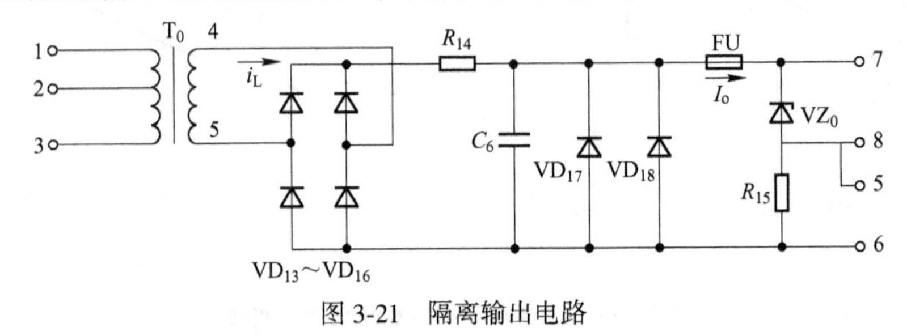

图 3-21　隔离输出电路

3. 2. 5. 4　DC-AC-DC 电源变换器

DC-AC-DC 电源变换器电路（见图 3-22）由整流二极管 VD、变压器 T 等组成。其作用是对仪表进行隔离式供电。

先把 24V 直流电压转换成一定频率的交流方波电压，再经过整流、滤波和稳压，提供直流电压。

电路核心是直流-交流（DC/AC）变换器，一个磁耦合多谐振荡器。

根据感应电势：

$$E_S = \frac{4W_c B_m S}{T}$$

式中，T 为周期；S 为磁芯截面积；B_m 为磁感应强度；W_c 为绕组匝数。

可求得振荡频率为：

$$f = \frac{E_S}{4W_c B_m S}$$

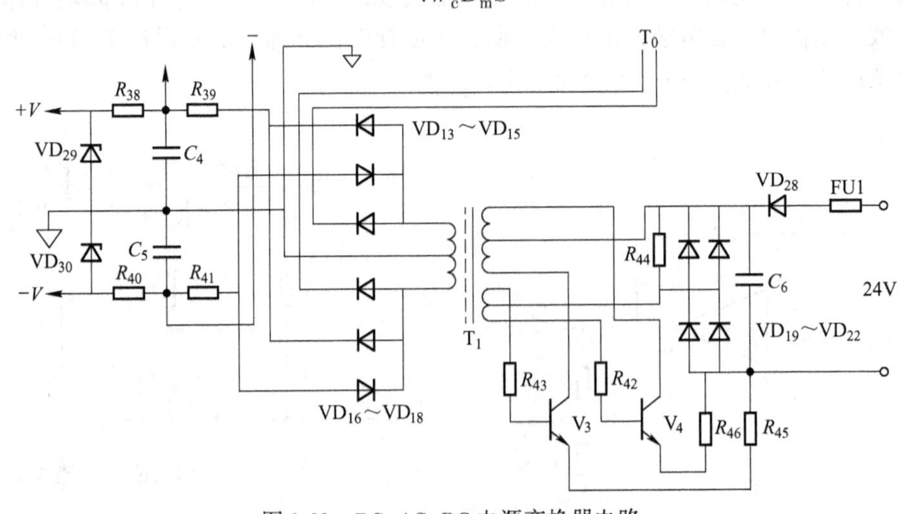

图 3-22　DC-AC-DC 电源变换器电路

3. 2. 6　一体化温度变送器

一体化温度变送器，是指将变送器模块安装在测温元件接线盒或专用接线盒内的一种温度变送器，其外形如图 3-23 所示。

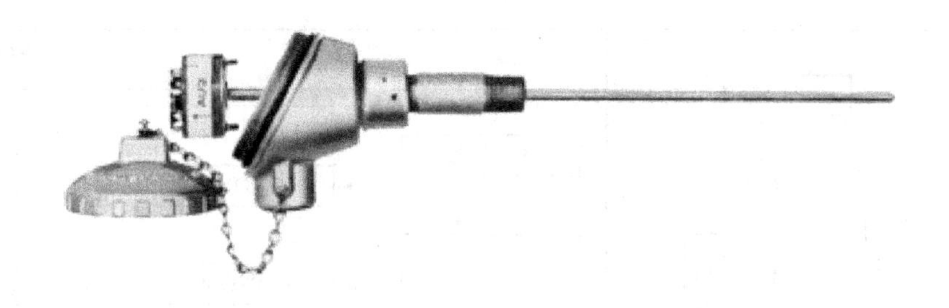

图 3-23　一体化温度变送器

一体化温度变送器模块和测温元件形成一个整体，可以直接安装在被测温度的工艺设备上，输出为标准统一信号。这种变送器具有体积小、质量轻、现场安装方便以及输出信号抗干扰能力强，便于远距离传输等优点，对于测温元件采用热电偶的变送器，不必采用昂贵的补偿导线，可节省安装费用。

智能式温度变送器有采用 HART 协议通信方式，也有采用现场总线通信方式，通常智能式温度变送器均具有如下特点：

(1) 通用性强。智能式温度变送器可以与各种热电阻或热电偶配合使用，并可接受其他传感器输出的电阻或毫伏信号，并且量程可调范围很宽，量程较大。

(2) 使用方便灵活。通过上位机或手持终端可以对智能式温度变送器所接受的传感器的类型、规格以及量程进行任意组态，并可对变送器的零点和满度值进行远距离调整。

(3) 具有各种补偿功能。实现对不同分度号热电偶、热电阻的非线性补偿，热电偶冷端温度补偿，热电阻的引线补偿，零点、量程的自校正等，并且补偿精度高。

(4) 具有控制功能。可以实现现场就地控制。

(5) 具有通信功能。可以与其他各种智能化的现场控制设备以及上层管理控制计算机实现双向信息交换。

(6) 具有自诊断功能。定时对变送器的零点和满度值进行自校正，以避免产生漂移；对输入信号和输出信号回路断线报警，对被测参数超限报警，对变送器内部各芯片进行监测，在工作异常时给出报警信号等。

下面以 SMART 公司的 TT302 温度变送器为例进行介绍。

TT302 温度变送器是一种符合 FF 通信协议的现场总线智能仪表，它可以与各种热电阻或热电偶配合使用测量温度，也可以使用其他具有电阻或毫伏（mV）输出的传感器配合使用，具有量程范围宽、精度高、环境温度和振动影响小、抗干扰能力强、质量轻以及安装维护方便等优点。

TT302 温度变送器的硬件构成如图 3-24 所示。

TT302 温度变送器的软件包括系统程序和功能模块。系统程序使变送器各硬件电路能正常工作并实现所规定的功能，同时完成各组成部分之间的管理。功能模块提供了各种功能，用户可以选择所需要的功能模块以实现用户所要求的功能。用户可以通过上位管理计算机或手持式组态器，对变送器进行远程组态，调用或删除功能模块。

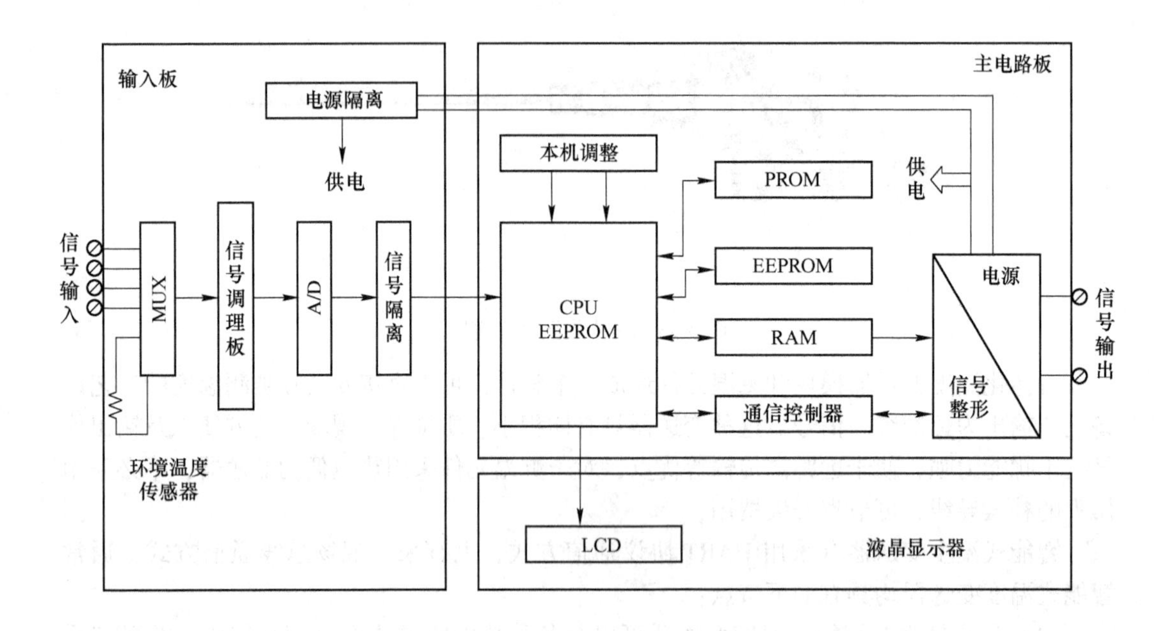

图 3-24　TT302 温度变送器的硬件构成

学习评价

（1）测温仪表有哪些分类方式？

（2）热电偶测温原理是什么？热电偶回路产生热电势的必要条件是什么？

（3）热电偶的基本特性有哪些？工业上常用的测温热电偶有哪几种？

（4）热电偶测温时为什么要进行冷端温度补偿？其冷端温度补偿方法常采用哪几种？

（5）已知分度号为 K 的热电偶，热端温度为 800℃，冷端温度为 25℃，试求回路产生的总热电势。

（6）试述热电阻测温原理。常用热电阻有哪几种，它们的分度号和 R_0 各为多少？

（7）一支分度号为 Cu100 的热电阻，在 130℃时它的电阻 R_t 是多少？

（8）温度变送器的作用是什么？有哪些分类？

3.3　实训任务

3.3.1　热电偶的校验

3.3.1.1　任务描述

通过本任务，初步了解温度测量系统是如何构成的；了解热电偶的性质及工作原理，了解电子电位差计结构及使用方法，会对热电偶进行校验；会对校验数据进行计算分析，并根据结果确定热电偶的精度等级。

3.3.1.2 任务实施

A 任务所需设备及仪器

（1）UJ 系列直流电位差计，测量精度 0.05 级一台。

（2）热电偶多支。

（3）精密水银温度计一支。

（4）加热炉一台。

（5）导线、电源线、螺丝刀等。

B 任务实施内容及步骤

校验前一般应先进行外观检查，热电偶热端焊点应牢固光滑，无气孔和斑点等缺陷；热电极不应变脆或有裂纹；贵金属热电偶热电极无变色等现象。外观检查无异常方可进行校验。

（1）连接电路。将热电偶的电压端接到电位差计上“未知”端，注意极性。电路如图 3-25 所示。

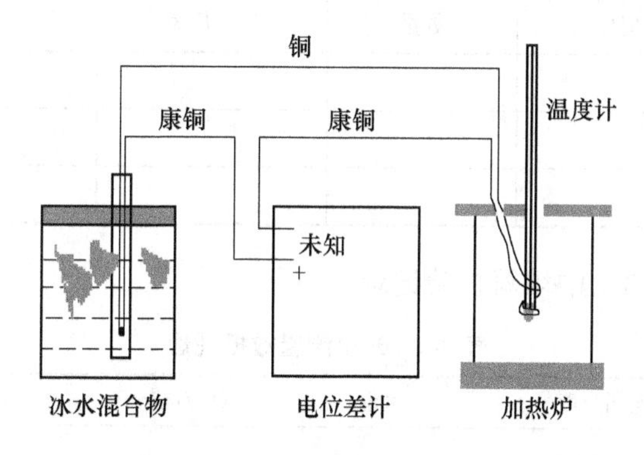

图 3-25 热电偶校验接线图

（2）校准工作电流。先将电位差计上功能开关 K 调至“标准”，调节面板右上角的“电流调节”旋钮，使检流计指“0”，此时工作电流即调好了。

（3）测出室温下的初始电动势。先将 K 拨至“未知”，然后，调节右下方的读数盘，使检流计指“0”，同时读出温度计和电位差计上读数盘的数值。应注意的是面板上“倍率”开关，若电势差太小，请选用×0.2 挡。

（4）升降温测量。每升高约 10℃ 测量一组 t 和 E，共测 6~8 组数据（包括室温一组）；每降低约 10℃ 测量一组 t 和 E，共测 6~8 组数据（包括室温一组）。

C 数据记录整理

（1）校验数据分别记录于表 3-6 和表 3-7 中。查分度表，分别算出热端温度。

（2）实训完成，所需数据已作记录后，经指导教师同意即可拆线整理。

3.3.1.3 任务工单

（1）写出判断热电偶冷端、热端及正负极的方法。

（2）分析图 3-26 所示直流电子电位差计的工作原理。

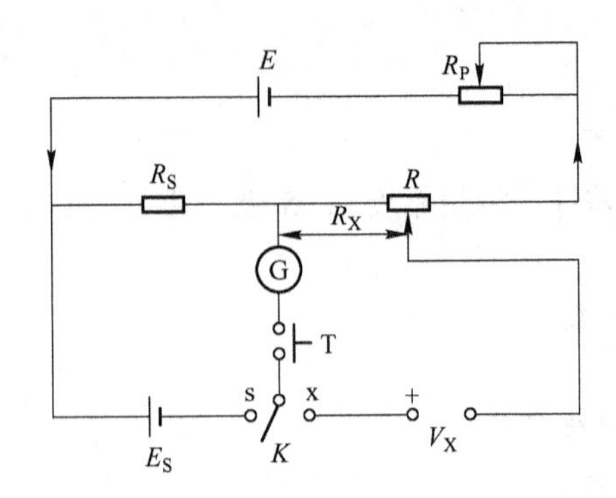

图 3-26　直流电子电位差计工作原理

（3）画出热电偶校验接线图。

（4）完成该测量任务所需仪器材料配置清单，填入表 3-5 中。

表 3-5　仪器材料配置清单

器件名称	规格型号	数量	生产厂家	备　注

（5）在表 3-6、表 3-7 中填写校验记录。

表 3-6　升温测量数据处理

热电偶分度号：　室温：　对应电势：　mV						
手动电位差计	型号：　精度：					
次数	t_0（冷端）/℃	t（热端）/℃		误差 Δt /℃	E（t，0）/mV	E（t，t_0）/mV
		实际	计算			
1		30				
2		40				
3		50				
4		60				
5		70				
6		80				
7		90				
8		95				

数据分析及结论：

注：查分度表，分别计算出热端温度。

表 3-7 降温测量数据处理表

<table>
<tr><td colspan="7">热电偶分度号：　　　　室温：　　　　对应电势：　　　　mV</td></tr>
<tr><td>手动电位差计</td><td colspan="6">型号：　　　　精度：</td></tr>
<tr><td rowspan="2">次数</td><td rowspan="2">t_0（冷端）/℃</td><td colspan="2">t（热端）/℃</td><td rowspan="2">误差 Δt /℃</td><td rowspan="2">E（t，0）/mV</td><td rowspan="2">E（t，t_0）/mV</td></tr>
<tr><td>实际</td><td>计算</td></tr>
<tr><td>1</td><td></td><td>95</td><td></td><td></td><td></td><td></td></tr>
<tr><td>2</td><td></td><td>90</td><td></td><td></td><td></td><td></td></tr>
<tr><td>3</td><td></td><td>80</td><td></td><td></td><td></td><td></td></tr>
<tr><td>4</td><td></td><td>70</td><td></td><td></td><td></td><td></td></tr>
<tr><td>5</td><td></td><td>60</td><td></td><td></td><td></td><td></td></tr>
<tr><td>6</td><td></td><td>50</td><td></td><td></td><td></td><td></td></tr>
<tr><td>7</td><td></td><td>40</td><td></td><td></td><td></td><td></td></tr>
<tr><td>8</td><td></td><td>30</td><td></td><td></td><td></td><td></td></tr>
<tr><td colspan="7">数据分析及结论：</td></tr>
</table>

注：查分度表，分别算出热端温度。

（6）写出任务实施中出现的问题及解决办法。

3.3.2 热电阻的校验

3.3.2.1 任务描述

通过本任务，熟悉温度测量系统是如何构成的；熟悉热电阻的结构；熟悉热电阻校验电路的连接方法；会对校验数据进行计算分析，并根据结果确定热电阻精度等级。

3.3.2.2 任务实施

A 任务所需设备及仪器

（1）UJ 系列直流电位差计一台。

（2）直流稳压电源一台。

（3）标准电阻箱一台。

（4）直流电流表一台。

（5）热电阻多支。

（6）水银温度计一支。

（7）加热恒温器一台。

（8）导线、电源线、螺丝刀等。

B　任务实施内容及步骤

（1）连接电路。按图 3-27 连接好电路。

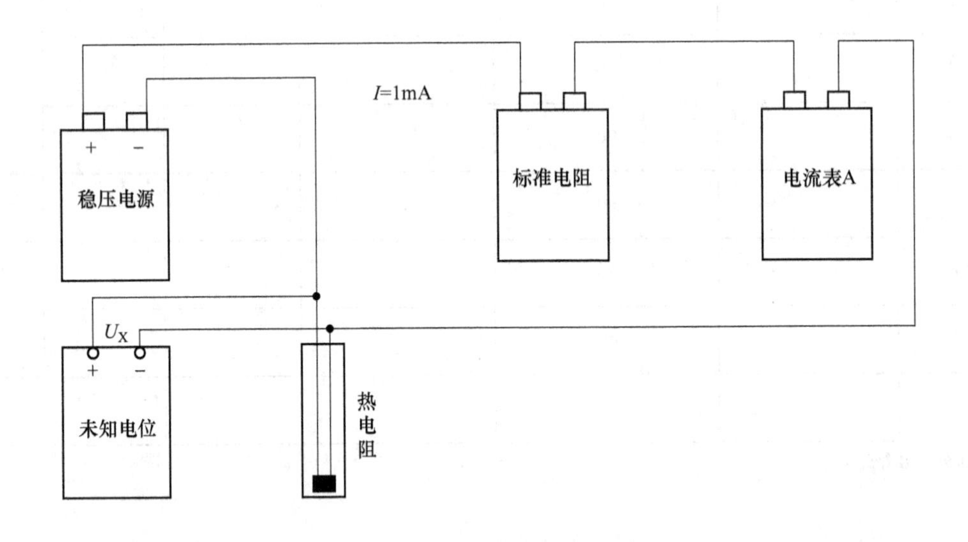

图 3-27　热电阻校验接线图

（2）校准电位差计工作电流。先将电位差计上功能开关 K 调至“标准”，调节面板右上角的“电流调节”旋钮，使检流计指“0”，此时工作电流即调好了。

（3）校准校验电路电流。调节标准电阻箱，使电流表 A 的读数为 1mA，即使电路中$I=1$mA。

（4）测出室温下的初始电动势。先将 K 拨至“未知”，然后调节右下方的读数盘，使检流计指“0”，同时读出温度计和电位差计上读数盘的数值。应注意的是面板上“倍率”开关，若电势差太小，请选用×0. 2 挡。

（5）升降温测量。每升高约 10℃ 测量一组 t 和 E，共测 6～8 组数据（包括室温一组）；每降低约 10℃ 测量一组 t 和 E，共测 6～8 组数据（包括室温一组）。

（6）计算出相应温度下热电阻的阻值：$R_x = U_x/I$。

C　数据记录整理

（1）将校验所得数据记录于表 3-9 中。查分度表，分别算出所测温度。

（2）任务完成，所需数据已作记录后，经指导教师同意即可拆线整理。

3.3.2.3 任务工单

（1）在图 3-28 中写出热电阻的构成。

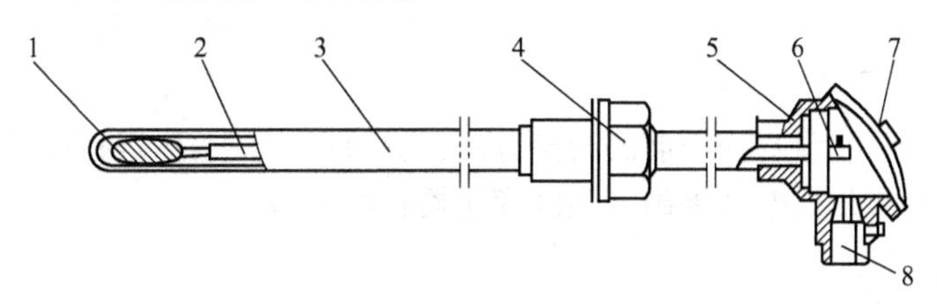

图 3-28 热电阻结构

（2）热电阻的巡回检查项目有哪些？

（3）完成该检验任务所需仪器材料配置清单，填入表 3-8 中。

表 3-8 仪器材料配置清单

器件名称	规格型号	数　　量	生产厂家	备　　注

（4）画出热电阻校验接线图。

（5）在表 3-9 中填写校验记录。

表 3-9 测量数据处理

热电阻分度号：								
手动电位差计	型号：　　精度：							
实际温度值/℃	对应的电阻值/Ω	直流电位差计示值/mV		热电阻计算值/Ω		指示基本误差/Ω		回程误差/Ω
		正向	反向	正向	反向	正向	反向	
30								
40								
50								
60								
70								
90								

数据分析与结论：

（6）完成任务的过程中遇到过哪些问题，你是如何处理的？

3.3.3 温度变送器的校验

3.3.3.1 任务描述

通过本任务，学会温度变送器的校验方法；会对温度变送器进行校验接线；会对校验数据进行计算分析，并根据结果确定温度变送器精度等级。

3.3.3.2 任务实施

A 任务实施所需仪器设备

（1）电阻箱、直流电位差计各一台。

（2）0~30V 或 0~60V 直流可变电源一个。

（3）0.1 级直流电流表一个。

（4）KBW-1121 型、KBW-1241 型温度变送器各一个。

（5）导线、电源线、螺丝刀等。

B 任务内容

用标准电阻箱代替不同温度下的热电阻值、用手动直流电位差计输出标准电势代替热电势，作为温度变送器输入，以校验变送器输出，校验系统原理如图 3-29 所示，通过调节零点电位器、量程电位器使变送器的输出满足要求，再按温度变送器量程的 0%、25%、50%、75%、100%五处校验点校验，以便确定其性能。

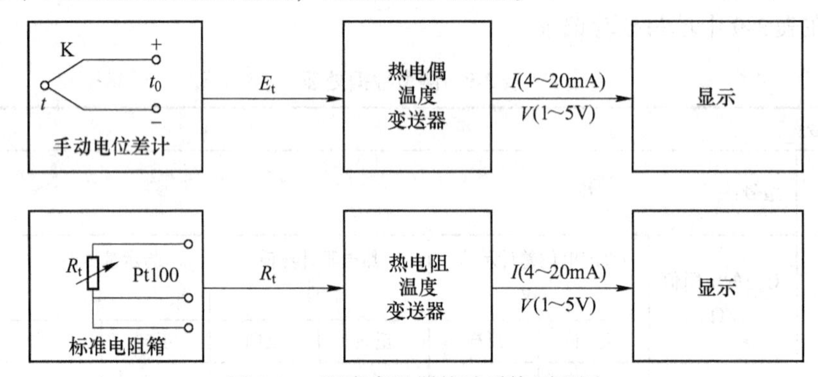

图 3-29 温度变送器校验系统原理图

（1）校验接线。按照校验接线图 3-30 接好线，检查正确后通电预热 10min，即可进行校验；

（2）热电偶变送器校验。

1）查看热电偶所对应分度的分度表，列出温度-毫伏对照表，用玻璃水银温度计测量环境温度，并查出对应毫伏值 $E(t_0, 0)$，将变送器量程上限温度按 0%、25%、50%、75%、100%分为五挡。查热电偶分度表，减去环境温度对应毫伏值，得到各校验温度下的输入毫伏值 $E(t_n, t_0)$。

2）输入零点信号，调节零点电位器使输出为（4.000±0.020）mA。输入满度信号，调节量程电位器使输出为（20.000±0.020）mA。反复调节零点、量程电位器使输出均满足要求。

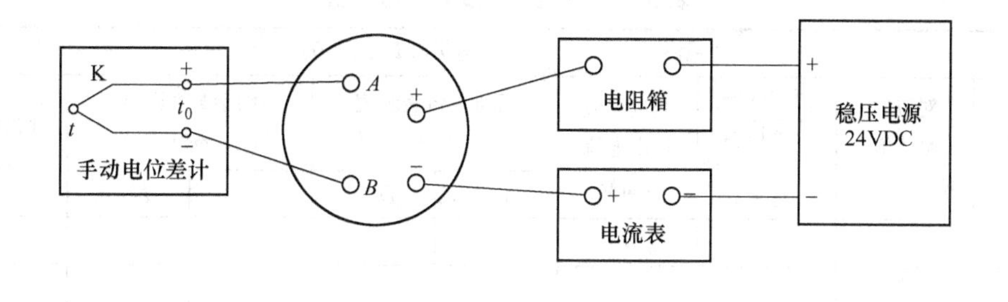

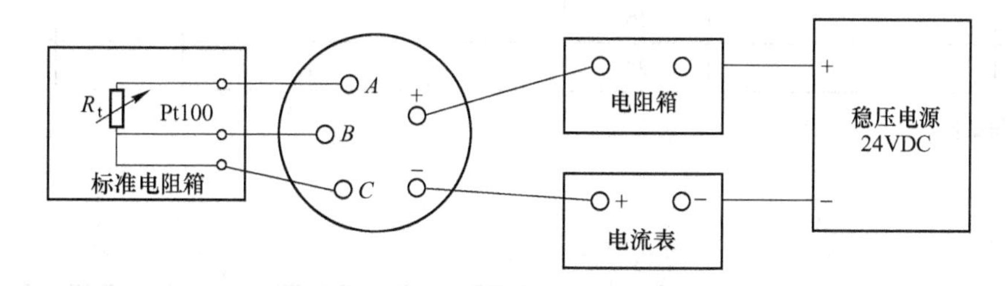

图 3-30 温度变送器接线原理图

3）分别输入上限温度的0%、25%、50%、75%、100%信号，记录输出电流。

（3）热电阻变送器校验。

1）查热电阻分度表，将变送器量程上限温度按0%、25%、50%、75%、100%分为五挡，查出各校验点温度下的输入电阻值 R_{tn}。

2）输入零点电阻 R_{t0}，调节零点电位器使输出为（4.000±0.020）mA。输入满度信号，调节量程电位器使输出为（20.000±0.020）mA。反复调节零点、量程电位器使输出均满足要求。

3）分别输入上限温度的0%、25%、50%、75%、100%信号，记录输出电流。

C 数据处理与分析

（1）将实训数据记录于表3-11和表3-12中，并分析。

（2）任务完成，所需数据已作记录后，经指导教师同意即可拆线整理。

3.3.3.3 任务工单

（1）完成温度变送器校验任务所需仪器材料配置清单，填入表3-10中。

表3-10 仪器材料配置清单

器件名称	规格型号	数 量	生产厂家	备 注

（2）画出温度变送器校验接线图。

（3）在表3-11、表3-12中填写测量记录。

表 3-11　热电偶温度变送器数据

环境温度：　　对应毫伏值 E (t_0, 0)：

变送器量程的百分比	对应的毫伏值 E (t_n, 0)	对应的输入毫伏值 E (t_n, t_0)（计算）	变送器应输出电流/mA	标准电流表示值/mA		指示基本误差/mA		回程误差/mA
				正向	反向	正向	反向	
0%			4					
25%			8					
50%			12					
75%			16					
100%			20					

数据分析与结论：

表 3-12　热电阻温度变送器数据表

变送器量程的百分比	对应的电阻值（查表）/Ω	变送器应输出电流/mA	标准电流表示值/mA		指示基本误差/mA		回程误差/mA
			正向	反向	正向	反向	
0%		4					
25%		8					
50%		12					
75%		16					
100%		20					

数据分析与结论：

（4）你在任务实施中遇到过哪些问题，你是如何解决的？

3.3.4　红外线测温仪的使用

3.3.4.1　任务描述

通过本任务，学会红外线温度计的操作使用方法；会对指定物体进行温度测量。

3.3.4.2　任务实施

A　任务实施所需仪器设备

DT-8011T 型红外线测温仪一台。

B 任务内容

按要求对 DT-8011T 型红外线测温仪进行设置，并对指定物体进行温度测量。

3.3.4.3 任务工单

（1）任务。能够正确操作和使用红外线温度计测量温度。

（2）操作红外线温度计并填写表 3-13。

表 3-13 实验记录

操作项目	步骤及温度	备注
将高温报警值设为 34℃、低温报警值设为 20℃的操作步骤		
组内每位成员的温度		
窗户的温度		
黑板的温度		

学习情境 4　流量物位仪表的使用与维护

学习目标

能力目标：

(1) 能根据测量要求选择合适的流量仪表；

(2) 会根据测量要求安装节流装置及三阀组；

(3) 会正确操作三阀组；

(4) 能根据测量要求选择合适的物位测量仪表；

(5) 会根据测量要求安装物位仪表；

(6) 会正确操作各种物位仪表。

知识目标：

(1) 掌握流量检测的基本概念；

(2) 熟悉流量测量仪表的分类，掌握其工作原理；

(3) 熟悉孔板节流装置的结构；

(4) 知道节流装置的安装要求；

(5) 掌握物位检测的基本概念；

(6) 熟悉物位测量仪表的分类，掌握其工作原理；

(7) 熟悉 ND-30Y 型超声波液位计的操作使用方法；

(8) 能按照测量环境与要求熟练进行设置与调试。

4.1　流量检测仪表

4.1.1　概述

在化工生产中，经常需要测量生产过程中各种介质的流量，以便为生产操作和管理、控制提供依据。同时，为了进行经济核算，也需要知道在一段时间内流过的介质总量。所以，流量测量是化工生产过程中的重要环节之一。

流量是指单位时间内流过管道某一截面的流体数量。流量包括瞬时流量和总量（累积流量）。瞬时流量是指单位时间内流过管道某一截面的流体数量的大小；而在某一段时间内流过管道的流体流量的总和，即某段时间内瞬时流量的累加值，称为总量。

流量可用体积流量和质量流量来表示，瞬时流量常用单位有 m^3/h、L/h、t/h、kg/h 等；总量常用单位有 t、m^3。

一般用来测量瞬时流量的仪表称为流量计；测量流体总量的仪表称为计量表。

测量流量的方法很多，其测量原理和所用仪表结构形式各不相同。常用流量测量的分类方法如下：

（1）速度式流量计。速度式流量计根据流体力学原理进行流量测量，即以流体在管道内的流速为测量依据来计算流量。常用仪表有差压式流量计、转子流量计、靶式流量计、电磁流量计、涡轮流量计等。

（2）容积式流量计。容积式流量计以单位时间内排出流体的固定容积的数目为测量依据来计算流量。常用仪表有椭圆齿轮流量计、腰轮流量计、活塞式流量计等。

（3）质量式流量计。质量式流量计以流体流过的质量为测量依据。一般分为直接式和间接式两种。直接式可直接测量质量流量，如热力式、科氏力式、动量式等；而间接式是用密度与体积流量经过运算求得质量流量的，如温度压力补偿式、密度补偿式等。质量式流量计的被测流量数值不受流体的温度、压力、黏度等变化的影响，是一种发展中的流量测量仪表。

4.1.2　差压式流量计

差压式流量计又称节流式流量计，是目前化工生产中测量流量最成熟、最常用的一种测量仪表。它是基于流体流动的节流原理，利用流体流经节流装置时产生的压力差来实现流量测量的。差压式流量计一般由能将被测流量转换成压差信号的节流装置、能将此压差转换成对应的流量值的差压计、能将所测流量显示出来的显示仪表三部分组成，如图 4-1 所示。

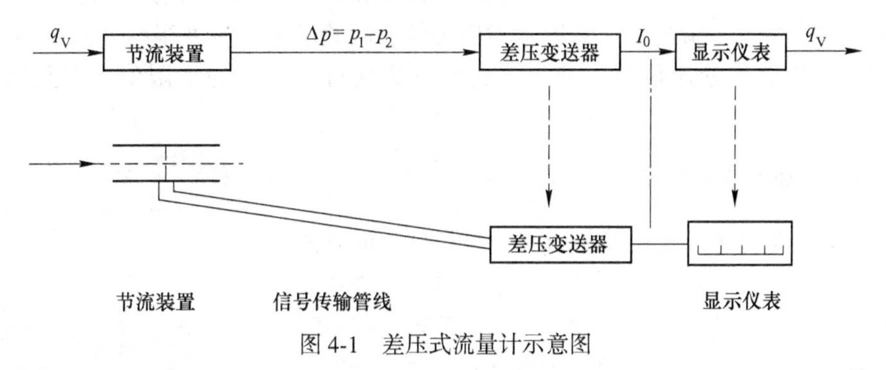

图 4-1　差压式流量计示意图

4.1.2.1　差压式流量计的工作原理

A　节流现象

流体在装有节流装置的管道中流动时，在节流装置前后的管壁处，流体的静压力发生变化的现象称为节流现象。

节流装置是一种放置在管道中的局部收缩元件，其中应用最广泛的是孔板，其次是喷嘴和文丘里管。这几种节流装置经过长期使用，已经积累了完整的应用资料和丰富的实践经验，被定为“标准节流装置”。

沿管道流动的流体，由于有压力而具有静压能，同时有流速又具有动能，这两种形式的能量在一定条件下可以相互转化，但参加转换的能量总和保持不变。连续流动的流体遇到安装在管道内的节流装置时，受到节流装置的阻碍作用而形成流束的局部收缩，流体的流通面积减小，流速增大，从而动能增大，由于能量守恒，其静压力必然减小。由于惯性作用，流束的最小收缩截面并不在节流装置的开孔处，而在其后某一位置，此处流速最大，相应的静压力最小。也就是说，当流体流经节流装置时，在节流装置的前后会产生压力差。

节流装置前流体压力较高，称为正压，以“+”表示；节流装置后流体压力较低，称为负压，以“-”表示。节流装置前后压差的大小与流量有关。管道中流体的流量越大，在节流装置前后产生的压差也越大，只要测出节流装置前后压差的大小，就可知道管道中流量的大小，这就是节流装置测量流量的基本原理。

B 流量基本方程式

流量基本方程式是阐明流量与压差间的定量关系的基本流量公式。它是根据流体力学中的伯努利方程式和连续性方程式推导出来的。即

$$Q = \alpha\varepsilon F_{o}\sqrt{\frac{2}{\rho_1}\Delta p} = K\sqrt{\Delta p} \tag{4-1}$$

$$M = \alpha\varepsilon F_{o}\sqrt{2\rho_1 \Delta P} = K_1\sqrt{\Delta p} \tag{4-2}$$

式中，α 为流量系数，它与节流装置的结构形式、取压方式、孔口截面积与管道截面积之比、雷诺数、孔口边缘锐度、管壁粗糙度等因素有关；ε 为膨胀校正系数，应用时可查阅有关手册，对不可压缩的液体，取 $\varepsilon=1$；F_o为节流装置的开孔截面积；Δp 为节流装置前后实际测得的压力差；ρ_1为节流装置前的流体密度。

由流量基本方程式可知，流量与压差的平方根成正比。所以，用这种流量计测量流量时，如果不加开方器，流量标尺刻度是不均匀的。起始部分的刻度很密，后来逐渐变疏。因此，在用差压法测量流量时，被测流量值不应接近于仪表的下限值，否则测量误差很大。

4.1.2.2 标准节流装置

标准节流装置就是有关计算数据都经系统试验而有统一的图表和计算公式，按统一标准规定进行设计、制作和安装，而不必进行个别标定就可使用的节流装置。在 GB/T 2624—1993 中规定的标准节流装置有孔板、喷嘴和文丘里管，如图 4-2 所示。

图 4-2 标准节流装置

（1）节流装置的选用。节流装置的选用应根据被测介质流量测量的条件和要求，结合各种标准节流装置的特点，从测量精度要求、允许的压力损失大小、可能给出的直管段长度、被测介质的物理化学性质、结构的复杂程度和价格的高低、安装是否方便等几方面综合考虑。

1）从加工制造和安装方面看，孔板最简单，喷嘴次之，文丘里管最复杂。造价高低与此相对应。通常多采用孔板。

2）测量易使节流装置腐蚀、沾污、磨损、变形的介质流量时，通常采用喷嘴。

3）当要求压力损失较小时，多采用喷嘴或文丘里管。

4）在流量值与压差值都相同的条件下，用喷嘴有较高的测量精度，且所需直管段较短。

5）被测介质是高温、高压的，可选用孔板和喷嘴。文丘里管只适用于低压流体介质。

（2）节流装置的使用条件：

1）必须保证节流装置的开孔和管道的轴线同心，并使节流装置端面与管道的轴线垂直。

2）在节流装置的上、下游必须配置一定长度的直管段，管道内壁应光滑，以保证流体的流动状态稳定。

3）标准节流装置一般用于直径 D 不小于 50mm 的管道中。

4）被测介质应充满全部管道、连续流动，并保持稳定的流动状态。

5）被测介质在通过节流装置时应不发生相变。

4.1.2.3 差压式流量计的安装和使用

（1）必须保证节流装置的使用条件与设计条件相一致，当被测流体的工作状态或密度、黏度、雷诺数等参数值与设计值不同时，应进行必要的修正，否则会造成较大的误差。

（2）安装节流装置时，标有“+”的一侧，应当是流体的入口方向。如为孔板，则应使流体从孔板 90°锐口的一侧流入。

（3）导压管内径不得小于 6mm，长度不得大于 16m。安装导压管时，应使两根导压管内的被测介质的密度相同，否则会引起较大的测量误差。

1）测量液体的流量时，取压点应位于节流装置的下半部，与水平线夹角为 0°～45°；引压导管应垂直向下或下倾一定的坡度（1∶20～1∶10），使气泡易于排出，管路内应有排气装置。若差压计只能装在节流装置之上时，须加装贮气罐。

2）测量气体流量时，取压点应在节流装置的上半部；引压管垂直向上或上倾一定的坡度，以使引压管内不滞留液体；若差压计必须装在节流装置之下，须加装贮液罐和排放阀。

3）测量蒸汽流量时，取压点应从节流装置的水平位置接出，并分别安装凝液罐，使两根导管内都充满冷凝液，保持两凝液罐液位高度相同，就能实现差压的准确测量。

（4）差压计安装时，应考虑安装现场周围环境条件，选择合适的地点。

开表前，必须使导压管内充满液体或隔离液，导压管中的空气要通过排气阀和仪表的放气孔排放干净。开表时，不能让差压计单向受到很大的静压力，否则仪表会产生附加误差，甚至损坏。

应正确使用平衡阀：启用差压计时，先开平衡阀，使正、负压室连通，再开正、负压侧切断阀，最后关闭平衡阀，差压计即投入运行。当正、负压侧切断阀关闭时，打开平衡阀，即可进行仪表的零点校验。差压计停止运行时，先开平衡阀，再关闭正、负侧切断阀，最后关闭平衡阀。

（5）测量腐蚀性或易凝固等不宜直接进入差压计的介质的流量时，必须采取隔离措施。

4.1.3　转子流量计

在化工企业中经常会遇到小流量的测量，由于小流量介质的流速低，相应的测量仪表必须具有较高的灵敏度，才能保证一定的测量精度。节流装置用于管径小于 50mm、低雷诺数流体的流量测量时，测量误差较大。而转子流量计特别适宜于测量管径 50mm 以下管道内的流体流量。其压力损失小且稳定，反应灵敏，量程较宽，示值清晰，结构简单，价格便宜，使用维护方便，还可测量腐蚀性介质的流量。但其测量精度受被测介质的温度、密度和黏度的影响，刻度近似线性。转子流量计的应用较为广泛，目前国内流量测量中约有 15%使用转子流量计。

4.1.3.1　工作原理

差压式流量计是在节流面积不变的条件下，根据差压的变化进行流量测量的。而转子流量计采用的是压降保持不变，改变节流面积的方法测量流量的。

如图 4-3 所示，指示型转子流量计由两部分组成，包括一段由下向上逐渐扩大的圆锥形管子（通常锥度为 40′~3°）和垂直放置于锥形管中的转子。转子的密度大于被测介质密度，且能随被测介质流量大小上下浮动。当流体自下而上流经锥形管时，转子受到流体的冲击作用而向上运动。随着转子的上移，转子与锥形管间的环形流通面积增大，流体流速减小，冲击作用减弱，直到转子在流体中的重力与流体作用在转子上的推力相等时，转子停留在锥形管中某一高度上，维持力平衡。当流体的流量增大或减小时，转子将上移或下移到新的位置，继续保持力的平衡，即转子悬浮的高度与被测流量的大小成对应关系。如果在锥形管上沿着其高度刻上对应的流量值，就可根据转子平衡时，其最高边缘所处的位置直接读出流量的大小。这就是转子流量计测量流量的基本原理。

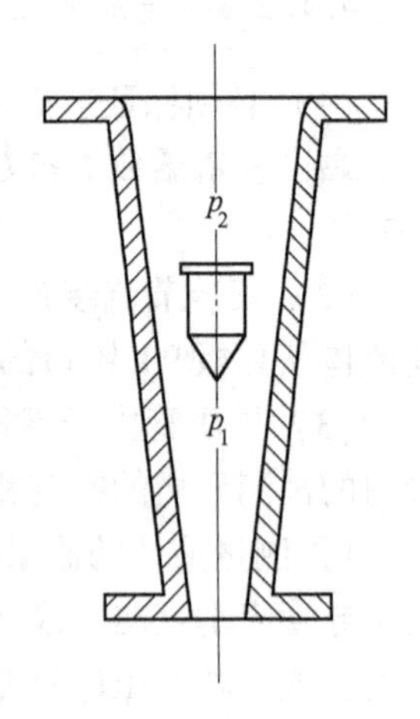

图 4-3　转子流量计工作原理图

转子流量计中转子的平衡条件是：转子在流体中的重力等于流体因流动对转子所产生的作用力。即

$$V(\rho_1 - \rho_0)g = (p_1 - p_2)A \tag{4-3}$$

式中，V 为转子的体积；ρ_1、ρ_0分别为转子材料和被测流体的密度；p_1、p_2分别为转子前后流体作用在转子上的作用力；A 为转子的最大横截面积；g 为重力加速度。

由于在测量过程中，V、ρ_1、ρ_0、A、g 均为常数，所以（p_1-p_2）为常数，此时，流过转子流量计的流量与转子和锥形管间环形面积 F_0 有关。因锥形管由下往上逐渐扩大，所以 F_0 与转子浮起的高度有关。根据转子的高度就可以判断被测介质的流量大小，可用式（4-4）表示：

$$M = h\phi\sqrt{2\rho_0\Delta p} = h\phi\sqrt{\frac{2gV(\rho_1 - \rho_0)\rho_0}{A}} \tag{4-4}$$

$$Q = h\phi\sqrt{2\frac{\Delta p}{\rho_0}} = h\phi\sqrt{\frac{2gV(\rho_1 - \rho_0)}{\rho_0 A}} \tag{4-5}$$

式中，ϕ 为仪表常数；h 为转子的高度；其他符号的意义同前述。

所以，转子流量计是根据恒压降（Δp 一定）、变流通面积（F_0 变化）法测量流量的。

4.1.3.2 电远传转子流量计

上面介绍的指示式转子流量计，一般采用玻璃锥形管，只能进行就地指示。而采用金属锥形管结构的电远传转子流量计，将反映流量大小的转子高度转换为电信号，可以远传显示或记录，并可带报警和积算装置。

LZD 系列电远传转子流量计主要由流量变送及电动显示两部分组成，如图 4-4 所示。

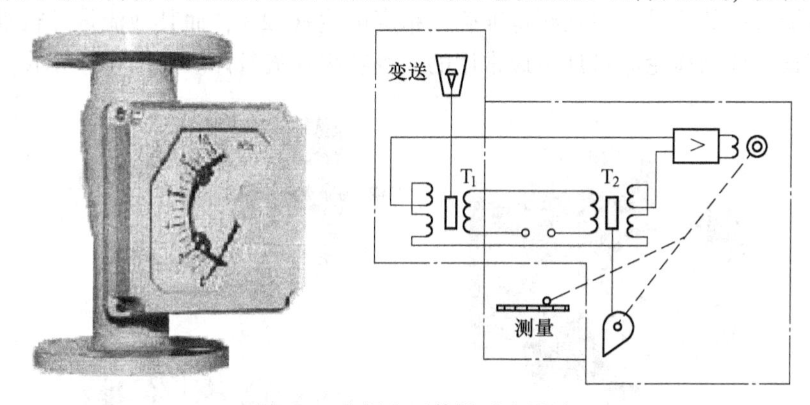

图 4-4 金属电远传转子流量计

（1）流量变送部分。LZD 系列电远传转子流量计的流量变送部分是用差动变压器来实现流量变送的。

差动变压器由铁芯、线圈及骨架组成。骨架分成长度相等的两段，内层分别均匀密绕着两个同相串联的初级线圈，外层分别均匀密绕着两个反相串联的次级线圈。

当铁芯处在差动变压器两段线圈的中间位置时，初级线圈激励的磁力线穿过两个次级线圈的数目相同，次级线圈中产生的感应电动势相等，但其反串，所以输出的总电势为零。当铁芯上移或下移时，穿过两个次级线圈的磁力线数目不同，因而产生的感应电动势不等，输出的总电势大于零或小于零。

差动变压器输出的不平衡电势的大小和相位由铁芯相对线圈中心移动的距离和方向决定。

将转子流量计的转子与差动变压器的铁芯连接起来，使转子随流量变化时带动铁芯一起运动，就将流量的大小转换成输出感应电动势的大小，这就是电远传转子流量计的转换原理。

（2）电动显示部分。当被测介质的流量变化时，引起转子停留的高度发生变化，转子通过连杆带动发送的差动变压器 T_1 中的铁芯上下移动。当流量增加时，铁芯上移，T_1 次级绕组输出一不平衡电势，进入电子放大器放大。放大后的信号一方面通过可逆电机带动显示机构动作；另一方面通过凸轮带动接收的差动变压器 T_2 中的铁芯上移，使 T_2 的次级绕组也产生一个不平衡电势。由于 T_1、T_2 的次级绕组反串，两者的不平衡电势相互抵消，一直到进入放大器的电压为零后，T_2 中的铁芯才停留在相应的位置上，这时显示机构的指示值便可以表示被测流量的大小。

转子流量计是一种非标准化仪表，为了便于批量生产，仪表生产厂家是在标准状态下用水或空气进行刻度标定的，即转子流量计的流量标尺上的刻度值，对于测量液体来讲是代表 20℃时水的流量值，对于测量气体来讲则是代表 20℃、0.10133MPa 压力下空气的流量值。所以，在实际使用时，如果被测介质的密度和工作状态不同，必须根据实际被测介质的密度、温度、压力等参数的具体情况，对流量指示值进行修正。

4.1.4　椭圆齿轮流量计

容积式流量计主要用来测量不含固体杂质的高黏度液体，如油类、冷凝液、树脂和液态食品等黏稠流体的流量，而且测量准确，精度可达±0.2%，而其他流量计很难测量高黏度介质的流量。椭圆齿轮流量计是最常用的一种容积式流量计。如图 4-5 所示。

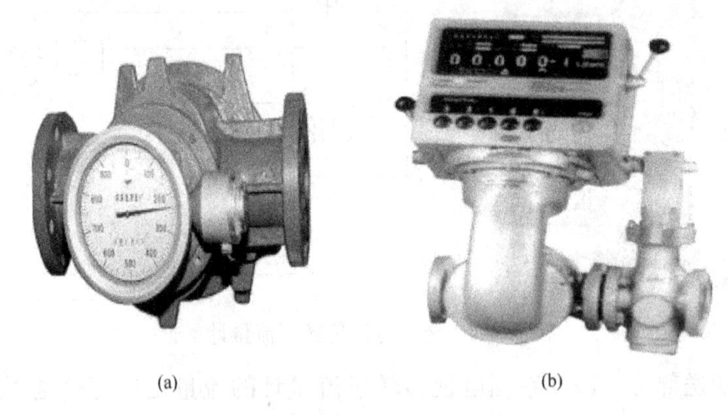

(a)　　(b)

图 4-5　椭圆齿轮流量计外形图
(a) 指针式；(b) 数字式

4.1.4.1　工作原理

椭圆齿轮流量计的测量部分是由两个互相啮合的椭圆形齿轮 A 和 B 以及轴、壳体等组成。椭圆齿轮与壳体之间形成测量室。如图 4-6 所示。

当被测流体流经椭圆齿轮流量计时，由于要克服仪表阻力必然引起压力损失，从而在其入口和出口之间产生压力差，在此压力差的作用下，产生作用力矩使椭圆齿轮连续转动。

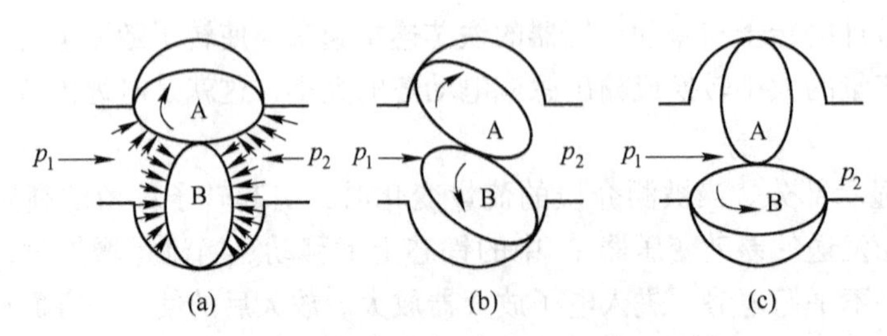

图 4-6　椭圆齿轮流量计结构原理图

在图4-6（a）所示位置时，由于$p_1>p_2$，p_1、p_2共同作用产生的合力矩使A轮顺时针转动，而B轮上的合力矩为零，此时A轮带动B轮顺时针转动，A为主动轮，B为从动轮。在图4-6（b）所示中间位置时，A轮和B轮都为主动轮。在图4-6（c）所示位置时，A轮上的合力矩为零，而B轮上的合力矩最大，B轮逆时针转动，此时B为主动轮，A为从动轮。如此循环往复，将被测介质以椭圆齿轮与壳体之间的月牙形容积为单位，依次由进口排至出口。椭圆齿轮流量计旋转一周排出的被测介质体积量是月牙形容积的4倍。

椭圆齿轮流量计的体积流量Q为：

$$Q = 4nV_o \tag{4-6}$$

式中，n为椭圆齿轮的旋转速度；V_o为椭圆齿轮与壳体间形成的月牙形测量室的容积。

4.1.4.2 使用特点

椭圆齿轮流量计适用于洁净的高黏度液体的流量测量，其测量精度高，压力损失小，安装使用方便，可以不需要直管段。但被测介质中不能含有固体颗粒，更不能夹杂机械物，否则会引起齿轮磨损甚至损坏。所以为了保护流量计，必须加装过滤器。

椭圆齿轮流量计在启用或停运时，应缓慢开、关阀门，否则易损坏齿轮，另外，流量计的温度变化不能太剧烈，否则会使齿轮卡死。

4.1.5 微动质量流量计

目前在化工生产过程中所用的大部分流量仪表，如差压式流量计、转子流量计、椭圆齿轮流量计等，测量的都是体积流量。但在工业生产中，由于物料平衡、热平衡以及储存、经济核算等所需要的常常是质量流量。这就需要将测得的体积流量，乘以被测介质的密度，换算成质量流量，而介质密度受工作压力、温度、黏度、成分及相变等诸多变动因素的影响，容易产生较大的测量误差。质量流量计直接测量单位时间内所流过的介质的质量，其最后的输出信号与被测介质的压力、温度、黏度、雷诺数等无关，与环境条件无关，只与介质的质量流量成比例，从根本上提高了流量测量的精度。

质量流量计分为直接式和推导式两大类，直接式质量流量计能够直接得到与质量流量成比例的信号，即检测元件能够直接反映质量流量的大小；而推导式质量流量计须同时检测体积流量和流体的密度，再由运算器得出与质量流量成比例的输出信号。

微动质量流量计是直接式质量流量计中的一种，它开发成功只有20多年的时间，但却获得了很大发展。目前，微动质量流量计的国际标准已经正式公布。

4.1.5.1 工作原理

微动质量流量计是根据科里奥利加速度理论制成的流量计，其工作原理如图4-7所示。

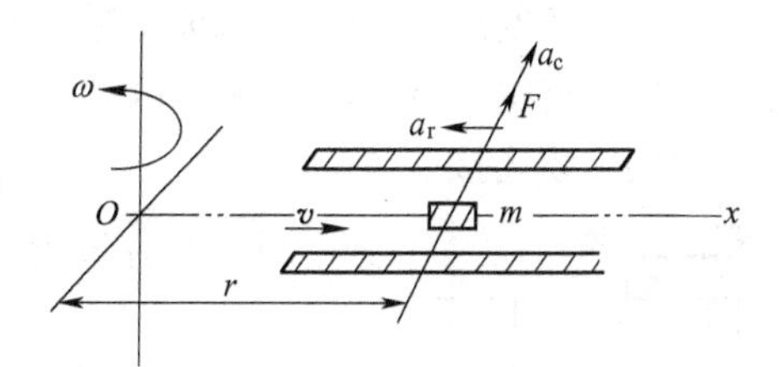

图4-7 运行中U形管上所受的科氏力及其形成的力矩

如图4-7所示，有一直管，以角速度ω绕定轴O在平面内转动，管内有一质点m沿着直管以速度v向外移动。由于质点m处在既有旋转运动，又有直线运动的体系中，因此它将获得两个加速度分量：

(1) 向心加速度 a_r，其值为 $r\omega^2$（r 为质点 m 到轴 O 的距离），方向指向轴 O；

(2) 切向加速度 a_c，其值为 $2v\omega$，方向与 a_r 垂直，它来自旋转管道，同时又对管道产生反作用力，这个反作用力就是科里奥利力，其计算公式为：

$$F = 2mv\omega \tag{4-7}$$

式中，F 为科里奥利力，N；ω 为角速度，1/s；v 为旋转系统中的径向速度，m/s；m 为运动物体的质量，kg。

若流体的密度为 ρ，则任何一段管道 Δx 上的切向科里奥利力为：

$$\Delta F = 2\rho A\Delta xv\omega \tag{4-8}$$

式中，A 为管道截面积。

式（4-8）中，ρAv 为流体的质量流量，若设为 Q_M，则式（4-8）可表示为：

$$\Delta F = 2\omega\Delta xQ_M \tag{4-9}$$

由式（4-9）可知，只要测出科里奥利力 ΔF，就可知道质量流量 Q_M。这就是微动质量流量计的测量原理。

如何使作直线运动的物体同时又处于旋转系中，一直是个难题。后来人们用管道振动的方法来代替转动，研制出了微动质量流量传感器。

传感器结构如图 4-8 所示，由测量管、电磁驱动器和电磁（或光电）检测器三部分组成。传感器的敏感元件是测量管，测量管的结构形式各异，有 U 形管、直形管、S 形管、Ω 形管等，但测量原理相同。电磁驱动器通过激励线圈使测量管以其固有频率振动，流动的流体在振动管内产生科氏力，由于测量管流入侧和流出侧所受的科氏力方向相反，因而管子产生扭曲，在流入、流出两侧产生一个与质量流量成正比的相位差，该相位差通过电磁检测器或光电检测器转换成相应的电信号输出。

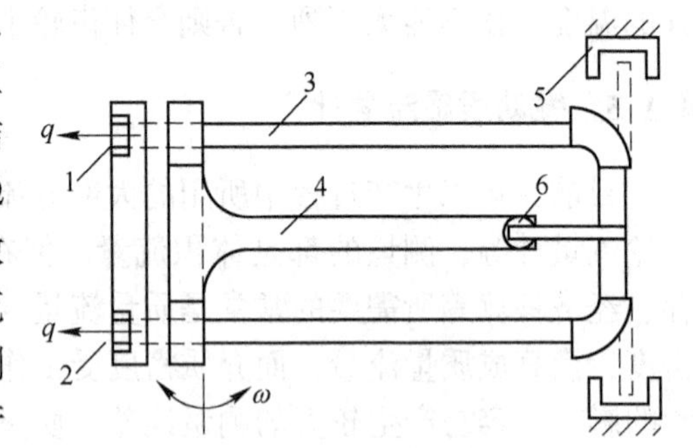

图 4-8 微动流量计结构示意图

1—出口；2—进口；3—U 形管；4—T 形簧片；5—位置检测器；6—电磁激发器

4.1.5.2 基本组成

微动质量流量测量系统由传感器、变送器和显示器三部分构成。如图 4-9 所示。

变送器的作用是将传感器输出的低电平信号或二进制信号进行变换、放大，转换成与质量流量和密度成比例的 4~20mA 标准信号，或频率/脉冲信号，或数字信号。由于质量流量计中的传感元件体积较大，因此变送器和传感器分开制造，两者的距离可达 300m，需用专用电缆连接。

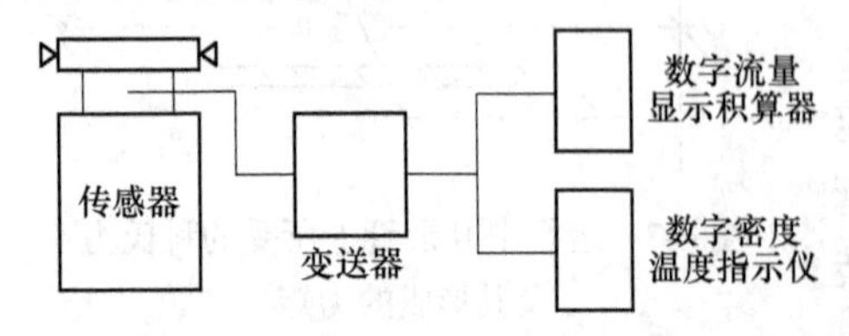

图 4-9 微动流量计测量系统的组合方式

显示器或其他终端装置，接收来自变送器的信号，通常以数字的形式显示被测流体的瞬时流量、累积流量、密度、温度等信号。有的变送器和显示器做成一体，直接从变送器上读数。

4.1.5.3 特点

微动质量流量计具有以下特点：

（1）能够直接测量质量流量，不受温度、压力、黏度和密度等因素的影响，线性输出，测量精度高，可达±0.1%。

（2）无可动的机械部件，可靠性高，维修容易。虽然检测管具有振动，但振幅很小，不会因摩擦而影响测量结果。

（3）适用范围广，可测量各种液体，如腐蚀性、脏污介质、悬浮液、高黏度的流体、浆液及两相流体（液体中含气体量的体积小于10%的流体体积），还可测量高压气体。

（4）对流体的流速分布不敏感，安装时仪表前后不需要直管段。

4.1.6 流量检测仪表的选用

流量检测仪表应根据工艺生产过程对流量测量的要求，按经济原则，合理选用。选用时，一般需考虑如下因素：

（1）仪表类型的选用。仪表类型的选用应能满足工艺生产的要求。选用时，应了解被测流体的种类，确定被测介质是气体、液体、蒸汽、浆液、还是粉粒等；了解操作条件，包括工作压力和工作温度的大小；了解被测介质的流动工况，究竟是层流、紊流、脉动流、单相流，还是双相流等；了解被测介质的物理性质，包括密度、黏度、电导率、腐蚀性等。当被测介质流量较大且波动也较大时，可选用节流装置，若被测介质是导电液体，可选用电磁流量计，但其价格较高。当流量较小时，可选用转子流量计或容积式流量测量仪表，这类仪表的最小流速测量可达 $0.1m^3/h$ 以下。选用时，还应了解流量仪表的功能，究竟是作指示、记录还是积算，最后综合各方面情况进行选用。

（2）仪表测量范围的选用。根据被测介质的流量范围，选用流量检测仪表的流量测量范围。对方根刻度仪表来说，最大流量不超过满刻度的95%，正常流量为满刻度的70%~80%，最小流量不小于满刻度的30%；对线性刻度仪表来说，最大流量不超过满刻度的90%，正常流量为满刻度的50%~70%，最小流量不小于满刻度的10%。

（3）仪表精度的选用。仪表的精度等级是根据工艺生产中所允许的最大绝对误差和仪表的测量范围来确定的。一般来说，仪表的精度等级越高，价格越贵，操作维护要求也越高。因此，选择时应在满足要求的前提下，尽可能选用精度较低，结构简单，价格便宜，使用寿命较长的流量仪表。

此外，选用流量检测仪表时，还应考虑现场安装和使用条件，以及允许压力损失、仪表价格和安装费用等经济性指标。

4.2 物 位 测 量

4.2.1 概述

物位是指液体与气体、液体与液体、固态物质与气体之间的界面相对于容器底部或某一基准面的高度。容器中液体介质的高低称为液位，容器中固体或颗粒状物质的堆积高度称为料位。测量液位的仪表称为液位计，测量料位的仪表称为料位计，测量两种密度不同液体介质的分界面的仪表称为界面计。上述三种仪表统称为物位仪表。

通过物位的测量，可以正确获知容器设备中所储原料、半成品或产品的体积或重量，以保证连续供应生产中各个环节所需要的物料或进行经济核算；通过物位测量，还可以了解容器内的物位是否在规定的工艺要求范围内，并可进行越限报警，以保证生产过程的正常进行，保证产品的产量和质量，保证生产安全。

物位测量仪表种类繁多，大致可分为接触式和非接触式两大类。

（1）接触式仪表。接触式物位仪表主要有直读式、差压式、浮力式、电磁式（包括电容式、电阻式、电感式）、重锤式等物位仪表。

（2）非接触式仪表。非接触式物位仪表主要有核辐射式、声波式、光电式等物位仪表。

工业上应用最广泛的物位仪表是差压式和浮力式物位仪表；光电式物位仪表适宜测量高温、熔融介质的液位；核辐射物位仪表适宜测量高温、高压、易燃易爆、有结晶、沉淀和腐蚀性介质的液位；而重锤式物位仪表适宜测量糊状、颗粒状、大块状料位。

4.2.2　直读式液位计

直读式液位计是一种简单而常用的液位测量仪表。其中最简单的就是直接用直尺插入介质中来测量液位，另外就是用玻璃液位计进行测量。

玻璃液位计是按照连通器液柱静压平衡的原理工作的。玻璃液位计结构简单、价格便宜，一般用在温度及压力不太高的场合就地指示液位的高低。这种液位计不能测量深色或黏稠的介质的液位，另外玻璃易碎，且信号不能远传和自动记录。

玻璃液位计按照结构可以分为玻璃管式和玻璃板式液位计两种。图 4-10 所示的是玻璃管液位计，根据连通器原理得出：

$$\rho_1 = \rho_2，则 h_1 = h_2 \tag{4-10}$$

其中量程 300~1200mm，工作压力不超过 1.6MPa，耐温 400℃。

可以得出：

$$h_1\rho_1 g = h_2 \rho_2 g \tag{4-11}$$

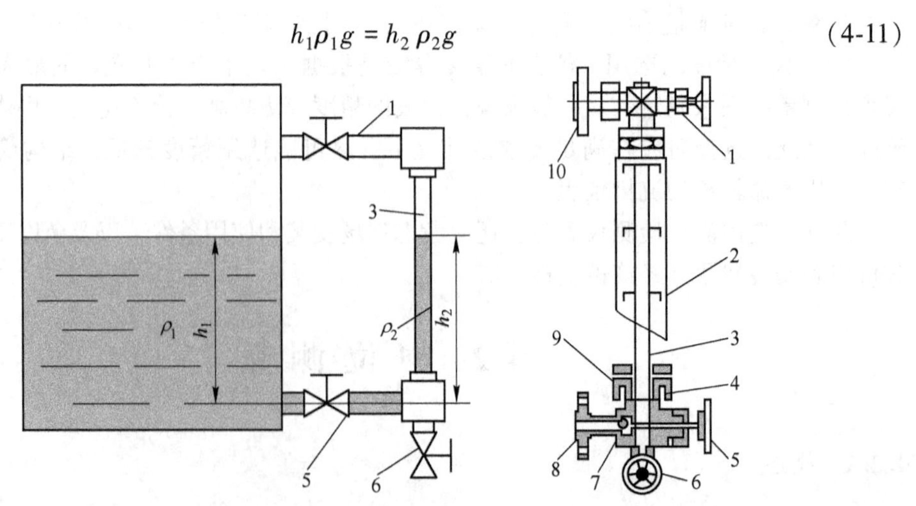

图 4-10　玻璃管液位计

1，5—连通阀；2—标尺；3—玻璃管；4—密封填料；6—排污阀；7—防溢钢球；8，10—连接法兰；9—压盖

当用玻璃液位计进行精确测量时应注意：

（1）应使容器和仪器中的介质具有相同的温度，以免因密度不同而引起示值误差。

（2）玻璃液位计管径不宜太小，以免因毛细现象而引起示值误差。

（3）应尽量减小连通管上的流动阻力，以减小液位快速变化时产生的动态误差。

（4）为了改善仪表的动态性能，也不能把连通管上的阀门省掉。当玻璃管或玻璃板一旦发生损坏时，可利用连通管上的阀门进行切断，以免事故扩大。

4.2.3 差压式液位计

4.2.3.1 工作原理

差压式液位计是利用容器内的液位改变时，由液柱产生的静压也相应变化的原理工作的，如图4-11（a）所示。

对密闭贮槽或反应罐，设底部压力为p，液面上的压力为p_3，液位高度为H，则有：

$$p = p_3 + H\rho g \tag{4-12}$$

式中，ρ为介质密度；g为重力加速度。

由式（4-12）可得：

$$\Delta p = p - p_3 = H\rho g \tag{4-13}$$

通常被测介质的密度是已知的，压差Δp与液位高度H成正比，测出压差就知道被测液位高度。

当被测容器敞口时，气相压力为大气压，差压计的负压室通大气即可，此时也可用压力计来测量液位；若容器是密闭的，则需将差压计的负压室与容器的气相相连接。

4.2.3.2 零点迁移问题

（1）无迁移。使用差压变送器或差压计测量液位时，若作用在变送器正、负压室的差压$\Delta p = H\rho g$，当被测液位$H=0$时，$\Delta p=0$，此时作用在变送器正、负压室的压力相等，变送器的输出为下限值；当$H=H_{max}$时，变送器的输出为上限值。这种情况即为无迁移。

（2）负迁移。在生产中有时为防止贮槽内液体和气体进入变送器的取压室而造成管线堵塞或腐蚀，以及保持负压室的液柱高度恒定，在变送器正、负压室与取压点间分别装有隔离罐，并充以隔离液。如图4-11（b）所示。若被测介质密度为ρ，隔离液密度为ρ_1，则正、负压室的压力分别为：

$$p_+ = h_1\rho_1 g + H\rho g + p_3$$

$$p_- = h_2\rho_1 g + p_3$$

正、负压室的压差为：

$$\Delta p = p_+ - p_- = (h_1 - h_2)\rho_1 g + H\rho g$$

当被测液位$H=0$时，$\Delta p=(h_1-h_2)\rho_1 g<0$，此时，负压室比无迁移时多了一项压力，其大小为$(h_2-h_1)\rho_1 g$，显然，变送器的输出小于下限值；而当$H=H_{max}$时，变送器的输出小于上限值。为了使仪表的输出能正确反映出液位的大小，也就是当被测液位为零或最大值时，分别与变送器的输出下限或输出上限相对应，可在变送器中加一弹簧装置，由弹簧装置预加一个力，抵消固定差压$(h_2-h_1)\rho_1 g$的影响，这种方法称为“迁移”。当

$H=0$ 时，$\Delta p<0$ 的情况，称为负迁移。

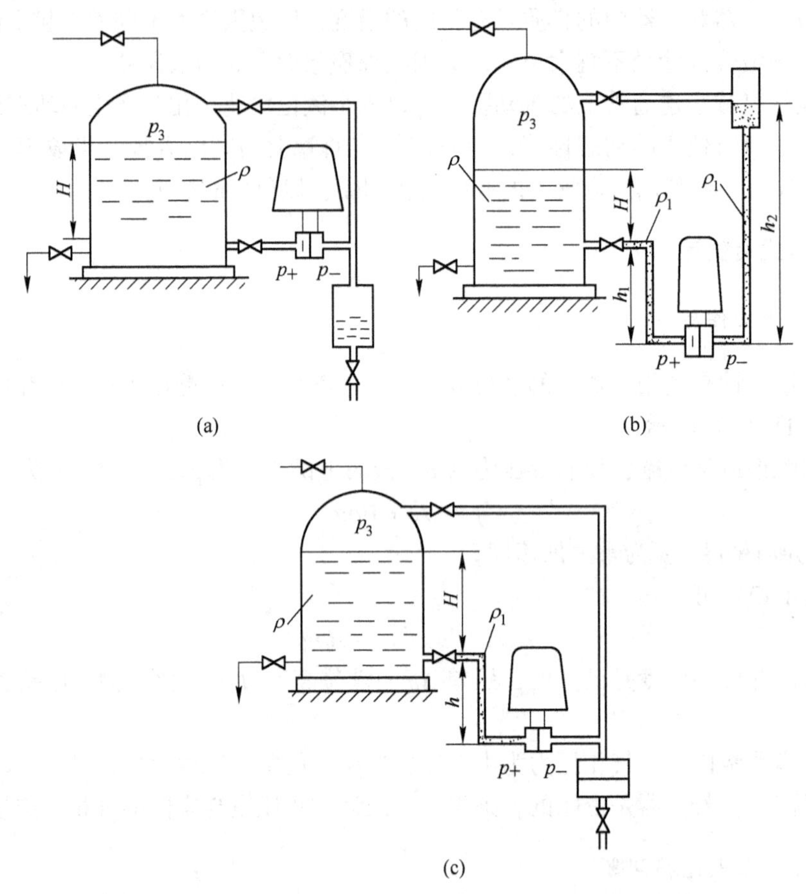

图 4-11　差压式液位测量系统图

（a）差压式液位计原理图；（b）负迁移示意图；（c）正迁移示意图

迁移弹簧的作用，其实质是改变变送器的零点，但不改变量程范围。迁移和调零是都是使变送器输出的起始值与被测量起始点相对应，只不过零点调整量较小，而迁移调整量较大。

迁移同时改变了测量范围的上、下限，相当于测量范围的平移，它不改变量程的大小。

（3）正迁移。由于工作条件的不同，有时会出现正迁移的情况，如图 4-11（c）所示。此时，正、负压室的压力分别为：

$$p_+ = h\rho_1 g + H\rho g + p_3$$

$$p_- = p_3$$

$$\Delta p = p_+ - p_- = h\rho_1 g + H\rho g$$

当 $H=0$ 时，$\Delta p=h\rho_1 g>0$，变送器的输出大于下限值，通过调整迁移弹簧，可使 $H=0$ 时，变送器的输出为下限值。当 $H=0$ 时，$\Delta p>0$ 的情况，称为正迁移。

在差压变送器的规格中，一般都注有是否带迁移装置。如差压变送器型号后缀“A”表示带正迁移；后缀“B”则表示带负迁移。一台差压变送器只能带有一种迁移形式，必须根据现场要求正确选择。

4.2.3.3 用法兰式差压变送器测量液位

在化工生产中，有时会遇到具有腐蚀性或含有杂质、结晶颗粒及高黏度、易凝固液体的液位测量，如果使用普通的差压变送器会出现引压管线被腐蚀或堵塞的情况，此时，就需要使用法兰式差压变送器。变送器的法兰直接与容器上的法兰相连。

作为敏感元件的测量头（金属膜盒），经毛细管与变送器的测量室相通。在膜盒、毛细管和测量室所组成的封闭系统中充有硅油，作为压力传递介质，并使被测液体不进入毛细管和变送器，以免堵塞。

法兰式差压变送器的测量部分及气动转换部分的动作原理与普通差压变送器相同。

法兰式差压变送器按其结构形式可分为单法兰和双法兰，法兰的构造又分为平法兰和插入式法兰两种，如图4-12所示。

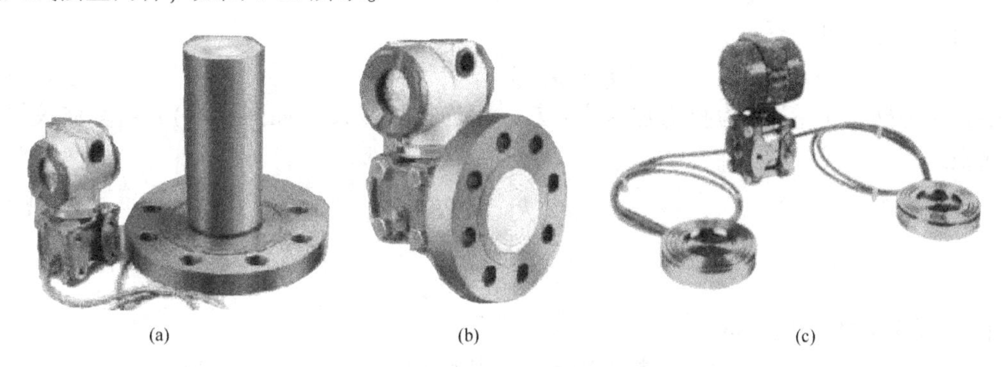

(a) (b) (c)

图4-12 法兰式差压变送器

(a) 插入式单法兰；(b) 平单法兰；(c) 平双法兰

4.2.4 大型油罐计量仪

在石油、化工企业，有许多大型油罐，由于高度和直径都很大，即使液位变化很小，如1~2mm，其质量也会改变几百千克甚至几吨，油罐液位的测量不同于生产过程中的一般液位测量，因为它是油品储运管理和计算储量的重要依据，所以测量精度要求很高，一般的液位测量仪表很难满足要求。

另外，油类产品的密度会随着温度的变化发生较大的变化，而大型贮油罐由于体积很大，各处温度呈不均匀分布，即使液位测得很准确，也反映不出贮油罐中真实的质量储量。而利用称重式油罐计量仪就能解决上述问题。

称重式油罐计量仪实际上就是利用压差来进行液位测量。

称重式油罐计量仪是根据力矩平衡原理工作的。其工作原理如图4-13所示。储罐底部压力 p_2 与储罐顶部压力 p_1 分别引至位于杠杆同一位置，且有效面积相等的上、下两个波纹管中，由压差产生的作用力作用在杠杆系统上，使杠杆失去平衡，发生偏转，从而改变了杠杆与发讯器检测线圈间的距离，发讯器发出信号，经控制器接通电机线路，使可逆电机旋转，可逆电机通过丝杠带动砝码移动，当压差的作用力矩与砝码的反作用力矩相等时，杠杆系统达到平衡，电机停止转动。

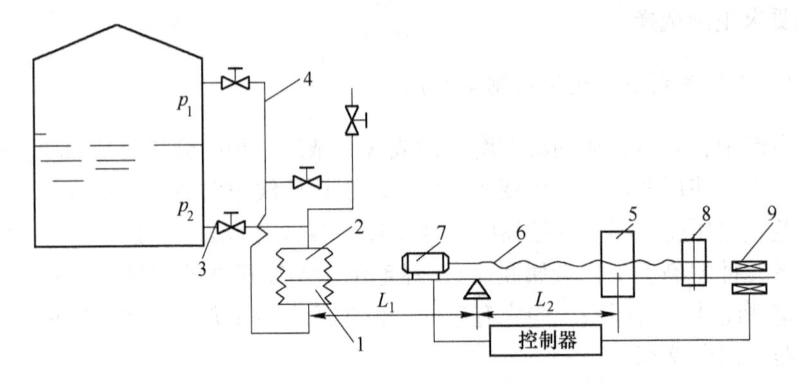

图4-13　大型油罐计量仪工作原理图

1—下波纹管；2—上波纹管；3—液相引压管；4—气相引压管；5—砝码；6—丝杠；7—可逆电机；8—编码器；9—发讯器

当杠杆平衡时，有：

$$(p_2 - p_1)A_1L_1 = MgL_2 \tag{4-14}$$

式中，M为砝码质量；g为重力加速度；L_1、L_2为杠杆臂长（如图所示）；A_1为波纹管有效面积。

由于

$$p_2 - p_1 = H\rho g \tag{4-15}$$

则

$$L_2 = \frac{A_1L_1}{M}\rho H \tag{4-16}$$

式中，ρ为被测介质的密度。

如果油罐的截面是均匀的，截面积为A，则油罐内总的油储量M_0为：

$$M_0 = \rho HA \tag{4-17}$$

将式（4-17）代入式（4-16），得：

$$L_2 = \frac{A_1L_1}{M}\rho H = \frac{A_1L_1}{AM}M_0 = KM_0 \tag{4-18}$$

显然，砝码离支点的距离L_2与油罐总储量成正比，而与介质密度无关。

若油罐截面积随高度而变化，可事先制好表格，根据砝码位移量L_2查得所储油品的质量。

由于砝码移动距离与丝杠转动圈数成正比，丝杠转动时，经减速带动编码盘转动，编码盘发出编码讯号至显示仪表，经译码和逻辑运算后可用数字显示出来。由于称重式油罐计量仪按自动平衡原理工作，所以精度和灵敏度较高。

4.2.5　电容式物位计

4.2.5.1　工作原理

电容式物位计是电学式物位检测方法之一，直接把物位变化转换成电容的变化量，然后再变换成统一的标准电信号，传输给控制室仪表进行指示、记录、报警或控制。

电容式物位计由电容式物位传感器和检测电容的线路组成。其基本工作原理是电容式物位传感器把物位转换为电容量的变化，然后再用测量电容量的方法求知物位数值。

电容式物位传感器是根据圆筒电容器原理进行工作的。其结构如同2个长度为H、直径分别为D和d的圆柱形金属导体，中间隔以绝缘物质，如图4-14所示，圆柱形电容器电容量为：

$$C=\frac{2\pi\varepsilon H}{\ln(D/d)} \tag{4-19}$$

式中，H为两极板的长度；ε为两极板中间介质的介电常数；d为圆柱形内电极的外径；D为圆柱形外电极的内径。

4.2.5.2 测量方式

A 测量非导电介质液位

如图4-15所示，电容传感器外电极2上有孔，使介质能流进电极之间。利用被测液体作电极间绝缘介质。当$h=0$时，

$$C_0=\frac{2\pi\varepsilon_0 H}{\ln D/d} \tag{4-20}$$

式中，ε_0为空气介电常数。

当$h>0$时，

$$C=\frac{2\pi(\varepsilon-\varepsilon_0)h}{\ln D/d}+C_0=\Delta C+C_0 \tag{4-21}$$

式中，ε为被测液体的介电系数；电容量的增量ΔC与液位高度h成正比。

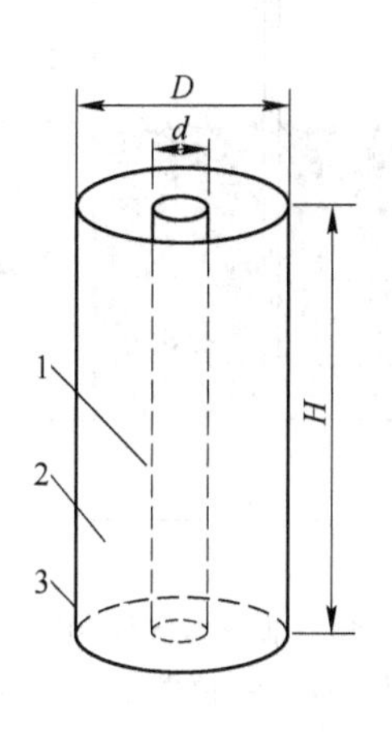

图4-14 圆柱形电容器
1—内极板；2—被测介质；3—外极板

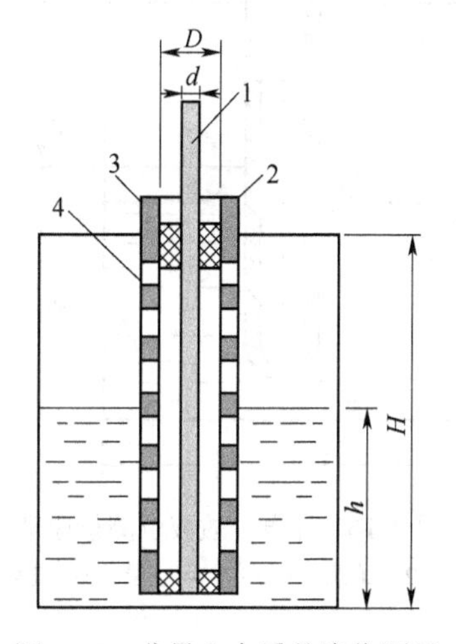

图4-15 非导电介质的液位测量
1—内电极；2—外电极；3—绝缘套；4—流通孔

B 测量导电介质的液位

在测量导电介质的液位时，为防止内、外电极被导电的液体短路，内电极加一绝缘层，导电液体作为外电极。如图4-16所示，直径为d的不锈钢电极，外套聚四氟乙烯塑料套管作为绝缘层，导电的被测液体作为外电极，因而外电极内径就是塑料套管的外直径D。如果容器是金属的，外电极可直接从金属容器壁上引出，但外电极仍为D。由于容器直径D_0与内电极外径的比D_0/d很大，上部气体部分形成的电容可以忽略不计。传感器电

容量变化：

$$C_X = \frac{2\pi\varepsilon}{\ln D/d} \cdot h \tag{4-22}$$

式中，ε 为绝缘层介电常数；D 为绝缘套管外径；d 为内电极外径；h 为导电液体高度。

在测量黏性导电介质时，介质沾染电极，产生“虚假液位”，应该注意以下两点：

(1) 用和被测介质亲和力较小的套管材料。目前常用聚四氟乙烯，或聚四氟乙烯加六氟丙烯材料作绝缘套管。

(2) 采用隔离型电极。隔离型电极由同心的内电极和外电极组成，在外电极的下端装有隔离波纹管，在波纹管和内外电极之间充以绝缘液体。

4.2.5.3 测量固体颗粒料位

在测量固体颗粒料位时，通常采用一根金属电极棒与金属容器壁构成电容器的两电极。如图 4-17 所示，传感器电容量变化：

$$C_X = \frac{2\pi(\varepsilon - \varepsilon_0)}{\ln D_0/d} \cdot h \tag{4-23}$$

式中，ε 为固体物料的介电常数；ε_0为空气的介电常数；D_0为容器的内径。

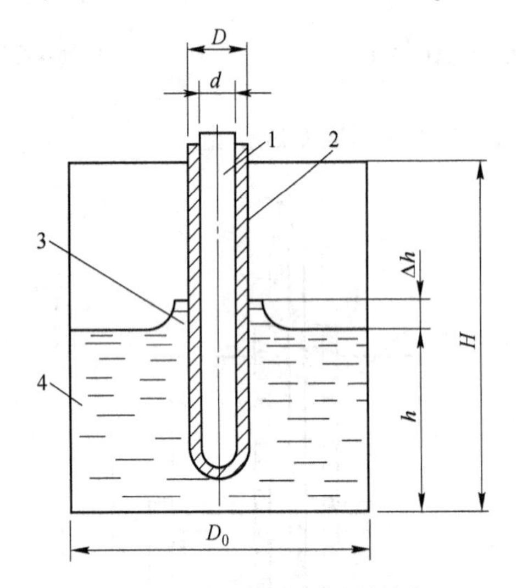

图 4-16　导电介质液位测量原理

1—内电极；2—绝缘套；3—实际液位；4—被测导电液体

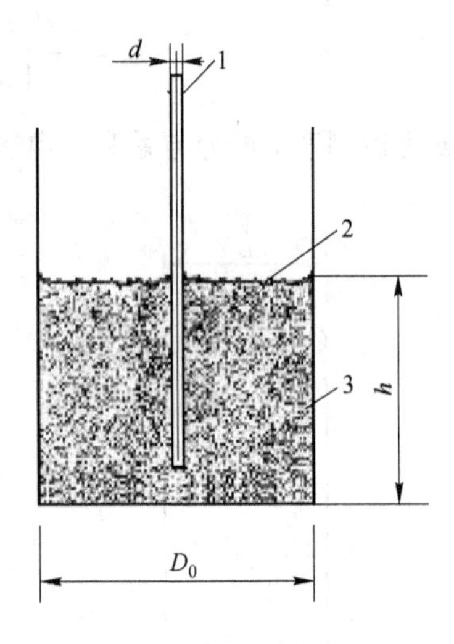

图 4-17　测量非导电固体颗粒料位原理

1—内电极；2—被测固体；3—容器

4.2.6 超声波式液位计

超声波式液位计是由超声波换能器（探头）发出高频脉冲声波遇到被测物位物料表面被反射折回，反射回波被换能器接收，声波的传播时间与声波的发出到物体表面的距离成正比，声波传输距离 S 与声速 C 和声传输时间 T 的关系可表示为：$S=C\times T/2$。由于声波脉冲发射过程中机械惰性占用了传输时间使靠近超声波换能器的一小段区域内声波不能被接收，这个区域称为盲区，盲区大小与超声波液位计的量程有关。

探头在超声波检测技术中，不管哪种超声波仪器，都必须把电能转换超声波发射出去，再接收反射回来的超声波变换成电信号，完成这项功能的装置就叫超声波换能器，也称探头。

超声波液位计是超声波液位计和超声波料位计的统称。当用于测量液体液位时，通常称为超声波液位计。当用于测量固体料位时，通常称为超声波料位计。物位一词统指各种设备和敞开或密闭的容器中液体或固体物料的表面位置。一般把声波频率超过 20kHz 的声波称为超声波，超声波是机械波的一种，即是机械振动在弹性介质中的一种传播过程，它的特征是频率高、波长短、绕射现象小，另外方向性好，能够成为射线而定向传播。超声波在液体、固体中衰减很小，因而穿透能力强，尤其是在对光不透明的固体中，超声波可穿透几十米的长度，碰到杂质或界面就会有显著的反射，超声波测量物位就是利用了它的这一特征。

了解超声波液位计的特点，方便选型使用：

（1）超声波液位计无可动部件，结构简单，寿命长。

（2）仪表不受被测介质的黏度、介电常数、电导率、热导率等性质的影响。

（3）可测范围广，液体、粉末、固体颗粒的物位都可测量。

（4）换能器探头不接触被测介质，因此，适用于强腐蚀性、高黏度、有毒介质的低温介质的物位测量。

（5）超声波液位计的缺点是检测元件不能承受高温、高压。声速又受传输介质温度、压力的影响，有些被测介质对声波的吸收能力很强，故其应用有一定的局限性。另外电路复杂、造价较高。

4.2.7 浮力式液位计

浮力式液位计是应用最早的一种液位测量仪表，分为恒浮力液位计和变浮力液位计两大类，沉筒式液位计是典型的变浮力液位计。

沉筒式液位计是利用悬挂在容器中的沉筒由于被浸没的高度不同而所受的浮力不同，来测量液位高度的。按结构不同，可分为位移平衡式、力平衡式和带差动变压器的沉筒液位计几种，其检测元件均为沉筒，沉筒长度一般介于 300~2000mm。现以位移平衡式沉筒液位计为例介绍其测量原理。

位移平衡式沉筒液位计是将沉筒的直线位移，通过扭力管转换为角位移，再利用转换元件，将角位移转换为相应的电信号或气信号输出。

图 4-18 所示为扭力管沉筒式液位计的结构原理图。沉筒 1（液位检测元件）是用不锈钢制成的空心长圆柱体，被垂直地悬挂于杠杆 2 的一端，并部分沉浸于被测介质中。它在检测过程中位移极小，也不漂浮在液面上，故称沉筒。杠杆 2 的另一端与扭力管 3、芯轴 4 的一端垂直地固定在一起，并由外壳上的支点所支撑。扭力管的另一端通过法兰固定在仪表外壳 5 上。芯轴 4 的另一端为自由端，用来输出角位移。

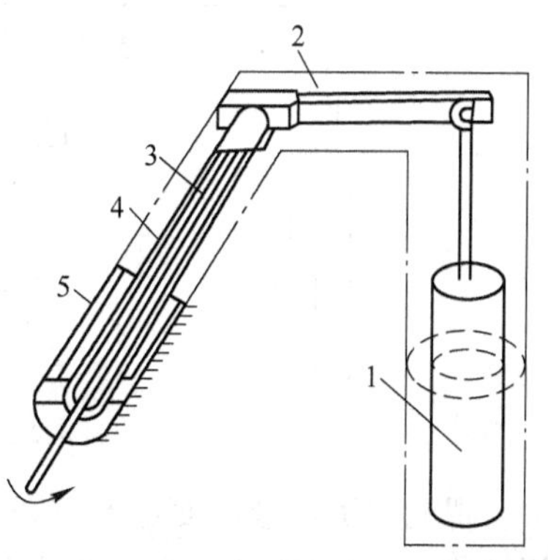

图 4-18 沉筒式液位计结构原理图
1—沉筒；2—杠杆；3—扭力管；4—芯轴；5—外壳

当被测液位低于沉筒下端时，沉筒的重量通过杠杆作用在扭力管上，使扭力管自由端带动芯轴向逆时针方向扭转，这一位置就是零位。

当被测液位高于沉筒的下端时，沉筒被部分浸没，此时作用在扭力管上的扭力矩减小，扭力管所产生的扭转角也减小，因而扭力管顺时针转回一个角度。显然，液位越高，作用在沉筒上的浮力越大，扭力矩越小，芯轴转回的角度越大。将芯轴的角位移通过机械传动放大机构带动指针，便可就地显示液位；若通过喷嘴挡板机构或霍尔元件等将芯轴的角位移转换为相应的气信号或电信号输出，构成沉筒式液位变送器，则可进行远传显示。

当沉筒刚好完全被浸没时，沉筒所受的浮力最大，芯轴转回的角度最大，仪表指示值最大。沉筒被完全浸没后，即使液位再上升，浮力也不再变化，仪表指示值不再改变，所以沉筒式液位计的测量上限就是沉筒的长度。

沉筒式液位计适用于测量范围在 2000mm 以内，比密度差为 0.5~1.5 的液体液面的连续测量，以及测量范围在 1200mm 以内，比密度差为 0.1~0.5 的液体界面的连续测量。真空对象、易汽化的液体宜选用沉筒式液位计，目前常用的是智能式沉筒液位变送器，如图 4-19 所示。

图 4-19　智能式沉筒液位变送器外形

智能式沉筒液位变送器由检测、转换和变送三部分组成。检测部分由浮筒室、浮筒、连杆组成；转换部分由杠杆系统、传感器组成；变送部分由 CPU、A/D、D/A、MODEM、带通滤波器和输出波形整形电路、指示表等组成。

智能式沉筒液位变送器基于杠杆原理，采用测应力方法进行工作。工作原理如图 4-20 所示。被测液位的变化使部分浸沉在液体中的浮筒所受浮力发生相应的变化，变化信号通过相连的杠杆系统放大后，由应变传感器的桥路输出的差分电压信号经 A/D 转换进入 CPU，由 CPU 进行线性化处理、量程转换、单位转换、阻尼处理等运算，最后由 D/A 把数字信号转换成与被测液位变化成正比的 4~20mA DC 线性电流信号输出，并叠加 FSK HART 信号，实现双向通讯。

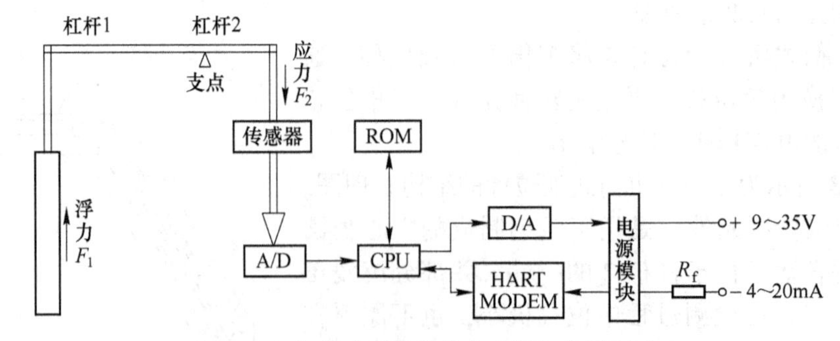

图 4-20　智能式沉筒液位变送器工作原理图

智能式沉筒液位变送器有普通型、隔爆型、本安型三种，配有手持编程器，全中文的便携式 PC-HART 通讯器等主设备，方便现场和控制室的通讯调校，并设有现场指示，方便现场巡检和调试。可以通过手持编程器或其他主设备在工作现场或控制室内对变送器进行如下操作：

（1）读过程变量：包括原始变量、电流值、百分比范围等信息。

（2）设置量程：可用手持编程器键入；用手持编程器结合校准液位设置；用仪表手动零位和量程按钮设置。

（3）选择阻尼时间。

（4）修改与输出无关的信息。

（5）存入或调出组态数据：通过手持编程器改变智能变送器内 EEPROM 储存的各种信息，这些信息包括阻尼时间、量程、工程单位；即使仪表掉电后，这些信息也不会丢失，能通过手持编程器读取。

（6）读取诊断信息：智能变送器能向手持编程器返回诊断信息。包括设置太低、设置太高、过程变量超过测量范围、4~20mA 超过极限等。

（7）报警电流：可实现上、下限电流报警，在仪表硬件故障或输入信号超出量程时，可输出 3.8mA 下限报警电流或 22mA 上限报警电流（可由用户设置）。

智能式沉筒液位变送器在现场可以使用 ZERO（零点）、SPAN（量程）按钮进行量程范围调校。智能式沉筒液位变送器安装和使用时，必须保证测量室垂直，不得与室壁发生任何接触。施工中不得使浮筒受到拉力或推力及激烈的振动或冲击，否则可能使传感器因过载而损坏。仪表安装完毕，应通电检查零位，如不在 4mA 上，应进行零位调整。

4.2.8 雷达物位计

在化工生产过程中，存在着各种大型存储容器或过程容器，存放着大量的液体、浆料和固体。如原油、煤焦油储罐、原煤、粉煤仓位、焦炭料位、浆料储罐、固体颗粒等。而许多大型液体储罐中，存储着易凝结、悬浊液、黏稠及具有腐蚀性的液体，这类液位和料位的测量适合采用雷达物位计。

雷达物位计是非接触式连续测量的脉冲型物位计，无位移、无传动部件、不受温度、压力、蒸汽、气雾和粉尘的限制，适用于高黏度、有腐蚀性介质的物位测量；同时雷达物位计测量误差仅为 0.1~1.0mm，分辨率达 1~20mm。既可用于工业测量，也可用于计量。图 4-21 所示为智能型雷达物位计示意图。

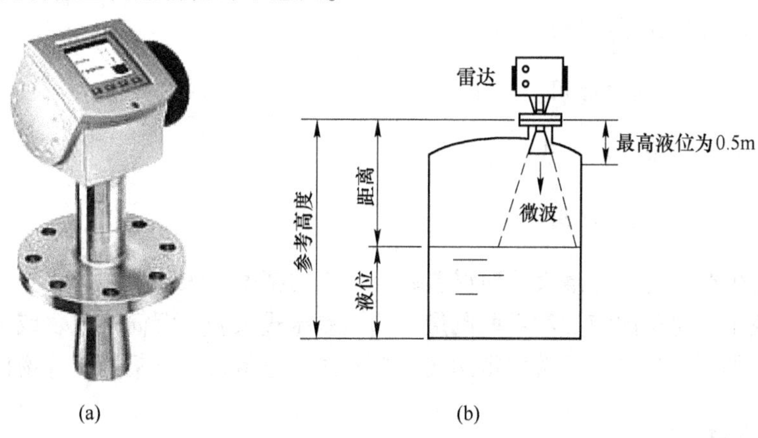

图 4-21 智能型雷达物位计

（a）外形结构图；（b）工作原理图

雷达物位计采用高频振荡器作为微波发生器，发生器产生的微波用波导管引到辐射天线，并向下射出。当微波遇到障碍物，例如液面时，部分被吸收，部分被反射回来。通过测量发射波与液位反射波之间某种参数关系来实现大型贮罐中液位的测量。

目前有两大类雷达物位计。一类是发射频率固定不变，通过测量发射波和反射波的运行时间，并经过智能化信号处理器，测出被测物位的高度。雷达物位计的运行时间与物位的关系为

$$t = 2d/c \tag{4-24}$$

式中，c 为电磁波传播速度，$c=300000\text{km/s}$；d 为被测介质液位与探头之间的距离，m；t 为探头从发射电磁波至接收到反射电磁波的时间，s。

另一类是测量发射波与反射波的频率差，并将这频率差转换为与被测液位成比例的电信号。这种物位计的发射频率不是一个固定值，而是等幅可调的。

智能雷达物位计的最大测量距离可达70m，安装简便，牢固耐用，免维护；内置自校验和自诊断功能；采用HART或Profibus-PA通信协议，在现场可用本安型的红外手持编程器或HART手操器对仪表设定参数，也可通过软件实现远程组态设定和编程，适用于防爆场合。

4.2.9　物位仪表的选用

物位包括液位、界位和料位。物位检测仪表种类繁多、性能各异，又各有所长、各有所短。因此，应全面综合被测对象的特点、工艺测量要求和性价比进行合理选用。

4.2.9.1　仪表型号的选用

根据被测对象的特点，例如，是检测液位还是检测料位或界位；是检测密闭容器中的物位还是敞口容器中的物位；是否需要克服液体的泡沫所造成的虚假液位的影响；以及接触介质的压力、温度、黏度、腐蚀性、稳定性如何；是否含有固体颗粒、脏污、结焦及黏附等。考虑工艺测量的要求，例如，是现场指示还是远传显示；是连续检测还是定点检测；及仪表的安装场所，包括仪表的安装高度及仪表使用环境的防爆等级、干扰程度等选用仪表型号。同时还要考虑性价比。

4.2.9.2　测量范围的选用

根据工艺测量要求选用仪表测量范围。

4.2.9.3　精度等级的选用

根据工艺生产所允许的最大绝对误差确定仪表的精度等级。

对大多数工艺对象的液面和界面测量，选用差压式仪表、沉筒式仪表或浮子式仪表便可满足要求。如不满足时，可选用雷达式、电容式、电阻式、核辐射式等物位检测仪表。

学习评价

（1）流量测量仪表分类有哪些？

(2) 差压式流量计测量流量的原理是什么？影响流量测量的因素有哪些？

(3) 什么叫标准节流装置，有几种形式？它们分别采用哪几种取压方式？

(4) 差压式流量计的安装、使用应注意哪些问题？

(5) 差压式流量计三阀组的作用是什么？投用时如何启动差压计？

(6) 简述玻璃转子流量计的测量原理。

(7) 容积式流量计由哪几部分组成？它们各起什么作用？

(8) 试简述椭圆齿轮流量计结构特征及工作原理。

(9) 按工作原理分类，物位检测仪表有哪几种主要类型，各有什么特点？

(10) 静压液位计的工作原理是什么？当测量有压容器的液位时，差压计的负压室为什么要与容器的气相相连接？

(11) 利用差压液位计测液位时，为什么要进行零点迁移？如何实现迁移？

(12) 正迁移和负迁移有什么不同？如何判断？

(13) 测量哪些介质的液位时要用法兰式差压变送器？它有哪几种结构形式？在双法兰式差压变送器测量液位时，其零点和量程均已校好，若变送器的安装位置上移了一段距离，变送器的零点和量程是否需要重新调整？为什么？

(14) 雷达式液位计根据其测量时间的方式不同可分为哪两种？各有什么特点？

4.3 实 训 任 务

4.3.1 孔板流量计的安装与使用

4.3.1.1 任务描述

通过本任务，熟悉孔板节流装置的结构；知道节流装置的安装要求；会根据测量要求安装节流装置及三阀组；会正确操作三阀组。

4.3.1.2 任务实施

A 任务实施所需仪器设备

(1) 电阻箱、直流电位差计各一台。

(2) 0~30V 或 0~60V 直流可变电源一个。

(3) 0.1 级直流电流表、电压表各一个。

(4) 气泵一台。

(5) 3151dp 差压变送器一台。

(6) LGB 型节流装置一套。

(7) 三阀组一套。

(8) 导线、电源线、扳手、螺丝刀等。

B 任务内容

(1) 管路连接。先观察三阀组，并将其与差压变送器连接起来，然后摆放节流装置，将引压管与三阀组正确连接。

(2) 电气连接。将精密电压源通电，将其输出电压调至 24V，然后断开电源，按图 4-22 所示进行电气连接，检查无误，将数字电压表和数字电流表调至合适挡位，标准电阻箱调至250Ω，依次给数字电流表和数字电压表通电，最后启动精密稳压电源，1min后，即可进行操作。

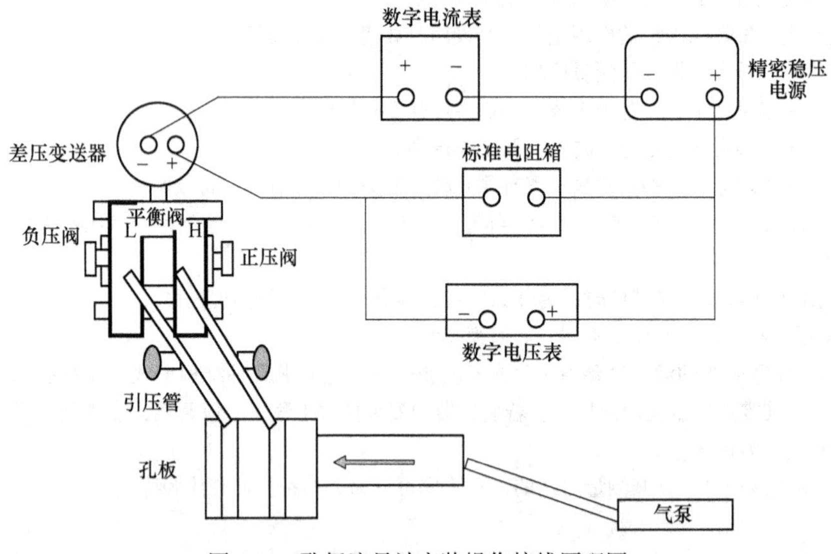

图4-22　孔板流量计安装操作接线原理图

（3）将气泵与节流装置正确连接，然后启动气泵，正确开启三阀组，逐步加大气泵的给气量，然后记录差压变送器的电流与差压于表4-2中，将记录结果进行比较分析。

（4）任务完成后，正确关闭三阀组，依次停泵、变送器、电流表、电压表，再拆线，最后将管路拆开，将仪器仪表放回原位。

4.3.1.3　任务工单

（1）在图4-23中标出节流装置各组成部分。

（2）在图4-24中标出各部分名称。

图4-23　节流装置

图4-24　孔板差压式流量计实物图

(3) 完成该测量任务所需仪器材料配置清单，填入表4-1。

表4-1 仪器材料配置清单

器件名称	规格型号	数量	生产厂家	备注

(4) 画出孔板差压流量计测量接线示意图。

(5) 写出三阀组开启、关闭顺序。

(6) 在表4-2中填写测量记录。

表4-2 差压式流量计测量记录

<table>
<tr><td colspan="4">节流装置：型号________ 公称压力________ 公称通径________</td></tr>
<tr><td colspan="4">原 始 记 录</td></tr>
<tr><td>气流量</td><td>差压变送器
输出电流/mA</td><td>差压变送器显示差压/kPa</td><td>数字电压表显示/V</td></tr>
<tr><td rowspan="5">小
↓
大</td><td></td><td></td><td></td></tr>
<tr><td></td><td></td><td></td></tr>
<tr><td></td><td></td><td></td></tr>
<tr><td></td><td></td><td></td></tr>
<tr><td></td><td></td><td></td></tr>
<tr><td colspan="4">结论及分析：</td></tr>
</table>

(7) 写出任务实施中出现的问题及解决办法。

4.3.2 超声波液位计的操作与使用

4.3.2.1 任务描述

通过本任务，学会ND-30Y型超声波液位计的操作使用方法；熟悉超声波液位计安装原则；会对超声波液位计接线；能按照要求熟练进行设置与调试。

4.3.2.2　任务实施

A　任务实施所需仪器设备

（1）电阻箱、直流电位差计各一台。

（2）0~30V 或 0~60V 直流可变电源一个。

（3）0.1 级直流电流表、电压表各一个。

（4）ND-30Y 型超声波液位计一台。

（5）导线、电源线、螺丝刀等。

B　任务内容

（1）先将精密电压源通电，将其输出电压调至 24V，然后断开电源，按图 4-25 所示接好线，检查无误，将数字电压表和数字电流表调至合适挡位，标准电阻箱调至 250Ω，依次给数字电流表和数字电压表通电，最后启动精密稳压电源，1min 后，即可进行设置调试操作。

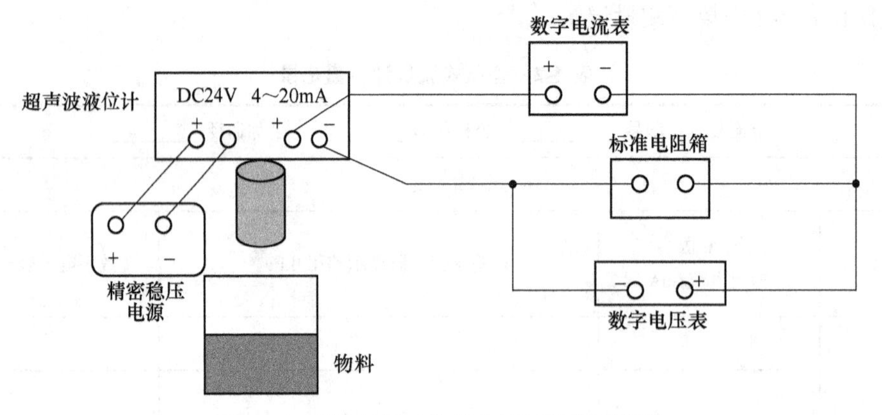

图 4-25　超声波液位计操作调试接线原理图

（2）将液位计的探头面与被测液面水平，且探头面与最高液面距离处于盲区之外，然后进行液位标定。

（3）4~20mA 设置，将液位 0.1m 设置为 4mA，将 0.5m 设置为 20mA。

（4）根据测量现场情况更改探头高度值。

（5）进行继电器参数设置，使得液位大于 0.4m 时 SPDT1 报警，液位小于 0.15m 时 SPDT2 报警。

（6）设置完成后，进行液位测量，并记录数据于表 4-4 中，进行数据分析。

（7）任务完成后，先将液位计、电流表、电压表依次断电后，再拆线，将仪器仪表放置原位。

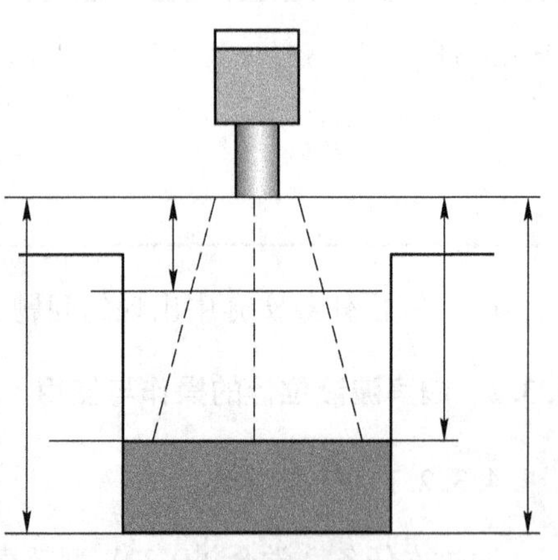

图 4-26　超声波液位计

4.3.2.3　任务工单

（1）在图 4-26 中标出超声波液位计测量时的

安装高度、测量距离、盲区、最高液位、当前液位、量程。

（2）在图 4-27 中标出各部分名称。

图 4-27　ND-30Y 型超声波液位计实物图

（3）完成该测量任务所需仪器材料配置清单，填入表 4-3。

表 4-3　仪器材料配置清单

器件名称	规格型号	数量	生产厂家	备注

（4）画出超声波液位计设置调试接线示意图。

（5）在表 4-4 中填写调试记录。

表 4-4　超声波液位计调试记录

<table>
<tr><td colspan="8">所调超声波液位计：型号________　测量范围________　精度________</td></tr>
<tr><td colspan="8">原　始　记　录</td></tr>
<tr><td rowspan="2">序号</td><td>输出</td><td>标准液位</td><td colspan="2">液位显示/m</td><td colspan="2">引用误差/m</td><td rowspan="2">正反行程示值之差</td></tr>
<tr><td>/mA</td><td>/m</td><td>正行程</td><td>反行程</td><td>正行程</td><td>反行程</td></tr>
<tr><td>1</td><td>4</td><td>0. 1</td><td></td><td></td><td></td><td></td><td></td></tr>
<tr><td>2</td><td>8</td><td>0. 2</td><td></td><td></td><td></td><td></td><td></td></tr>
<tr><td>3</td><td>12</td><td>0. 3</td><td></td><td></td><td></td><td></td><td></td></tr>
<tr><td>4</td><td>16</td><td>0. 4</td><td></td><td></td><td></td><td></td><td></td></tr>
<tr><td>5</td><td>20</td><td>0. 5</td><td></td><td></td><td></td><td></td><td></td></tr>
<tr><td colspan="2">最大允许误差/m</td><td colspan="2"></td><td colspan="2">回差</td><td colspan="2"></td></tr>
<tr><td colspan="2">精度</td><td colspan="2"></td><td colspan="2">最大引用误差</td><td colspan="2"></td></tr>
<tr><td colspan="8">结论及分析：</td></tr>
</table>

（6）写出任务实施中出现的问题及解决办法。

学习情境5　控制执行器的操作与使用

学习目标

能力目标：

(1) 能够应用所学知识正确使用控制器；
(2) 能够对控制器进行正确的调校；
(3) 能够在三种运行方式下操作控制器并进行手动/自动切换；
(4) 能够应用控制阀的选用原则正确选用控制阀；
(5) 能够对执行器进行正确的调校；
(6) 能够正确安装执行器；
(7) 能够正确处理执行器在使用维护中的问题；
(8) 能运用安全栅和本安仪表构成安全火花防爆系统；
(9) 能完成实际控制系统供电和信号连接。

知识目标：

(1) 了解控制器的种类及发展；
(2) 理解比例、微分、积分三种基本控制规律的特点；
(3) 掌握工程常用控制规律的特点及应用场合；
(4) 掌握 DDZ-Ⅲ型控制器的主要功能；
(5) 了解执行器的种类及特点；
(6) 了解执行器的正反作用方式；
(7) 掌握气动执行机构的结构及工作原理；
(8) 了解控制阀的结构及特点；
(9) 理解控制阀的流量系数、可调比和流量特性的概念；
(10) 了解阀门定位器的作用及使用场合；
(11) 掌握控制阀的选用原则；
(12) 掌握安全栅和信号分配器的作用及使用方法；
(13) 了解变频器在过程控制系统中的应用方案；
(14) 掌握电源箱、电源分配器的使用方法。

5.1　模拟式控制器

5.1.1　概述

控制器在冶金、石油、化工、电力等各种工业生产中应用极为广泛。要实现生产过程自动控制，不管是简单的控制系统，还是复杂的控制系统，控制器都是必不可少的。控制器是工业生产过程自动控制系统中的一个重要组成部分。它把来自检测仪表的信号进行综合，按照预定的规律去控制执行器的动作，使生产过程中的各种被控参数，如温度、压力、流量、液位、成分等符合生产工艺要求。当干扰作用于被控过程时，其被控参数变化，使相应的测量值偏离给定值而产生偏差，控制器则根据偏差的大小，按一定的规律使其输出变化，并通过执行器改变被控参数，从而抵消干扰对被控参数的影响。所以，控制器具有把在干扰作用下偏离给定值的被控参数重新拉回到给定值的功能。

5.1.2 控制器的控制规律

5.1.2.1 控制器的种类及发展

控制器种类很多，按照所使用的能源不同，控制器可分为气动控制器、液动控制器和电动控制器三大类。前两类控制器分别以空气和液体压力为能源，以压力大小为传输信号。而电动控制器则以电为能源，以电流或电压为传输信号。从控制器的发展历史来看，开始是基地式仪表，以后随着控制要求的提高，发展到了电动单元组合仪表。我国电动组合仪表（简称 DDZ）的发展大致经历了三个主要阶段。20 世纪 50 年代开始设计、研制 DDZ-Ⅰ型仪表，它以电子管为主要元件，体积大，耗电多，笨重，不利于防火防爆。1965 年开始研制 DDZ-Ⅱ型仪表，DDZ-Ⅱ型仪表以晶体管为主要元件，采用 220V 交流电源供电，各单元间以 0~10mA DC 电流为统一联络信号，DDZ-Ⅱ型仪表体积缩小，质量减轻，性能得到提高。到了 20 世纪 70 年代中期，随着工业自动化水平的不断提高和电子工业的发展，同时引进国外先进技术，以集成电路为主要元件的 DDZ-Ⅲ型仪表问世。DDZ-Ⅲ型仪表以 24V DC 电压为电源，以 4~20mA DC 电流为现场传输信号，以 1~5V DC 电压和 4~20mA DC 电流为控制室联络信号。实践证明，Ⅲ型控制器比Ⅱ型控制器性能更为优越，并且采取了安全火花防爆措施，因此得到了比Ⅱ型控制器更为广泛的应用。电动控制器发展到了这一阶段，从功能齐全、性能先进、使用方便及维修简易等各方面已有了很大提高，但是在仪表构成原理上并没有本质的变化，都是以模拟技术为主，按照反馈原理形成各种基本控制功能的。20 世纪 80 年代初，由于大规模集成电路工艺的迅猛发展以及微处理器的问世，为研制当今新型结构的控制系统——分散控制系统创造了无比优越的条件。作为分散控制系统的基层仪表——单回路数字控制仪（简称单回路控制器）就是在这一时期出现的一代新型控制器。单回路控制器是一种以微处理器为核心部件的微机化仪表，它在构成原理上是全新的，在功能和性能上都是模拟式仪表无法比拟的。因此，很快被应用于各大型现代化工厂企业中。

由于目前电动控制器正处于发展和变革的时期，因此，国内出现了仪表品种繁多，几代仪表共存的复杂状况，为适应这一形势的需要，同时考虑工业生产企业的现状，从先进性和实用性出发，这里以 DDZ-Ⅲ型电动控制器为主进行介绍。

DDZ-Ⅲ型控制器与 DDZ-Ⅱ型控制器的控制规律是相同的，但在 DDZ-Ⅲ型控制器中，采用了高增益、高阻抗的线性集成电路组件，不仅提高了控制器的性能指标，降低了功耗，而且扩大了控制器的功能，易于组成各种变型的特种控制器，如间歇控制器、自选控制器、前馈控制器、非线性控制器等，同时可以在基型控制器的基础上附加某些单元，如输入报警、偏差报警、输出限幅等。总之，DDZ-Ⅲ型控制器便于组成各种控制系统，达到了模拟控制器较为完善的程度。

DDZ-Ⅲ型控制器有两个基型品种，一是全刻度指示控制器；二是偏差指示控制器。它们的线路结构基本相同，仅指示电路有些差异。

5.1.2.2　基本控制规律

在自动控制系统中，由于扰动作用的结果使被控参数偏离给定值，从而产生偏差，控制器将偏差信号按一定的数学关系，转换为控制作用，将输出作用于被控过程，以校正扰动作用所造成的影响。被控参数能否回到给定值上，以怎样的途径、经过多长时间回到给定值上来，即控制过程的品质如何，不仅与被控过程的特性有关，而且也与控制器的特性，即控制器的控制规律有关。

控制器的控制规律，就是指控制器的输出信号与输入信号之间随时间变化的规律。这种规律反映了控制器本身的特性，在研究控制器的特性时，是将控制器从系统中断开，单独研究它的输出信号与输入信号随时间变化的关系。在这种研究中，通常在控制器的输入端加一个阶跃信号，即突然出现某一人为偏差时，输出信号跟随阶跃输入信号的变化规律。控制器的控制规律实际上表征的是控制器的动态特性，常用微分方程、传递函数和阶跃响应曲线来表示。

控制器的基本控制规律有比例（P）、积分（I）、微分（D）三种。这三种控制规律各有其特点。

A　比例（P）控制规律

输出信号（指变化量）y 与偏差信号 ε（给定值不变，偏差的变化量就是输入信号的变化量）之间成比例关系的控制规律称为比例控制规律。具有这种规律的控制器称比例控制器。

这种控制规律的用微分方程可表示为：

$$y = K_P \varepsilon$$

式中，K_P为比例增益，是一个可调系数。

比例控制规律在阶跃输入信号作用下的输出响应特性如图 5-1 所示，从图中可以看出，比例控制的优点是反应速度快，控制作用能立即见效，即当有偏差信号输入时，控制器立刻有与偏差信号成比例的控制作用输出。输入的偏差信号越大，输出的控制作用也越强，这是比例控制的一个显著特点。另一方面，它也有不足之处，因控制器的输出信号与偏差信号之间任何时刻都存在着比例关系，因此，这种控制器用在自动控制系统中就难免要存在静差，即控制结束时，被控参数不可能一点不差地回到给定值，这是它的最大缺点，为了减小静差，必须增大比例增益 K_P，但 K_P的增大使系统的稳定性变差，所以单纯的比例控制规律要同时兼顾静态和动态品质指标是比较困难的。

B　积分（I）控制规律

输出信号（指变化量）y 与偏差信号 ε 对时间的积分成比例关系的控制规律称为积分控制规律。这种控制规律的用微分方程可表示为：

$$y = \frac{1}{T_I}\int \varepsilon \mathrm{d}t$$

式中，$\frac{1}{T_{\mathrm{I}}}$为积分速度；T_{I}为积分时间。

积分控制规律在阶跃输入信号作用下的输出响应特性如图 5-2 所示。

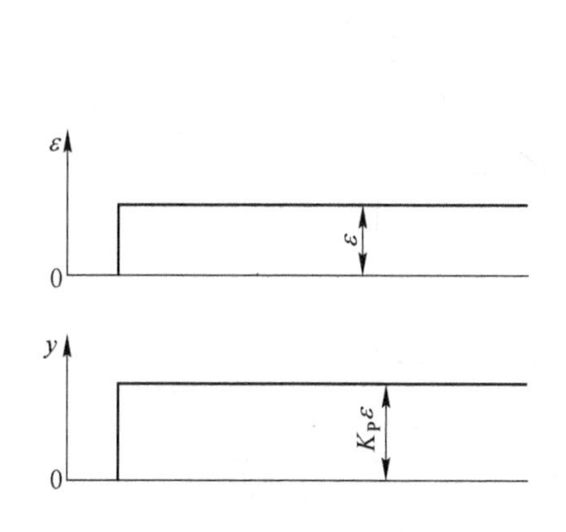

图 5-1　比例控制的阶跃响应特性

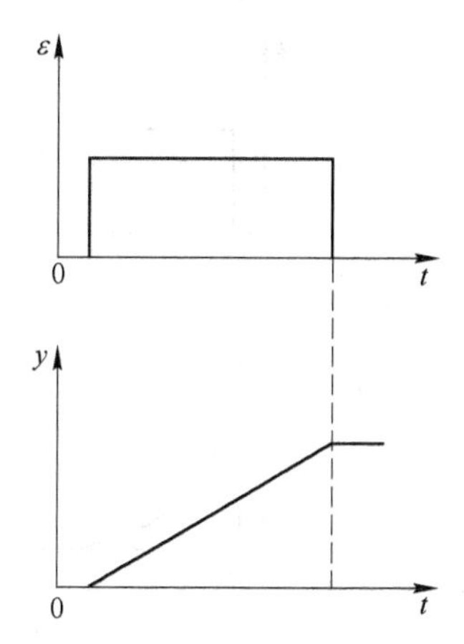

图 5-2　积分控制的阶跃响应特性

由图可以看出，当有偏差存在时，积分控制的输出信号将随时间不断增长（或减小），只有当输入偏差等于零时，输出信号才停止变化，而稳定在某一数值上。控制器输出信号变化的快慢与输入偏差 ε 的大小和积分速度 $\frac{1}{T_{\mathrm{I}}}$ 成正比，控制器输出变化的方向由 ε 的正负决定。

由上述可知，积分控制的最大优点是可以消除静差，只要还有偏差存在，积分作用就还要作用下去，而当偏差没有了，输出还有保持性，这是它能消除静差的根本原因。但是它也存在着缺点，由于它的控制作用是随时间的积累而逐渐增强的，偏差刚出现时，不管有多大，控制作用也得从零开始逐渐加强，所以控制动作缓慢，这样就会造成控制不及时。特别是当被控过程的惯性较大时，由于控制不及时，被控参数将出现很大的超调量，控制时间也将延长，甚至使系统难以稳定，所以这种控制器不能单独使用。

C　微分（D）控制规律

输出信号与偏差信号对时间的微分成正比，或者说输出信号与偏差信号的变化速度成正比的控制规律称为微分控制规律。控制器具有微分控制特性在很多场合下是非常必要的，特别是对于一些惯性较大的被控过程，常常希望根据被控参数变化的趋势即偏差变化的速度来进行控制，否则被控参数可能出现很大的超调量，延长控制时间。微分控制规律可表示为：

$$y = T_{\mathrm{D}} \frac{\mathrm{d}\varepsilon}{\mathrm{d}t}$$

式中，T_{D}为微分时间；$\frac{\mathrm{d}\varepsilon}{\mathrm{d}t}$为偏差信号变化速度。

微分控制规律的特性如图 5-3 所示。由图可知，当输入端出现阶跃信号时，在出现阶跃信号的瞬间（$t=t_0$），相当于偏差信号变化速度为无穷大，从理论上讲输出也将达无穷大，但实际上是不可能的，实际微分控制规律如图 5-3（a）所示。对于一个固定的偏差来说，不管这个偏差有多大，因为它的变化速度为零，故微分输出也为零。对于一个等速上升的偏差来说，即 $\frac{d\varepsilon}{dt}=m$（常数），则微分输出也为一个常数 $y=T_{D}m$，如图 5-3（b）所示。这就是微分控制规律的特点。

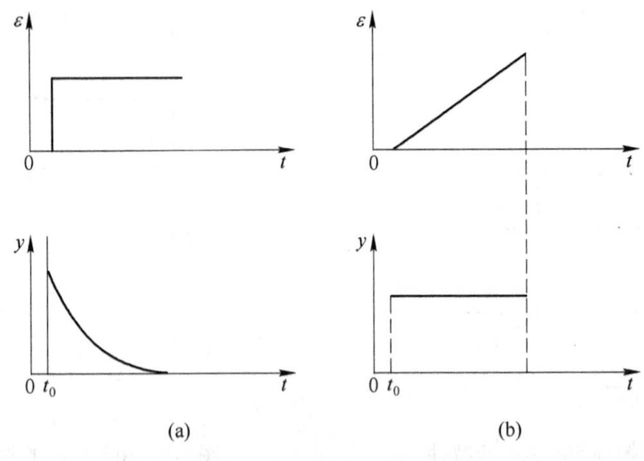

图 5-3　微分控制的阶跃响应特性

由上述分析可知，微分控制使用在系统中，即使偏差很小，但只要出现变化趋势，即可马上进行控制，故有“超前”控制之称。但它的输出只能反映偏差信号的变化速度，不能反映偏差的大小，控制结果也不能消除偏差，所以不能单独使用这种控制器。

5.1.2.3　工程常用控制规律

从前面的分析可知，基本控制规律有比例（P）、积分（I）、微分（D）三种，这三种控制规律各有特点，但实际上，除了比例控制规律以外，单纯的积分控制和微分控制规律都不能用来控制生产过程，因此，工程上常用的控制规律是比例（P）、比例积分（PI）、比例微分（PD）以及比例积分微分（PID）控制规律，由此产生相应的四种常用控制器。它们的阶跃响应特性如图 5-4 所示。

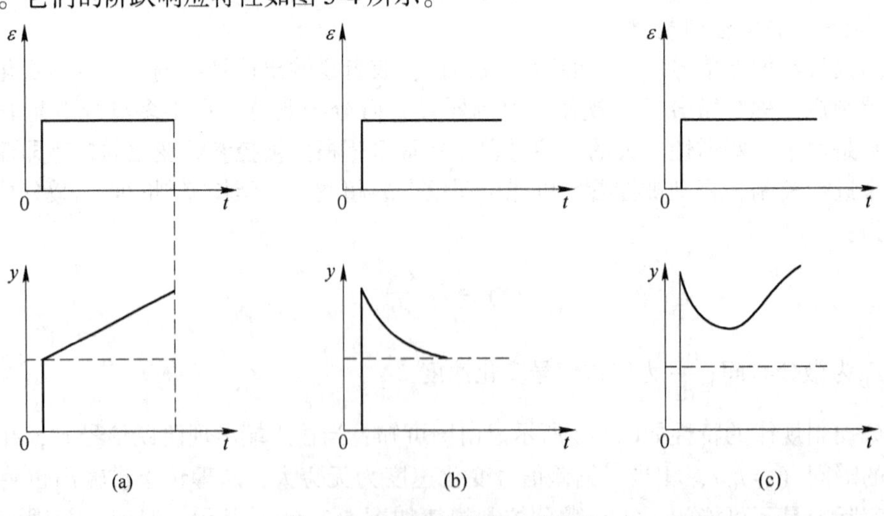

图 5-4　控制器的阶跃响应特性

（a）PI；（b）PD；（c）PID

A 比例（P）控制器

具有比例控制规律的控制器称为比例控制器，比例控制器是一种最简单而又最基本的控制器，比例控制器的传递函数为：

$$W(s)=\frac{Y(s)}{E(s)}=K_{\mathrm{P}}$$

在实际使用中，习惯用比例增益 K_{P} 的倒数比例度 δ 表示控制器输入与输出之间的比例关系，

$$\delta=\frac{1}{K_{\mathrm{P}}}\times 100\%$$

可见，比例度 δ 为比例增益 K_{P} 的倒数。比例度越小，比例增益越大控制器的灵敏度越高。

比例度 δ 具有重要的物理意义，如果控制器的输出直接代表调节阀开度的变化量，那么比例度就代表了调节阀开度改变 100%（即从全关到全开）时所需要的系统被控量的允许变化范围。只有当被控量处在这个范围之内时，调节阀的开度变化才与偏差成比例。超出这个范围（比例度）之外，调节阀处于全关或全开状态，控制器就失去控制作用了。实际上，控制器的比例度常常用它相对于被控量测量仪表量程的百分比表示。例如，假定测量仪表的量程为 100℃，$\delta=50\%$ 就意味着被控量改变 50℃ 就使调节阀从全关到全开。

比例控制器用于自动控制系统时，只要被控参数偏离其给定值，控制器便产生一个与偏差成比例的输出信号，通过执行器改变被控参数，使偏差减小。这种按比例动作的控制器对于干扰的影响能产生及时而有力的抑制作用，但是，同时也应该看到，比例控制作用是以偏差存在作为前提的，所以它不可能做到无静差控制。

B 比例积分（PI）控制器

消除静差最有效的方法是加入积分控制作用，当积分控制作用于控制系统时，只要偏差存在，其输出的控制作用就会随时间不断加强，直到完全克服干扰，消除静差为止。但是，单独的积分控制也存在着致命的弱点，即当偏差出现时，其输出是随时间增长而逐渐加强的，也就是说控制动作过于迟缓，因而在改善系统静态控制质量的同时，往往使动态品质变坏，使过渡过程时间增长，甚至造成系统不稳定。因此，在实际生产中，总是同时使用比例和积分两种控制规律，把比例作用的及时性与积分作用消除静差的优点结合起来，组成“比例加积分”作用的控制器，即 PI 控制器。PI 控制器的传递函数为：

$$W(s)=\frac{Y(s)}{E(s)}=K_{\mathrm{p}}\left(1+\frac{1}{T_{\mathrm{I}}s}\right)$$

式中，K_{P}、T_{I} 的含义同前。

C 比例微分（PD）控制器

对于时间常数较大的被控过程，为提高控制系统的动态控制品质，常常使用微分控制规律。微分规律用于自动控制系统时，即使偏差很小，但只要出现变化趋势，就可根据变化的速度产生强烈的控制作用，使干扰的影响尽快地消除在萌芽状态之中。这种超前的控制作用，可以有效地抑制过渡过程的超调量，有利于控制质量的提高。但是，也正是由于纯微分控制的上述特点，因此对静态的偏差毫无抑制能力，如果系统的被控量一直是以控制器难以察觉的速度缓慢变化时，控制器并不动作，这样被控量的偏差却有可能积累到相

当大的数值而得不到校正，这种情况当然是不希望出现的。因此，单纯的微分控制只能起辅助控制作用，不能单独使用，在实际使用中，它总是和比例控制规律或比例积分控制规律结合，组成比例加微分作用的PD控制器或比例加积分加微分作用的PID控制器。理想PD控制器的传递函数为：

$$W(s) = K_P(1 + T_D s)$$

式中，K_P、T_D的含义同前。

D 比例积分微分（PID）控制器

将比例、积分、微分三种控制规律结合在一起，组成PID三作用控制器。理想PID控制器的传递函数为：

$$W(s) = K_P\left(1 + \frac{1}{T_I s} + T_D s\right)$$

式中，K_P、T_I、T_D的含义同前。

PID控制器同时具有三种基本控制规律（P、I、D）的优点，它吸取了比例控制的快速反应功能、积分控制的消除静差功能以及微分控制的预测功能，而弥补了三者的不足，取长补短。很显然，从控制效果上看，应该是比较理想的一种控制规律。另外，从控制理论的观点来看，与PD相比PID提高了系统的无差度，与PI相比为动态性能的改善提供了可能，因此PID兼顾了静态和动态两方面的控制要求，可以取得较为满意的控制效果。

但是，事物都是一分为二的。虽然PID三作用控制器的性能效果比较理想，但并不意味着在任何情况下都可采用PID三作用控制器，至少有一点可以说明，PID三作用控制器要整定三个参数，在工程上很难将这三个参数都能整定得最佳，如果参数整定的不合理，就难以发挥各个控制作用的长处，弄不好还会适得其反。

5.1.3 DDZ-Ⅲ型控制器

5.1.3.1 主要功能

控制器在自动控制系统中的地位和作用是十分重要的。当干扰作用于被控过程时，其被控参数发生变化，使相应的测量值偏离给定值而产生偏差，控制器则根据偏差大小，按照一定的规律使其输出变化，并通过执行器改变控制参数，使被控参数回到给定值，从而抵消干扰对被控参数的影响。所以控制器具有把在干扰作用下偏离给定值的被控参数重新拉回到给定值上的功能。

DDZ-Ⅲ型控制器的作用是将变器送来的1~5V DC测量信号与1~5V DC给定信号进行比较得到偏差信号，然后再将其偏差信号进行PID运算，输出4~20mA DC信号，最后通过执行器，实现对过程参数的自动控制。一台DDZ-Ⅲ型工业控制器除能实现PID运算外，还具有如下功能，以适应生产过程自动控制的需要。

（1）获得偏差并显示其大小。控制器的输入电路接受测量信号和给定信号，两者相减，获得偏差信号。由偏差表或双针指示表显示其大小和正负。

（2）显示控制器的输出。由输出显示表显示控制器输出信号的大小。由于用控制器的输出信号去控制调节阀的开度，且二者之间有一一对应的关系，所以习惯上将输出显示表称为阀位表。

(3) 提供内给定信号并能进行内外给定选择。若给定信号由控制器内部产生，称为内给定，当控制器用于单回路定值控制系统时，给定信号常由控制器内部提供，它的范围与测量值的范围相同。给定信号来自外部，称为外给定，当控制器作为串级控制系统或比值控制系统中的副控制器使用时，其给定信号来自控制器外部，它往往不是恒定值。控制器的给定信号由外部提供还是由内部电路产生，可通过内/外给定切换开关来选择。

(4) 进行正/反作用选择。如控制器的输入偏差大于零（$\varepsilon>0$）时，对应的输出信号变化量大于零（$y>0$），称为正作用控制器。控制器的输入偏差小于零（$\varepsilon<0$）时，对应的输出信号变化量大于零（$y>0$），称为反作用控制器。根据执行器和生产过程的特性，为了构成一个负反馈控制系统，必须正确地确定控制器的正反作用，否则整个控制系统无法正常运行。控制器是选择正作用还是反作用，可通过正/反作用切换开关进行选择。

(5) 进行手动操作，并具有良好的手动/自动双向切换性能。在自动控制系统中，为了增加运行的可靠性和操作的灵活性，往往要求控制器在正常和非正常状态下，方便地进行手动/自动切换，而且在切换过程中要求控制器的输出不因切换而发生变化，使执行机构保持原来位置，不对控制系统的运行产生扰动，即必须实现无扰动切换。

DDZ-Ⅲ型控制器有自动（A）、软手动（M）和硬手动（H）三种工作状态，并通过联动开关进行切换。

当控制器处于自动运行状态时，输入信号和给定信号在输入电路进行比较后产生偏差信号，然后对这个偏差信号进行PID运算，并由电流-电压转换器变成4~20mA DC电流输出。

在自动运行方式下，是以控制器的输出指挥执行器，因而执行器输出轴的转角同控制器的输出电流是相对应的。一般执行器输出轴的转角从0°到90°变化时，所对应的控制器输出电流为4~20mA DC。

手动运行有软手动操作与硬手动操作两种操作方式。软手动操作又称速度式手操，是指控制器的输出电流随手动输入电压成积分关系而变化。硬手动操作又称比例式手操，是指控制器的输出电流随手动输入电压成比例关系而变化。

除以上功能外，DDZ-Ⅲ型控制器还具有如下一些特点：

(1) DDZ-Ⅲ型控制器，由于采用了线性集成电路固体组件，不仅提高了控制器的技术指标，降低了功耗，而且扩大了控制器的功能，易于组成各种特种控制器，进一步提高了仪表在长期运行中的稳定性和可靠性。

(2) DDZ-Ⅲ型控制器的品种很多，有基型控制器，有便于构成与计算机联用的控制器（如与DDC直接数字控制机和SPC监督计算机联用的控制器），有为满足各种复杂控制系统要求的特种控制器（如各种间歇控制器、自选控制器、前馈控制器、非线性控制器等）。

(3) DDZ-Ⅲ型控制器中还设有各种附加机构，如偏差报警、输入报警、限制器、隔离器、分离器、报警灯等。

总之，DDZ-Ⅲ型控制器便于组成各种控制系统，达到了模拟控制较完善的程度，充分满足了各种生产工艺过程的控制要求。DDZ-Ⅲ型控制器尽管品种规格很多，但它们都是由基型控制器发展起来的，因此基型控制器是使用最多，是具有代表性的仪表。

5.1.3.2 基型控制器的构成

一般DDZ-Ⅲ型基型控制器的组成如图5-5所示，图5-6所示为其电路原理图。

由图 5-5 和图 5-6 可知，基型控制器由控制单元和指示单元两大部分组成。控制单元包括输入电路、比例微分（PD）电路与比例积分（PI）电路、软手动与硬手动操作电路以及输出电路等，指示电路包括测量信号指示电路和给定信号指示电路。

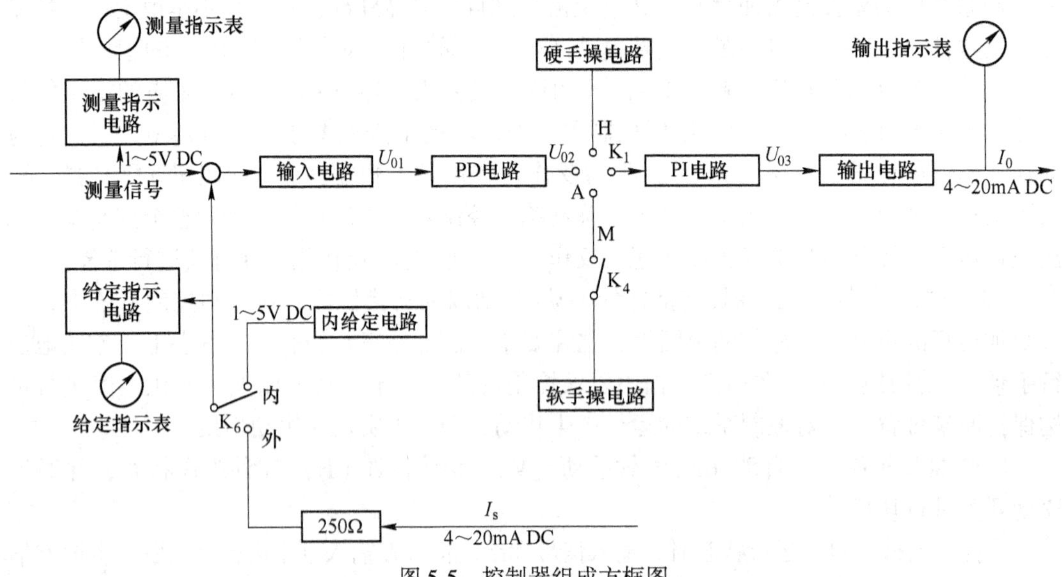

图 5-5　控制器组成方框图

控制器的测量输入信号为 1~5V DC 信号，给定信号有内给定和外给定两种。内给定信号为 1~5V DC 信号，而外给定是信号 4~20mA DC 信号。用切换开关 K_6 选择内给定或外给定。外给定时面板上外给定指示灯亮。

测量信号和给定信号通过输入电路进行减法运算，输出偏差值送到比例微分电路和比例积分电路进行 PID 运算，然后由输出电路转换成 4~20mA DC 信号输出。PD 和 PI 运算电路是基型控制器的一个核心部分。

图 5-6 中，联动开关 K_1 用以进行自动（A）—软手动（M）—硬手动（H）的相互切换。当开关 K_1 处于软手动（M）状态时，按下软手动操作板键 K_4，使控制器输出以一定速度上升或下降。当松开软手动操作板键 K_4 时，控制器的输出保持在松开板键 K_4 前瞬间的数值上。当控制器处于硬手动（H）状态时，移动硬手动操作杆（WH），能使控制器的输出迅速地改变到需要的数值。只要操作杆不动，就保持这一数值不变。

自动/软手动的切换是按双向无平衡无扰动方式进行的，硬手动/软手动或硬手动/自动的切换也是无平衡无扰动方式进行的。只有自动或软手动向硬手动切换时，必须先作好平衡才能达到无扰动切换。

测量信号的指示电路和给定信号的指示电路分别把 1~5V 电压信号转换成 1~5mA 电流信号，与测量指示表、给定指示表或双针指示器一起对测量信号和给定信号进行连续指示，两者之差即为控制器的输入偏差。

在控制器的输入端与输出端分别设置了输入检测孔和手动输出插孔。当控制器出现故障需要维修时，把控制器从壳体中卸下检查，把便携式手动操作器的输入输出插头分别插入控制器的输入检查插孔和手动操作插孔，就可以用手动操作器进行手动操作，对生产工艺过程进行手动控制。

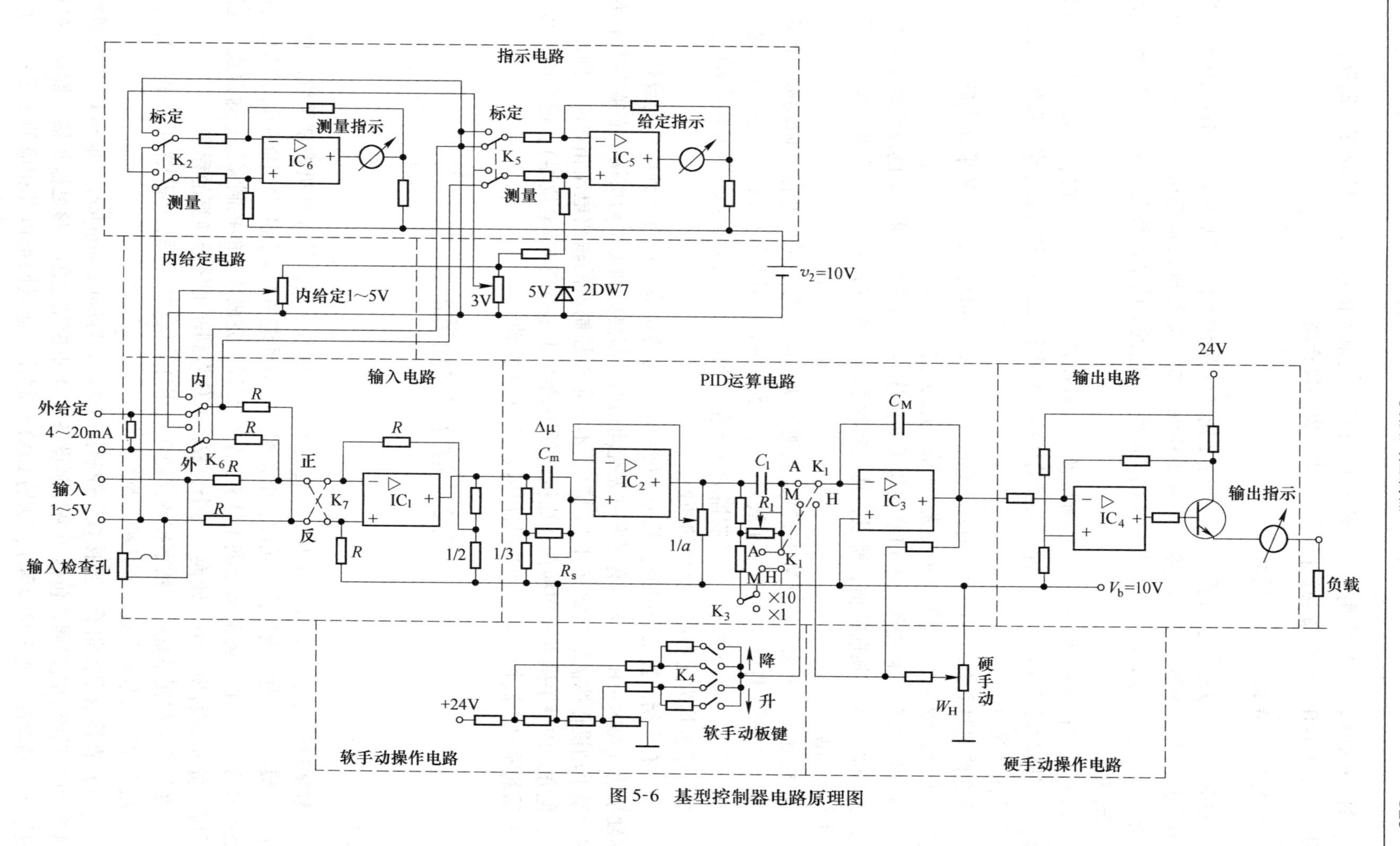

图 5-6　基型控制器电路原理图

图 5-6 中 K_7 是正反作用开关。开关 K_7 可以改变偏差的极性，借此改变控制器的正反作用。图中 K_7 在实线位置为正作用，虚线位置为反作用。

5.1.3.3　手动/自动无扰动切换

通常，在自动控制系统投运之前，总是先进行手动操作，然后再切换到自动运行。当系统出现故障或控制器发生故障（或停用检修）时，系统则由自动切换到手动。下面就分析一下手动/自动切换过程。根据 DDZ-Ⅲ型控制器的电路结构特点，它具备两种性质的无扰动切换。

（1）无平衡无扰动切换。无平衡切换，是指在自动、手动切换时，不需要事先调平衡，可以随时切换至所需要位置。无扰动切换是指在切换时控制器的输出不发生变化，对生产过程无扰动。

Ⅲ型控制器由自动或硬手动向软手动的切换（A/H→M）以及由软手动或硬手动向自动的切换（M/H→A）均为无平衡无扰动的切换方式。

1）当从任何一种操作状态切换到软手动操作时，运算放大器 IC_3 的反向端为浮空状态，U_{03} 都能保持切换前的值，所以，凡是向软手动（M 方式）方向的切换，均为无平衡无扰动的切换。

2）控制器处于软手动（M 方式），或硬手动（H 方式）时，电容 C_I 两端电压值等于 U_{02}，而且 C_I 的一端与 U_B 相连，在从手动向自动切换的前后是等电位的，在切换瞬间，C_I 没有放电现象，U_{03} 不会突变，控制器的输出信号也不会突变。所以，凡是向自动（A 方式）的切换也均为无平衡无扰动的切换。

（2）有平衡无扰动的切换。凡是向硬手动方向的切换，从自动到硬手动或从软手动到硬手动（A/M→H），均为有平衡的无扰动切换。即要做到无扰动切换，必须事先平衡。因为硬手动操作拨盘的刻度（即 U_H 值），不一定与控制器的输出电流相对应，因此，在由其他方式向硬手操方式切换前，应拨动硬手动拨盘（即调 W_H 电位器），使它的刻度与控制器的输出电流相对应，才能保证切换时不发生扰动。

5.2　数字式控制器

5.2.1　概述

数字控制器（digital controller），是电子控制器的一类，是计算机控制系统的核心部分，一般与系统中反馈部分的元件、设备相连，该系统中的其他部分可能是数字的也可能是模拟的。数字控制器通常是利用计算机软件编程，完成特定的控制算法。通常数字控制器应具备 A/D 转换、D/A 转换、一个完成输入信号到输出信号换算的程序。

在计算机控制系统中，数字控制器通常利用计算机软件编程，完成特定的控制算法。

数字式控制器通常有以下几种类型。

（1）直接数字控制器。直接数字控制器（direct digital controller），也称 DDC 控制器。通常 DDC 系统的组成通常包括中央控制设备（集中控制电脑、彩色监视器、键盘、打印机、不间断电源、通讯接口等）、现场 DDC 控制器、通讯网络以及相应的传感器、执行器、调节阀等元器件。

（2）可编程控制器。可编程控制器简称 PC，但沿用 PLC 的简称。其英文全称为 programmable controller，它经历了可编程矩阵控制器 PMC、可编程顺序控制器 PSC、可编程逻辑控制器 PLC 和可编程序控制器 PC 几个不同时期。

1987 年国际电工委员会（International Electrical Committee）颁布的 PLC 标准草案中对 PLC 做了如下定义："PLC 是一种专门为在工业环境下应用而设计的数字运算操作的电子装置。它采用可以编制程序的存储器，用来在其内部存储执行逻辑运算、顺序运算、计时、计数和算术运算等操作的指令，并能通过数字式或模拟式的输入和输出，控制各种类型的机械或生产过程。PLC 及其有关的外围设备都应该按易于与工业控制系统形成一个整体，易于扩展其功能的原则而设计。"

（3）顺序控制器。根据生产工艺规定的时间顺序或逻辑关系编制程序，对生产过程各阶段依次进行控制的装置，简称顺控器。顺序控制器的控制方式有时序控制和条件控制两种。

（4）数字调节器。用数字技术和微电子技术实现闭环控制的调节器，又称数字调节仪表，是数字控制器的一种。它接收来自生产过程的测量信号，由内部的数字电路或微处理机作数字处理，按一定调节规律产生输出数字信号或模拟信号驱动执行器，完成对生产过程的闭环控制。

5.2.2 数字调节器

5.2.2.1 数字调节器的特点

实现了模拟仪表与计算机一体化。将 CPU 引入控制器，使其功能得到了很大增强，提高了性能价格比。同时考虑到人们长期以来的习惯，数字控制器在外形结构、面板布置、操作方式等方面保留了模拟调节器的特征。具有以下特点：

（1）运算控制功能强。数字控制器具有比模拟调节器更丰富的运算控制功能，一台数字控制器既可实现简单 PID 控制，也可以实现串级控制、前馈控制、变增益控制和史密斯补偿控制；既可以进行连续控制，也可以进行采样控制、选择控制和批量控制。此外，数字控制器还可对输入信号进行处理，如线性化、数据滤波、标度变换、逻辑运算等。

（2）通过软件实现所需功能。数字控制器的运算控制功能是通过软件实现的。在可编程调节器中，软件系统提供了各种功能模块，用户选择所需的功能模块，通过编程将它们连接在一起，构成用户程序，便可实现所需的运算与控制功能。

（3）具有和模拟调节器相同的外特性。尽管数字控制器内部信息均为数字量，但为了保证数字式控制器能够与传统的常规仪表相兼容，数字控制器模拟量输入输出均采用国际统一标准信号（4~20mA DC，1~5V DC），可以方便地与 DDZ-Ⅲ型仪表相连。同时数字控制器还有数字量输入输出功能。

（4）具有通讯功能，便于系统扩展。数字控制器除了用于代替模拟调节器构成独立的控制系统之外，还可以与上位计算机一起组成 DCS 控制系统。数字控制器与上位计算机之间实现串行双向的数字通讯，可以将手动/自动状态、PID 参数及输入/输出值等信息送到上位计算机，必要时上位计算机也可对控制器施加干预，如工作状态的变更，参数的修改等。

（5）可靠性高，维护方便。在硬件方面，一台数字式控制器可以替代数台模拟仪表，同时控制器所用硬件高度集成化，可靠性高。在软件方面，数字式控制器的控制功能主要通过模块软件组态来实现，具有多种故障的自诊断功能，能及时发现故障并采取保护措施。

（6）通用性强，使用方便。模拟量输入输出信号采用统一标准信号，还可输入输出数字信号，进行开关量控制。用户程序使用“面向过程语言”（procedure-oriented language，简称 POL 语言）来编程，易于学习、掌握。

5.2.2.2　数字调节器构成原理

数字调节器以微处理器（CPU）为核心构成硬件电路，以系统程序、用户程序构成软件，它的主要功能由软件决定，而模拟调节器是硬件决定一切，功能单一。

数字式调节器的硬件电路框图如图 5-7 所示。

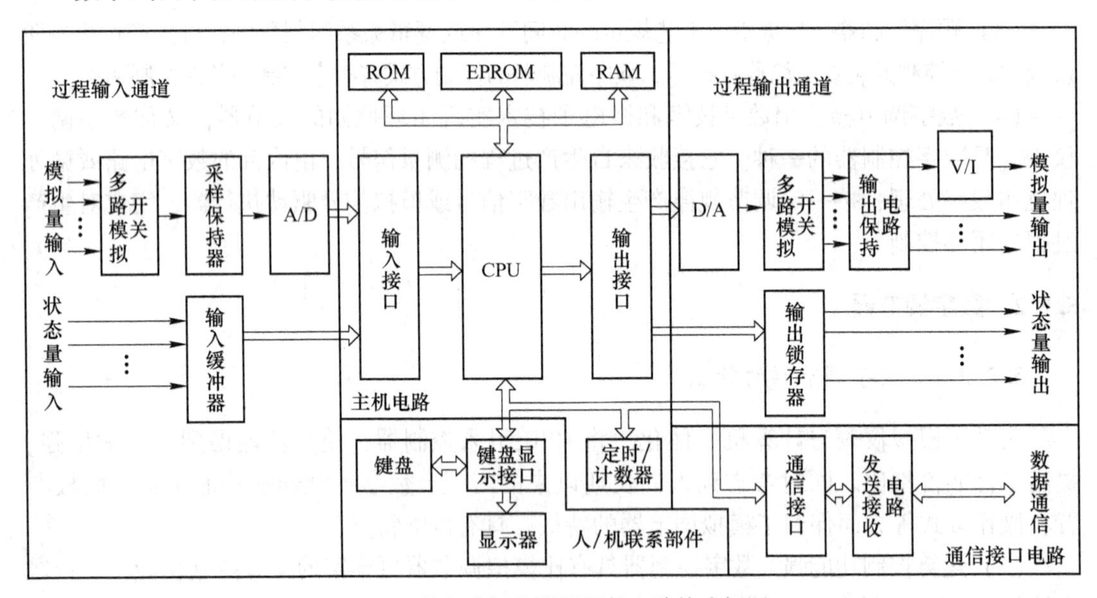

图 5-7　数字式调节器的硬件电路构成框图

（1）主机电路。数字式调节器的核心，用于实现仪表数据运算处理，各组成部分之间的管理。

ROM 用以存放系统程序，EPROM 用以存放用户程序，RAM 用以存放输入数据、显示数据、运算的中间值、结果，CTC 的定时功能用来确定调节器的采样周期等。

（2）过程输入输出通道。模拟量输入通道将多个模拟量输入信号分别转换为 CPU 所接受的数字量，多路模拟开关将多个模拟量输入信号分别连接到采样/保持器，采样/保持器具有暂时存储模拟输入信号的作用，A/D 转换器的作用是将模拟信号转换为相应的数字量，利用 D/A 转换器与电压比较器，按逐位比较原理来实现 D/A 转换的。

开关量指的是在控制系统中电接点的通与断，或者逻辑电平为“1”与“0”这类两种状态的信号，开关量输入通道将多个开关输入信号转换成能被计算机识别的数字信号。常采用电耦合器件作为输入电路进行隔离传输。

模拟量输出通道依次将多个运算处理后的数字信号进行 D/A 转换，D/A 转换器起 D/A 转换作用，V/I 转换器将 1~5V 的模拟电压信号转换成 4~20mA 的电流信号。

开关量输出通道通过锁存器输出开关量（包括数字、脉冲量）信号，以便控制继电器触点和无触点开关的接通与释放，也可控制步进电机的运转，采用光电耦合器件作为输出电路进行隔离传输。

（3）HMI（human machine interface）。正面板：测量值和给定值显示器；输出电流显示器；运行状态（自动/串级/手动）切换按钮；给定值增/减按钮和手动操作按钮等；状态显示灯。

侧面板：有设置和指示各种参数的键盘、显示器。

（4）通信接口电路。通信接口电路的功能是将欲发送的数据转换成标准通信格式的数字信号，经发送电路送至通信线路（数据通道）上；同时通过接收电路接收来自通信线路的数字信号，将其转换成能被计算机接收的数据。

（5）软件部分。数字式调节器的软件分为系统程序和用户程序两大部分，其中系统程序是调节器软件的主体部分，通常由监控程序和功能模块两部分组成。用户程序是用户根据控制系统要求，在系统程序中选择所需要的功能模块，并将它们按一定的规则连接起来的结果，使调节器完成预定的控制与运算功能。

监控程序使调节器各硬件电路能正常工作并实现所规定的功能，同时完成各组成部分之间的管理。一般来说，数字调节器需要完成系统初始化、中断管理、自诊断处理、键处理、定时处理、通信处理、掉电处理、运行状态控制等任务。

功能模块是用户可以选择所需要的功能模块以构成用户程序，使调节器实现用户所规定的功能。调节器提供的功能模块主要有数据传送、PID 运算、四则运算、逻辑运算、开平方运算、取绝对值运算、脉冲输入计数与积算脉冲输出等。可以进行输入信号的处理，如软件滤波、一阶惯性滞后处理、纯滞后处理、移动平均值运算、均值计算、折线逼近法函数运算、上限幅和下限幅等，还可以进行选择性控制、控制方式切换、手动自动切换等。

用户根据控制系统要求，选择所需要的功能模块，并按一定的规则连接起来，使调节器完成预定的控制与运算功能，用户程序的编制过程也称为“组态”。调节器的编程工作是通过专用的编程器进行的，有“在线”和“离线”两种编程方法。用户程序的编程通常采用面向过程 POL 语言（procedure-oriented language），编程方式简单易学。按照专用编程器→组态→用户程序写入 EPROM →EPROM 安装到数字调节器上的步骤进行编程组态。

5.3 执 行 器

执行器是过程控制系统中一个重要的组成部分，人们常把执行器比作生产过程自动化的“手脚”。它的作用是接受来自控制器输出的控制信号，并转换成直线位移或角位移来改变控制阀的流通面积，以改变被控参数的流量，控制流入或流出被控过程的物料或能量，从而实现对过程参数的自动控制，使生产过程满足预定的要求。执行器安装在现场，直接与工艺介质接触，通常在高温、高压、高黏度、强腐蚀、易结晶、易燃易爆、剧毒等场合下工作，如果选用不当，将直接影响过程控制系统的控制质量，甚至造成严重事故。本节主要介绍执行器的结构特点和使用方法。

5.3.1 概述

5.3.1.1 执行器的种类及特点

执行器按所驱动的能源来分，有电动执行器、气动执行器、液动执行器三大类产品。它们的特点及应用场合见表5-1。

表5-1 三种执行器的特点比较

比较项目	气动执行器	电动执行器	液动执行器
结构	简单	复杂	简单
体积	中	小	大
推力	中	小	大
配管配线	较复杂	简单	复杂
动作滞后	大	小	小
频率响应	狭	宽	狭
维护检修	简单	复杂	简单
使用场合	防火防爆	隔爆型材防火防爆	要注意火花
温度影响	较小	较大	较大
成本	低	高	高

电动执行器能源取用方便，动作灵敏，信号传输速度快，适合于远距离的信号传送，便于和电子计算机配合使用。但电动执行器一般来说不适用于防火防爆的场合，而且结构复杂，价格贵。

气动执行器是以压缩空气作为动力能源的执行器，具有结构简单、动作可靠、性能稳定、输出力大、成本较低、安装维修方便和防火防爆等优点，在过程控制中获得最广泛的应用。但气动执行器有滞后大、不适于远传的缺点，为了克服此缺点，可采用电/气转换器或阀门定位器，使传送信号为电信号，现场操作为气动，这是电/气结合的一种形式，也是今后发展的方向。

液动执行器的推力最大，但由于各种原因在工业生产过程自动控制系统中目前使用不广。因此，这里仅介绍常用的电动执行器和气动执行器。

5.3.1.2 执行器的构成

执行器由执行机构和调节机构（又称为控制阀）两个部分组成。各类执行器的调节机构的种类和构造大致相同，主要是执行机构不同。调节机构均采用各种通用的控制阀，这对生产和使用都有利。

执行机构是执行器的推动装置，它根据控制信号的大小，产生相应的推力，推动调节机构动作。调节机构是执行器的调节部分，在执行机构推力的作用下，调节机构产生一定的位移或转角，直接调节流体的流量。

电动执行器是电动调节系统中的一个重要组成部分。它接受来自电动控制器输出的4~20mA DC信号，并将其转换成为适当的力或力矩，去操纵调节机构，从而达到连续调节生产过程中有关管路内流体的流量。当然，电动执行器也可以调节生产过程中的物料、能源等，以实现自动调节。

电动执行器是由电动执行机构和调节机构两部分组成。其中将电动控制器来的控制信号转换成为力或力矩的部分称为电动执行机构；而各种类型的控制阀或其他类似作用的调节设备则统称调节机构。

电动执行机构根据不同的使用要求，有简有繁。最简单的是电磁阀上的电磁铁。除此之外，都用电动机作为动力元件推动调节机构。调节机构使用得最普遍的是控制阀，它与气动执行器用的控制阀完全相同。

电动执行机构与调节机构的连接方式有多种。有的将两者固定安装在一起，构成一个完整的执行器，如电磁阀、电动控制阀等；也有用机械连杆把两者就地连接起来，如各种直行程、角行程、多转式电动执行机构就属于这一类。

电动执行器还可以通过电动操作器实现控制系统的自动操作和手动操作的相互切换。当操作器的切换开关切向“手动”位置时，可由操作器的正、反操作按钮直接控制伺服电机的电源，以实现输出轴的正转/停/反转三种状态，遥控操作。另外，还可以转动执行器上的手柄，在现场就地手动操作。

接受4~20mA DC信号的电动执行器，都是以两相异步伺服电动机为动力的位置伺服机构，根据配用的调节机构的不同，输出方式有直行程、角行程和多转式三种类型，各种电动执行机构的构成及工作原理完全相同，差别仅在于减速器不一样。

气动执行器是指以压缩空气为动力源的一种执行器。它接收气动控制器或电-气转换器、阀门定位器输出的气压信号，改变控制流量的大小，使生产过程按预定要求进行，实现生产过程的自动控制。气动执行器由气动执行机构和调节机构（控制阀）两部分组成。

近年来，工业生产规模不断扩大，并向大型化、高温高压化发展，对工业自动化提出了更高的要求。为适应工业自动化的需要，在气动执行机构方面，除了薄膜执行机构外，已发展有活塞执行机构、长行程执行机构和滚筒膜片执行机构等产品。在电动执行机构方面，除角行程执行机构外，已发展有直行程执行机构和多转式执行机构等产品。在控制阀方面，除直通单座、双座控制阀外，已发展有高压控制阀、蝶阀、球阀、偏心旋转控制阀等产品。同时，套筒控制阀和低噪音控制阀等产品也正在发展中。

此外，随着电子计算机在工业生产过程自动控制系统中的应用，接收串行或并行数字信号的执行器也正发展，但目前大多数是专用的。

5.3.1.3 执行器的作用方式

执行器的执行机构有正作用式和反作用式两种，控制阀有正装和反装两种。因此执行器的作用方式可分为气开和气关两种形式，实现气动调节的气开、气关时，有四种组合方式，如图5-8和表5-2所示。

表5-2 执行器组合方式

序 号	执行机构	阀 体	气动控制阀
a	正	正	（正）气关
b	正	反	（反）气开
c	反	正	（反）气开
d	反	反	（正）气关

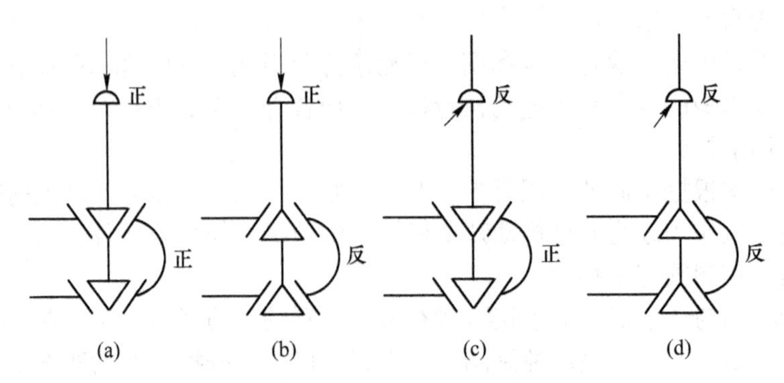

图 5-8　气开气关阀示意图
(a)，(d)（正）气关；(b)，(c)（反）气开

气开阀是随着信号压力的增加而开度增大，无信号时，阀处于全关状态；反之，气关阀是随着信号压力的增加阀逐渐关闭，无信号时，阀处于全开状态。

对于一个控制系统来说，究竟选择气开作用方式还是气关作用方式要由生产工艺要求来决定 。一般来说，要根据以下几条原则来进行选择。

(1) 从生产的安全出发。控制阀气开、气关的选择，主要从生产工艺的安全来考虑：当发生断电或其他事故引起信号压力中断时，控制器出了故障而无输出、阀的膜片破裂等情况而使控制阀无法工作以致阀芯处于无能源状态时，应能确保工艺设备和人身的安全，不致发生事故。

例如，一般蒸汽加热器选用气开式控制阀，一旦气源中断，阀门处于全关状态，停止加热，使设备不致因温度过高而发生事故或危险。锅炉进水的控制阀则选用气关式，当气源中断时仍有水进入锅炉，不致产生烧干或爆炸事故。

(2) 从保产品质量考虑。当发生上述使控制阀不能正常工作的情况时，阀所处的状态不应造成产品质量的下降，如精馏塔回流量控制系统则常选用气关阀，这样，一旦发生故障，阀门全开着，使生产处于全回流状状态，这就防止了不合格产品被蒸发，从而保证了塔顶产品的质量。

(3) 从降低原料和动力的损耗考虑。如控制精馏塔进料的控制阀常采用气开式，因为一旦出现故障，阀门是处于关闭状态的，不再给塔投料，从而减少浪费。

(4) 从介质特点考虑。如精馏塔釜加热蒸汽的控制阀一般选用气开式，以保证故障时不浪费蒸汽。但是如果釜液是易结晶、易聚合、易凝结的液体时，则应考虑选用气关式控制阀，以防止在事故状态下由于停止了蒸汽的供给而导致釜内液体的结晶或凝聚。

5.3.2　执行机构

执行器由执行机构和调节机构（控制阀）两部分组成。在电动执行器和气动执行器两大类产品中主要是执行机构不同。

5.3.2.1　气动执行机构

气动执行机构是气动执行器的推动部分，它按控制信号的大小产生相应的输出力，通过执行机构的推杆，带动控制阀的阀芯使它产生相应的位移（或转角）。

气动执行机构常用的有薄膜执行机构和活塞执行机构两种。

A 气动薄膜式执行机构

气动薄膜式执行机构由膜片、推杆和平衡弹簧等部分组成。如图 5-9 所示。它通常接收 $0.2\times10^5\sim1.0\times10^5$ Pa 的标准压力信号，经膜片转换成推力，克服弹簧力后，使推杆产生位移，按其动作方式分为正作用和反作用两种形式。当输入气压信号增加时推杆向下移动称正作用；当输入气压信号增加时推杆向上移动称反作用。与气动执行机构配用的气动控制阀有气开和气关两种：有信号压力时，阀门开启的称为气开式；而有信号压力时，阀门关闭的称为气关式。气开、气关是由气动执行机构的正、反作用与控制阀的正、反安装来决定的。在工业生产中口径较大的控制阀通常采用正作用方式的气动执行机构。

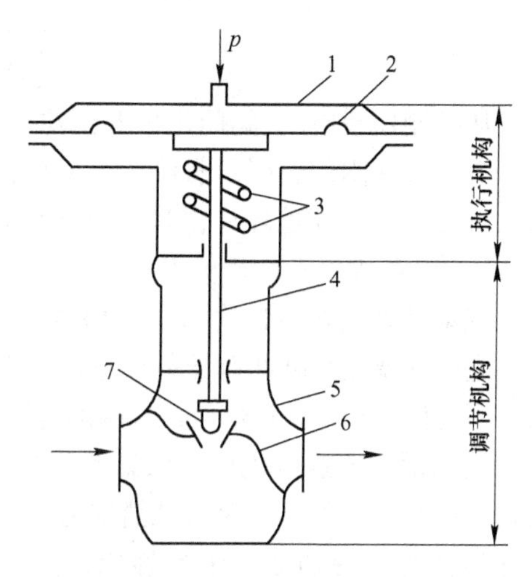

图 5-9 气动执行器示意图

1—上盖；2—膜片；3—平衡弹簧；4—阀杆；5—阀体；6—阀座；7—阀芯

气动执行机构的输出是位移，输入是压力信号，平衡状态时，它们之间的关系称为气动执行机构的静态特性，即

$$pA = KL$$

$$L = \frac{pA}{K}$$

式中，p 为执行机构输入压力；A 为膜片的有效面积；K 为弹簧的弹性系数；L 为执行机构的推杆位移。

当执行机构的规格确定后，A 和 K 便为常数，因此执行机构输出的位移 L 与输入信号压力 p 成比例关系。当信号压力 p 加到薄膜上时，此压力乘上膜片的有效面积 A，得到推力，使推杆移动，弹簧受压，直到弹簧产生的反作用力与薄膜上的推力相平衡为止。显然，信号压力越大，推杆的位移也即弹簧的压缩量也就越大。推杆的位移范围就是执行机构的行程。气动薄膜执行机构的行程规格有 10mm、16mm、25mm、40mm、60mm、100mm 等，信号压力从 0.2×10^5Pa 增加到 1.0×10^5Pa，推杆则从零走到全行程，阀门就从全开（或全关）到全关（或全开）。

执行机构的动态特性表示动态平衡时，信号压力 p 引入与执行机构推杆位移 L 之间的关系可用微分方程表示：

$$RC\frac{\mathrm{d}\Delta L}{\mathrm{d}t} + \Delta L = \frac{A}{K}\Delta p$$

或

$$T\frac{\mathrm{d}\Delta L}{\mathrm{d}t} + \Delta L = \frac{A}{K}\Delta p$$

式中，p 为信号压力；L 为阀杆位移；A 为薄膜有效面积；K 为弹簧刚度；T 为时间常数，$T=RC$；R 为从控制器到控制阀之间的管道阻力；C 为薄膜室的气容。

传递函数为：

$$\frac{L(s)}{P(s)}=\frac{A}{(Ts+1)K}$$

从控制器或电/气阀门定位器到执行机构膜头间的引压管线，可以作为膜头的一部分，由于管线存在阻力，引压管线可近似认为是单容环节，而膜头作用有容量，所以气动执行机构可看成一个惯性环节，其时间常数取决于膜头的大小与管线的长度和直径。

B　气动活塞式执行机构

气动活塞式执行机构如图 5-10 所示。

它的活塞随汽缸两侧压差而移动，在汽缸两侧输入一固定信号和一变动信号，或两侧都输入变动信号。

气动活塞式执行机构的汽缸允许操作压力较大，可达 5×10^5Pa，而且无弹簧抵消推力，所以具有较大的输出推力，特别适用于高静压、高压差、大口径的工艺场合。它是一种强有力的气动执行机构。

气动活塞式执行机构按其作用方式可分成比例式和两位式两种。比例式是指输入信号压力与推杆的行程成比例关系，这时它必须与阀门定位器配用。两位式是根据输入执行机构活塞两侧的操作压力差来完成的。活塞由高压侧推向低压侧，就使推杆由一个极端位置推移至另一个极端位置。这种执行机构的行程一般为 25～100mm。

此外，还有一种长行程执行机构，它具有行程长（200～400mm）、转矩大的特点，适用于输出转角（0°～90°）和力矩的场合。

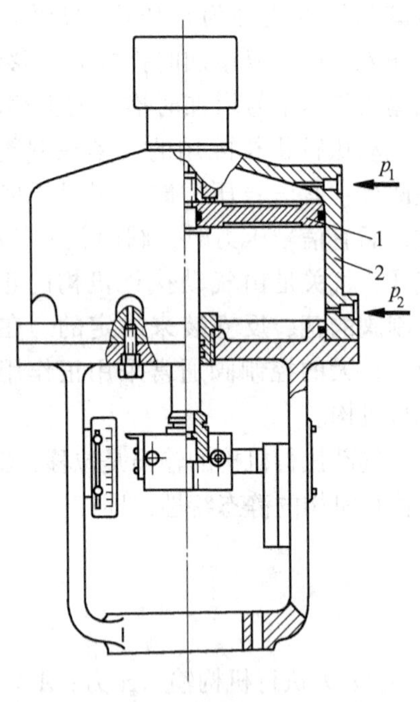

图 5-10　气动活塞式执行机构

1—活塞；2—气缸

5.3.2.2　电动执行机构

接受 0～10mA DC 或 4～20mA DC 信号的电动执行器，都是以两相异步伺服电动机为动力的位置伺服机构，根据配用的调节机构的不同，输出方式有直行程、角行程和多转式三种类型，各种电动执行机构的构成及工作原理完全相同，差别仅在于减速器不一样。

图 5-11 所示为电动执行机构的组成框图，它由伺服放大器和执行机构两部分组成。执行机构又包括两相伺服电动机、减速器和位置发送器。

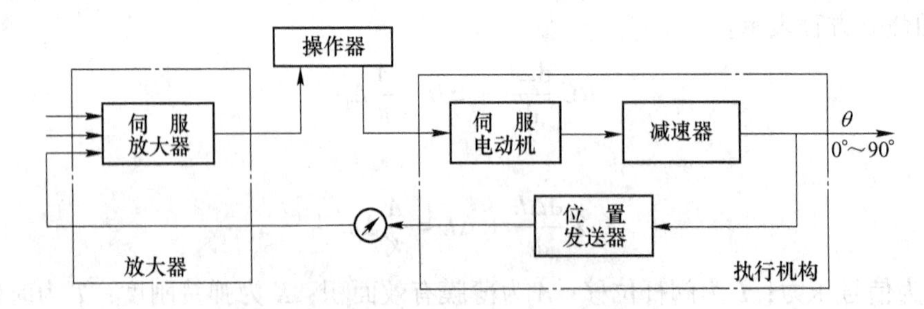

图 5-11　电动执行机构组成框图

伺服放大器的作用是综合输入信号和反馈信号，并将该结果信号加以放大，使之有足够大的功率来控制伺服电动机的转动。根据综合后结果信号的极性，放大器应输出相应极性的信号，以控制电动机的正、反运转。

伺服电动机是执行器的动力装置，它将电功率变为机械功率以对调节机构做功。但由于伺服电机转速高，满足不了较低的调节速度的要求，输出力矩小带动不了调节机构，故必须经过减速器将高转速，小力矩转化为低转速大力矩的输出。

位置发送器的作用是输出一个与执行器输出轴位移成比例的电信号，一方面借电流来指示阀位，另一方面作为位置反馈信号至输入端，使执行器构成一个位置反馈系统。

来自控制器的电信号 I_D 作为伺服放大器的输入信号，与位置反馈信号 I_f 进行比较，其差值（正或负）经放大后去控制两相伺服电动机正转或反转，再经减速器减速后，使输出产生位移，即改变控制阀的开度（或挡板的角位移。）与此同时，输出轴的位移又经位置发送器转换成电流信号 I_f，作为反馈信号，被返回到伺服放大器的输入端。当反馈信号 I_f 与输入信号 I_D 相等时，电动机停止转动，这时控制阀的开度就稳定在与控制器输出信号 I_D 成比例的位置上。

如输入电信号增加，则输入信号与反馈信号的差值为正极性，伺服放大器控制电动机正转；相反，输入电流信号减小，则差值信号为负，伺服放大器控制电动机反转，即电动机可根据输入信号与反馈信号差值的极性产生正转或反转，以带动调节机构进行开大或关小阀门。

在实际控制系统中，执行器根据控制器的控制信号去控制阀门，要求执行器的正转或反转能反映控制器偏差信号的正负极性。为此在系统投入自动运行前，用手动操作控制，使被调参数接近给定值，而控制阀处于某一中间位置。由于控制器的自动跟踪作用。在手动操作时已有一相应的输出电流，其大小为 4~20mA DC 中的某一数值。故当系统切换到自动后，若偏差信号为正，则控制器输出电流增加，执行器的输入信号大于位置反馈信号，电动机正转，反之，偏差信号为负，控制器输出电流减小，电动机反转。所以电动机的正反转是受偏差信号极性控制的。

下面对电动执行机构的两个部分伺服放大器和执行机构分别进行介绍。

A 伺服放大器

伺服放大器是由前置磁放大器、触发器，可控硅主回路及电源等部分组成。图 5-12 所示为伺服放大器的原理框图。

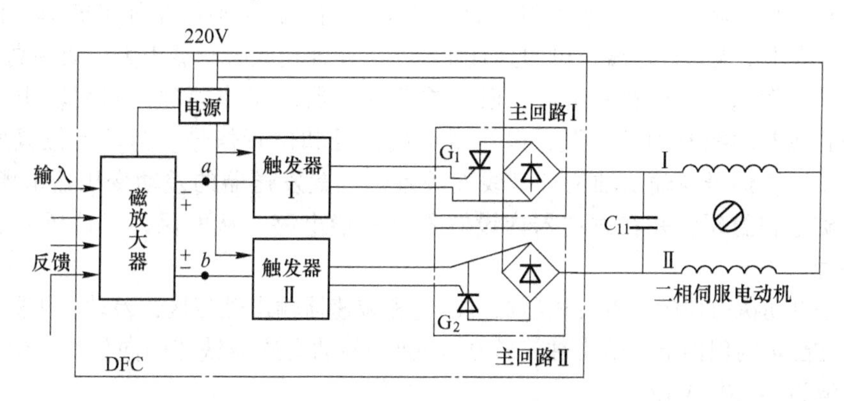

图 5-12 伺服放大器原理框图

伺服放大器有三个输入通道和一个反馈通道，可以同时输入三个输入信号和一个反馈信号，以满足复杂控制系统的要求。一般简单控制系统中只用一个输入通道和一个反馈通道。

前置级磁放大器是一个增益很高的放大器，来自控制器的输入信号和位置反馈信号在磁放大器中进行比较，当两者不相等时，放大器把偏差信号进行放大，根据输入信号与反馈相减后偏差的正负，放大器在 a、b 两点产生两位式的输出电压，控制两个晶体管触发电路中一个工作，一个截止。使主回路的可控硅导通，两相伺服电动机接通电源而旋转，从而带动调节机构进行自动控制。可控硅在电路中起无触点开关作用。伺服放大器有两组开关电路，即触发器与主回路有两套，各自分别接收正偏差或负偏差的输入信号，以控制伺服电动机的正转或反转。与此同时，位置反馈信号随电动机转角的变化而变化，当位置反馈信号与输入信号相等时，前置放大器没有输出，伺服电机停转。

B　执行机构

执行机构由两相交流伺服电机、位置发送器和减速器组成，如图 5-11 所示。

（1）伺服电机。伺服电动机是执行机构的动力部分，它是采用冲槽硅钢片叠成的定子和鼠笼转子组成的两相伺服电动机。定子上具有两组相同的绕组，靠移相电容使两相绕组中的电流相位相差 90°，同时两相绕组在空间也差 90°，因此构成定子旋转磁场。电机旋转方向，取决于两相绕组中电流相位的超前或滞后。

考虑到执行器中的电机常处于频繁的启动、制动过程中，在控制器输出过载或其他原因使阀卡位时，电机还可能长期处于堵转状态，为保证电机在这种情况下不致因过热而烧毁，这种电机具有启动转矩大和启动电流较小的特点。另外，为了尽量减少伺服电动机在断电后按惯性继续“惰走”的过程，并防止电动机断电后被负载作用力推动，发生反转现象，在伺服电动机内部还装有傍磁式制动机构，以保证电动机在断电时，转子立即被制动。

（2）减速器。伺服电动机转速较高，输出转矩小，转速一般为 600～900r/min，而调节机构的转速较低，输出转矩大，输出轴全行程（90°）时间一般为 25s，即输出轴转轴转速为 0.6r/min。因此伺服电动机和调节机构之间必须装有减速器，将高转速、低转矩变成低转速、高转矩，伺服电动机和调节机构之间一般装有两级减速器，减速比一般为（1000～1500）：1。

减速器采用平齿轮和行星减速机混合的传动机构。其中平齿轮加工简单，传动效率高，但减速器体积大；行星减速机构具有体积小、减速比大，承载力大、效率高等优点。

（3）位置发送器。位置发送器是根据差动变压器的工作原理，利用输出轴的位移来改变铁芯在差动线圈中的位置，以产生反馈信号和位置信号。为保证位置发送器稳定的供压及反馈信号与输出轴位移呈线性关系，位置发送器的差动变压器电源采用 LC 串联谐振磁饱和稳压，并在发送器内设置零点补偿电路，从而保证了位置发送器良好的反馈特性。

角行程电动执行器的位置发送器通过凸轮和减速器输出轴相接，差动变压器的铁心用弹簧紧压在凸轮的斜面上，输出轴旋转 0°～90°，差动变压器铁芯轴向位移，位置发送器的输出电流为 4～20mA DC。

直行程电动机执行器的位置发送器与减速器之间的连接和调整是通过杠杆和弹簧来实

现的，当减速器输出轴上下运动时，杠杆一端依靠弹簧力紧压在输出轴的端面上，使差动变压器推杆产生轴向位移，从而改变铁芯在差动变压器线圈中的位置，以达到改变位置发送器输出电流的目的。

（4）操作器。操作器是用来完成手动自动之间的切换、远方操作和自动跟踪无扰动切换等任务。根据它的功能不同有三种类型：第一种是有切换操作、阀位指示、跟踪电流指示和中途限位功能的；第二种是有切换操作、阀位指示和跟踪电流功能的；第三种是有切换操作、阀位指示和跟踪电流，但无跟踪电流指示功能的。

随着自动化程度的不断提高，对电动执行机构提出了更多的要求，如要求能直接与计算机连接、有自保持作用和不需数模转换的数字输入电动执行机构，伺服电动机采用了低速电机后，有利于简化电动执行机构的结构，提高性能，有待进一步推广。

5.3.3 调节机构

调节机构是执行器的调节部分，它与被控介质直接接触，在执行机构的推动下，阀芯产生一定的位移（或转角），改变阀芯与阀座间的流通面积，从而达到调节被控介质流量的目的。控制阀是一种主要调节机构，它安装在工艺管道上直接与被控介质接触，使用条件比较恶劣，它的好坏直接影响控制质量。

5.3.3.1 调节机构的结构和特点

从流体力学的现象来看，控制阀是一个局部阻力可以变化的节流元件，由于阀芯在阀体内移动，改变了阀芯与阀座之间的流通面积，即改变了阀的阻力系数，使被控介质的流量相应改变，从而达到调节工艺参数的目的。根据能量守恒原理，对于不可压缩流体，可以推导出控制阀的流量方程式：

$$Q = \frac{A}{\sqrt{\xi}}\sqrt{\frac{2(p_1 - p_2)}{\rho}}$$

式中，Q 为流体通过阀的流量；p_1 和 p_2 分别为进口端和出口端的压力；A 为阀连接管道的截面积；ρ 为流体的密度；ξ 为阀的阻力系数。

当 A 一定，p_1-p_2 不变时，则流量仅随阻力系数而变化。阻力系数主要与流通面积（即阀的开度）有关，也即改变阀门的开度，就改变了阻力系数，从而达到调节流量的目的，阀开得越大，阻力系数越小，则通过的流量将越大。

控制阀主要由上下阀盖、阀体、阀座、阀芯、阀杆、填料和压板等零部件组成。阀芯和阀杆连接在一起，连接方法可用紧配合销钉固定或螺纹连接销钉固定。上、下阀盖都装有衬套，为阀芯移动起导向作用。它还有一个斜孔，连通阀盖内腔与阀后内腔，当阀芯移动时，阀盖内腔的介质很容易经斜孔流入阀后，不致影响阀芯的移动。

阀芯是控制阀关键的零件，为了适应不同的需要，得到不同的阀特性，阀芯的形式多种多样，但一般分为两大类：

（1）直行程阀芯。包括平板型阀芯、柱塞型阀芯、窗口型阀芯、套筒型阀芯和多级阀芯。

（2）角行程阀芯。包括偏心旋转阀芯、蝶型阀芯和球型阀芯。

为适应不同的工作温度和密封要求，上阀盖有四种常见的结构形式：普通型、散热型、长颈型和波纹管密封型。

上阀盖内一般具有填料室，内装聚四氟乙烯或石墨石棉填料，起密封作用。

根据不同的使用要求，控制阀有多种多样，各具不同特点，其中主要的有以下几种类型。如图 5-13 所示。

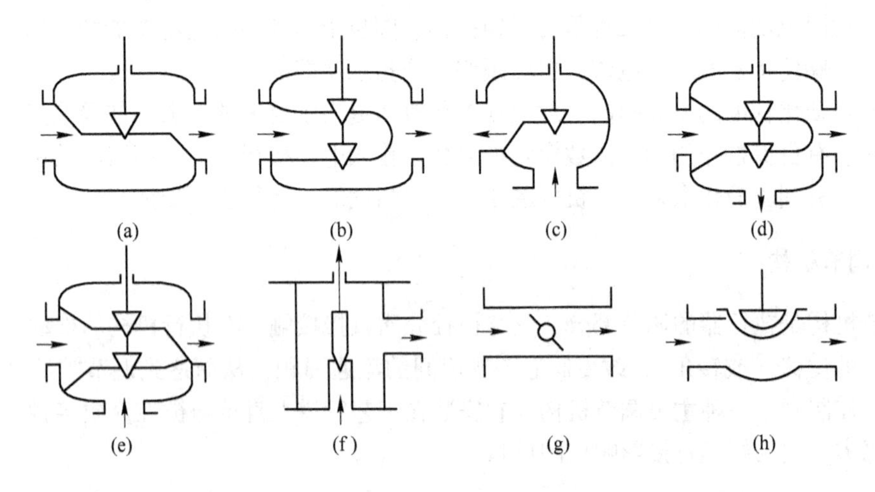

图 5-13　控制阀的主要类型示意图

（a）直通单座阀；（b）直通双座阀；（c）角形阀；（d）三通合流阀；
（e）三通分流阀；（f）高压阀；（g）蝶阀；（h）隔膜阀

（1）直通单座阀。直通单座阀阀体内只有一个阀芯和阀座，如图 5-13（a）所示。这一结构特点使它容易保证密闭，因而泄漏量很小（甚至可以完全切断）。同时，由于只有一个阀芯，流体对阀芯的推力不能像双座阀那样相互平衡，因而不平衡力很大，尤其在高压差、大口径时，不平衡力更大。因此，直通单座阀适用于泄漏要求严、阀前后压差较小、小管径的场合。

（2）直通双座阀。直通双座阀阀体内有两个阀芯和阀座，如图 5-13（b）所示。双座阀的阀芯采用双导向结构，只要把阀芯反装，就可以改变它的作用形式。因为流体作用在上、下两阀芯上的不平衡力可以相互抵消，因此双座阀的不平衡力小，允许使用压差较大，流通能力比同口径的单座阀大。但双座阀上、下阀不易同时关闭，故泄漏量较大，尤其使用于高温或低温时，材料的热膨胀差更容易引起较严重的泄漏。所以双座阀适用于两端压差较大的、泄漏量要求不高的场合，不适用于高黏度介质和含纤维介质的场合。

（3）角形阀。角形阀阀体为角形，如图 5-13（c）所示。其他方面的结构与单座阀相似，这种阀流路简单，阻力小、阀体内不易积存污物，所以特别有利于高黏度、含悬浮颗粒的流体控制，从流体的流向看，有侧进底出和底进侧出两种，一般采用底进侧出。

（4）三通阀。三通阀阀体有三个接管口。适用于三个方向流体的管路控制系统，大多用于热交换器的温度调节、配比调节和旁路调节。在使用中应注意流体温度不宜过大，通常小于 150℃，否则会使三通阀产生较大应力而引起变形，造成连接处泄漏或损坏。

三通阀有三通合流阀（如图 5-13（d）所示）和三通分流阀（如图 5-13（e）所示）两种类型。三通合流阀为流体由两个输入口流进、混合后由一出口流出；三通分流阀为流体由一口进，分为两个出口流出。

（5）高压阀。高压阀是专为高压系统使用的一种特殊阀门，如图 5-13（f）所示，使用的最大公称压力在 320×10^5 Pa 以上；一般为铸造成型的角形结构。为适应高压差，阀芯头部可采用硬质合金或可淬硬钢渗铬等，阀座则采用可淬硬渗铬。

（6）蝶阀。蝶阀又称翻板阀，如图 5-13（g）所示。适用于圆形截面的风道中，它的结构简单而紧凑，质量轻，但泄漏量较大。特别适用于低压差大流量且介质为气体的场合，多用于燃烧系统的风量控制。

（7）隔膜阀。它采用了具有耐腐蚀衬里的阀体和耐腐蚀的隔膜代替阀的组件，由隔膜起控制作用，如图 5-13（h）所示。这种阀的流路阻力小，流通能力大，耐腐蚀，适用于强腐蚀性、高黏度或带悬浮颗粒与纤维的介质流量控制。但耐压、耐高温性能较差，一般工作压力小于 10×10^5 Pa，使用温度低于 150℃。

5.3.3.2 控制阀的流量系数

反映控制阀的工作特性和结构特征的参数很多，如流量系数 C、公称直径 D_g、阀座直径 d_g、阀芯行程 L、流量特性、公称压力 p_g 和薄膜有效面积等。在这些参数中流量系数 C 值具有特别重要的意义，因为 C 值的大小直接反映了控制阀的容量。它是设计、使用部门选用控制阀的重要参数。

由流量方程式可知，对于不可压缩流体流经控制阀的流量为：

$$Q=\frac{A}{\sqrt{\xi}}\sqrt{\frac{2(p_1-p_2)}{\rho}} \tag{5-1}$$

式中，Q 为流体通过阀的流量；p_1 和 p_2 分别为进口端和出口端的压力；A 为阀连接管道的截面积；ρ 为流体的密度；ξ 为阀的阻力系数。

由于 $\gamma=\rho g$ 上式还可以写成：

$$Q=\frac{A}{\sqrt{\xi}}\sqrt{\frac{2g}{\gamma}(p_1-p_2)}$$

式中，g 为重力加速度；γ 为流体重度。

令

$$C=A\sqrt{\frac{2g}{\xi}}$$

则得

$$Q=C\sqrt{\frac{\Delta p}{\gamma}}$$

式中，Δp 为控制阀前后压差，$\Delta p=p_1-p_2$。

C 称为流量系数，从上式可知，C 正比于 Q，因此，在控制阀中 C 又称为阀的流通能力。因为 C 正比于流通面积 A，而 A 取决于阀芯直径 D_g，又因为 C 正比于 $1/\sqrt{\xi}$，而阻力系数 ξ 取决于阀的结构，可见，流量系数 C 表示了控制阀的结构系数，对于不同口径，不同结构形式的控制阀，其流量系数 C 也不同。为了反映不同口径不同结构的控制阀流通能力的大小，需要规定一个统一的实验条件，于是流通能力 C 被定义为：当控制阀全开时，阀前后压差 Δp 为 0.1MPa、流体重度为 $1g/cm^3$ 时，每小时通过控制阀流体的流量数，以 m^3/h 或 kg/h 计。

控制阀的尺寸通常用公称直径 D_g 和阀座直径 d_g 来表示。主要依据是计算出流通能力 C 来进行选择，各种尺寸控制阀的 C 值见表 5-3。

表 5-3　控制阀流通能力 C 与其尺寸的关系

公称直径 D_g/mm	阀门直径 d_g/mm	流通能力 C	
		单座阀	双座阀
	2	0.08	
	4	0.12	
	5	0.20	
	6	0.32	
	7	0.50	
	8	0.80	
20	10	1.2	
	12	2.0	
	15	3.2	
	20	5.0	
25	25	8	10
32	32	12	16
40	40	20	25
50	50	32	40
65	65	56	63

公称直径 D_g/mm	阀门直径 d_g/mm	流通能力 C	
		单座阀	双座阀
80	80	80	100
100	100	120	160
125	125	200	250
150	150	280	400
200	200	450	630
250	250		1000
300	303		1600

流通能力 C 表示控制阀的容量，对于通过控制阀的流体流量的控制，是基于改变其阀芯与阀座之间的流通截面大小，即改变其阻力大小来达到的。

根据调节所需的物料量 Q_{max}、Q_{min}，流体重度 γ 以及控制阀上的压差 Δp，可以求得最大流量、最小流量的 C_{max} 和 C_{min} 值，再根据 C_{max}，在所选用产品形式的标准系列中，选取大于 C_{max} 并最接近一级的 C 值，查出 D_g 和 d_g。

【例 5-1】 流过某一油管的最大体积流量为 $40m^3/h$，流体重度为 $0.05g/cm^3$，阀门上的压差为 0.2MPa，试选择适当型号的阀门。

解：根据流通能力公式：

$$C = Q\sqrt{\frac{\gamma}{\Delta p}}$$

$$C_{max} = Q_{max}\sqrt{\frac{\gamma}{\Delta p}} = 40 \times \sqrt{\frac{0.05}{0.2}} = 20$$

从表 5-3 中查得，应选阀座直径 d_g 为 40mm，公称直径 D_g 为 40mm 的双座阀。此时，C 值为 25，这样在最大流量时还有一定的余量。

5.3.3.3　控制阀的可调比

控制阀的可调比就是控制阀所能控制的最大流量与最小流量之比。可调比也称为可调范围，用 R 表示。

$$R=\frac{Q_{max}}{Q_{min}}$$

要注意的是，式中最小流量 Q_{min} 和泄漏量是不同的。最小流量是指可调流量的下限值，它一般为最大流量的2%~4%，而泄漏量是阀全关时泄漏的量，它仅为最大流量的0.1%~0.01%。

A 理想可调比

当控制阀上压差一定时，这时的可调比称为理想可调比。

$$R=\frac{Q_{max}}{Q_{min}}=\frac{C_{max}\sqrt{\frac{\Delta p}{\gamma}}}{C_{min}\sqrt{\frac{\Delta p}{\gamma}}}=\frac{C_{max}}{C_{min}}$$

也就是说，理想可调比等于最大流通能力与最小流通能力之比，它反映了控制阀调节能力的大小，是由结构设计决定的，我们总是希望控制阀的可调比大一些好，但是由于阀芯结构设计和加工的限制，C_{min} 不能太小，因此理想可调比一般均小于50。目前我国统一设计时，取 $R=30$。

B 实际可调比

控制阀在实际工作时，总是与管路系统相串联或与旁路阀相并联，随着管路系统的阻力变化或旁路阀开启程度的不同，控制阀的可调比也发生相应的变化，此时的可调比就称为实际可调比。

（1）串联管道时的可调比。控制阀串联管道工作情况如图5-14所示。由于流量的增加，管道的阻力损失也增加。若系统的总压差 Δp 不变，则分配到控制阀上的压差相应减小，这就使控制阀所能通过的最大流量减小，所以串联管道时控制阀实际可调比就会降低，若用 $R_{实际}$ 表示控制阀的实际可调比，则有：

$$R_{实际}=\frac{Q_{max}}{Q_{min}}=\frac{C_{max}\sqrt{\frac{\Delta p_{min}}{\gamma}}}{C_{min}\sqrt{\frac{\Delta p_{max}}{\gamma}}}=R\sqrt{\frac{\Delta p_{min}}{\Delta p_{max}}}=R\sqrt{\frac{\Delta p_{min}}{\Delta p}}$$

令

$$S=\frac{\Delta p_{min}}{\Delta p}$$

则

$$R_{实际}=R\sqrt{S} \tag{5-2}$$

式中，Δp_{max} 为控制阀全关时阀前后的压差（近似等于系统的总压差）；Δp_{min} 为控制阀全开时阀前后的压差；S 为控制阀全开时阀前后压差与系统总压差之比。

由式（5-2）可知，当 S 值越小，即串联管道的阻力损失越大时，实际可调比越小。它的变化情况如图5-15所示。

（2）并联管道时的可调比。控制阀并联管道工作情况如图5-16所示。当打开与控制阀并联的旁路时，实际可调比为：

$$R_{实际}=\frac{\text{总管最大流量}}{\text{调节阀最小流量}+\text{旁路流量}}=\frac{Q_{max}}{Q_{min}+Q_2}$$

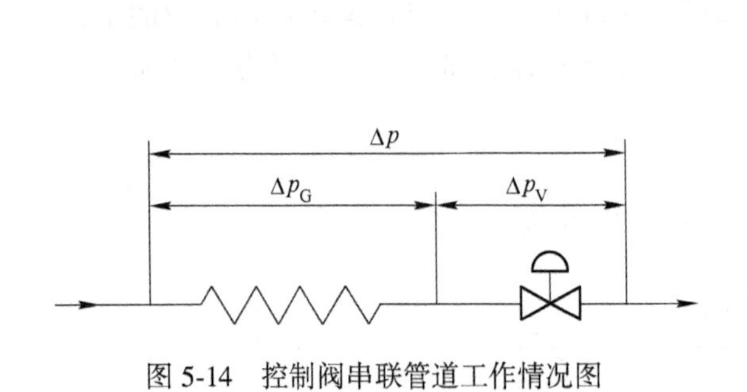

图 5-14　控制阀串联管道工作情况图

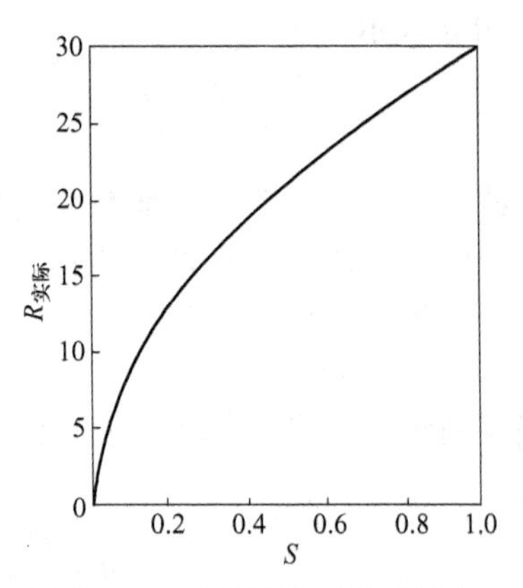

图 5-15　串联管道时的可调比

若令

$$x=\frac{\text{调节阀全开时的流量}}{\text{总管最大流量}}=\frac{Q_{1\max}}{Q_{\max}}$$

则

$$R_{\text{实际}}=\frac{Q_{\max}}{x\dfrac{Q_{\max}}{R}+(1-x)Q_{\max}}=\frac{R}{R-(R-1)x} \tag{5-3}$$

从式（5-3）可知，当 x 值越小，即旁路流量越大时，实际可调比就越小。它的变化情况如图 5-17 所示。从图中可以看出旁路阀的开度对实际可调比的影响很大。

从式（5-3）可得：

$$R_{\text{实际}}=\frac{1}{1-\dfrac{R-1}{R}x}$$

因为一般 $R\gg1$，所以

$$R_{\text{实际}}=\frac{1}{1-x}=\frac{1}{1-\dfrac{Q_{1\max}}{Q_{\max}}}=\frac{Q_{\max}}{Q_2} \tag{5-4}$$

式（5-4）表明并联管道实际可调比与控制阀本身的可调比无关。控制阀的最小流量一般比旁路流量小得多，所以可调比实际上只是总管最大流量与旁路流量之比值。

综上所述，串联或并联管道都将使实际可调比下降，所以在选择控制阀和组成系统时不应使 S 值太小，要尽量避免打开并联旁路阀，以保证控制阀有足够的可调比。

5.3.3.4　控制阀的流量特性

控制阀的流量特性，是指介质流过阀门的相对流量与阀门相对开度之间的关系，即

$$\frac{Q}{Q_{\max}}=f\left(\frac{l}{L}\right) \tag{5-5}$$

式中，$Q/Q_{\max}$ 为相对流量，即某一开度的流量与全开流量之比；l/L 为相对开度，即某一开度下的行程与全行程之比。

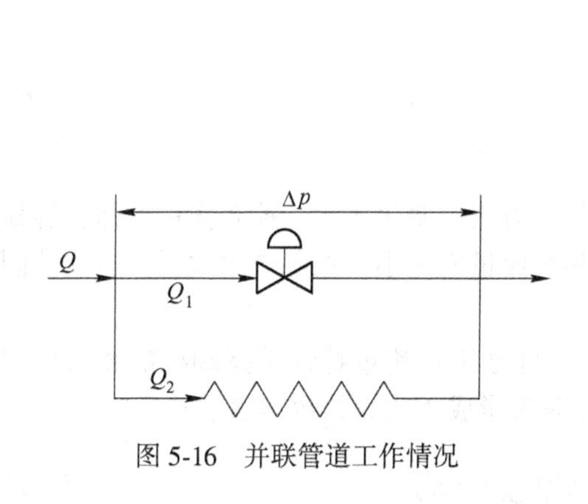

图 5-16 并联管道工作情况

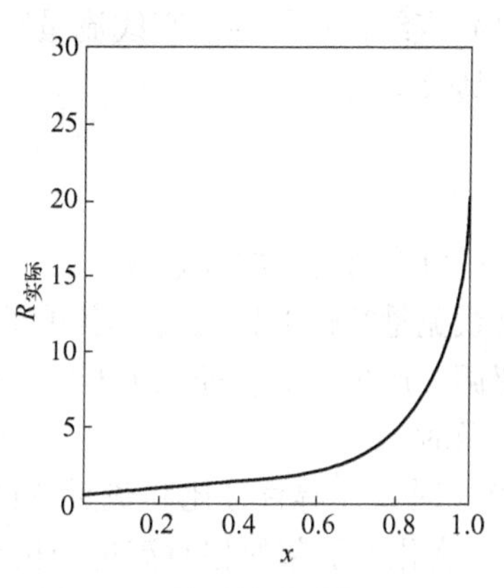

图 5-17 并联管道时的可调比

从过程控制的角度来看，流量特性是控制阀主要的特性，它对整个过程控制系统的品质有很大影响，不少控制系统工作不正常，往往是由于控制阀的特性特别是流量特性选择不合适，或者是阀芯在使用中受腐蚀、磨损使特性变坏引起的。

由流量公式（5-1）可知，流过控制阀的流量不仅与阀的开度（流通截面积）有关，还受控制阀两端压差的影响。当控制阀两端压差不变时，流量特性只与阀芯形状有关，这时的流量特性就是控制阀生产厂家提供的特性，称为理想流量特性或固有流量特性。而控制阀在现场工作时，两端压差是不可能固定不变的，因此，流量特性也要发生变化，把控制阀在实际工作中所具有的流量特性称为工作流量特性或安装流量特性。可见相同理想流量特性的控制阀，在不同现场不同条件下工作时，其工作流量特性并不完全一样。

A 理想流量特性

在控制阀前后压差一定的情况下得到的流量特性，称为理想流量特性，它仅取决于阀芯的形状。不同的阀芯曲面可得到不同的流量特性，它是一个控制阀所固有的流量特性。

在目前常用的控制阀中，有三种典型的固有流量特性，即直线流量特性、对数（或称等百分比）流量特性和快开流量特性，其阀芯形状和相应的特性曲线如图 5-18 和图 5-19 所示。

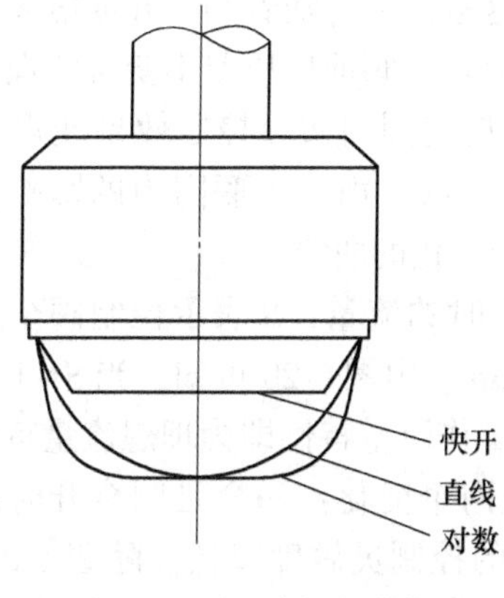

图 5-18 三种阀芯形状

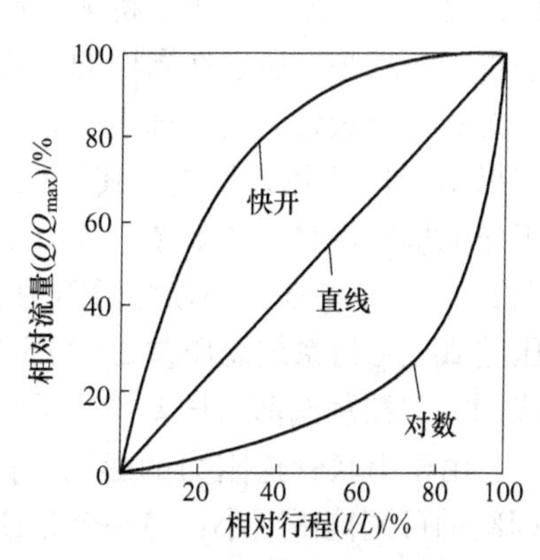

图 5-19 理想流量特性曲线

（1）直线流量特性。直线流量特性是指控制阀的相对流量与阀芯的相对位移成直线关系，其数学表达式为：

$$\frac{d(Q/Q_{max})}{d(l/L)} = K \qquad (5\text{-}6)$$

式中，K 为控制阀的放大系数。

直线流量特性的控制阀在小开度工作时，其相对流量变化太大，控制作用太强，容易引起超调，产生振荡；而在大开度工作时，其相对流量变化小，控制作用太弱，造成控制作用不及时。

（2）对数（等百分比）流量特性。对数（等百分比）流量特性是指阀杆的相对位移（开度）变化所引起的相对流量变化与该点的相对流量成正比。其数学表达式为：

$$\frac{d(Q/Q_{max})}{d(l/L)} = K(Q/Q_{max}) = K_V \qquad (5\text{-}7)$$

可见，控制阀的放大系数 K_V 是变化的，它随相对流量的变化而变化。

从过程控制来看，利用对数（等百分比）流量特性，在小开度时 K_V 小，控制缓和平稳；在大开度时 K_V 大，控制及时有效。

（3）快开流量特性。这种特性在小开度时流量就比较大，随着开度的增大，流量很快达到最大，故称为快开特性。快开特性的数学表达式为：

$$\frac{d(Q/Q_{max})}{d(l/L)} = K(Q/Q_{max})^{-1} \qquad (5\text{-}8)$$

快开特性的阀芯形状为平板型，其有效行程为阀座直径的 1/4，当行程增大时，阀的流通面积不再增大，就不能起控制作用。

B　工作流量特性

在实际使用时，控制阀安装在管道上，与其他设备串联，或者与旁路管道并联，因而控制阀前后的压差是变化的。此时，控制阀的相对流量与阀芯相对开度之间的关系称为工作流量特性。

（1）串联管道的工作流量特性。控制阀与其他设备串联工作时，如图 5-14 所示，控制阀上的压差是其总压差的一部分。当总压差 Δp 一定时，随着阀门的开大，引起流量 Q 的增加，设备及管道上的压力将随流量的平方增长，这就是说，随着阀门开度增大，阀前后压差将逐渐减小。所以在同样的阀芯位移下，实际流量比阀前后压差不变时的理想情况要小。尤其在流量较大时，随着阀前后压差的减小，控制阀的实际控制效果变得非常迟钝，如果图 5-14 中用线性阀，其理想流量特性是一条直线，由于串联阻力的影响，其实际的工作流量特性将变成如图 5-20（a）所示向上缓慢变化的曲线。

图 5-20 中 Q_{max} 表示串联管道阻力为零控制阀全开时的流量；S 表示控制阀全开时阀前后压差 Δp_{Vmin} 与系统总压差 Δp 的比值，$S=\Delta p_{Vmin}/\Delta p$。由图 5-20 可知，当 $S=1$ 时，管道压降为零，控制阀前后压差等于系统的总压差，故工作流量特性即为理想流量特性。当 $S<1$ 时，由于串联管道阻力的影响，使流量特性产生两个变化：一个是阀全开时流量减小，即阀的可调范围变小；另一个是使阀在大开度时的控制灵敏度降低。随着 S 的减小，直线特性趋向于快开特性，对数特性趋向于直线特性，S 值越小，流量特性的变形程度越大。在实际使用中，一般希望 S 值不低于 0.3~0.5。

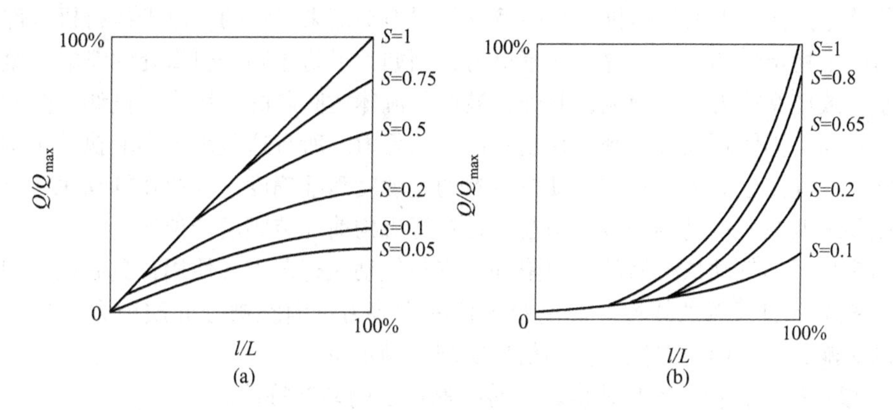

图 5-20 串联管道控制阀的工作流量特性

（a）直线阀；（b）对数阀

（2）并联管道时的工作流量特性。在现场使用中，控制阀一般都装有旁路阀，如图 5-16 所示，以便手动操作和维护。

并联管道时的工作流量特性如图 5-21 所示，图中 S 为阀全开时的工作流量与总管最大流量之比。

如图 5-21 所示，当 $S'=1$ 时，旁路阀关闭，工作流量特性即为理想流量特性。随着旁路阀逐渐打开，S'值逐渐减小，控制阀的可调范围也将大大下降，从而使控制阀的控制能力大大下降，影响控制效果。根据实际经验，S'的值不能低于 0.8。

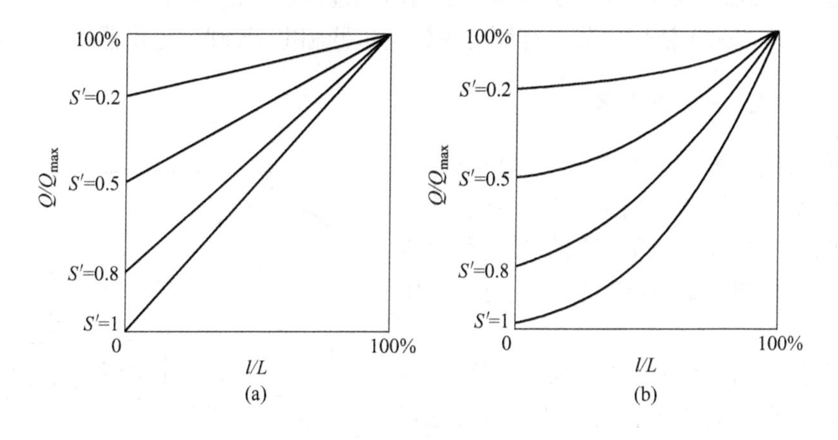

图 5-21 并联管道时控制阀工作流量特性

（a）直线阀；（b）对数阀

5.3.4 阀门定位器

阀门定位器是与气动执行器配套使用的。它接收控制器的输出信号，它的输出信号去控制控制阀运动。顾名思义，阀门定位器的功用就是使控制阀按控制器的输出信号实现正确的定位作用。

工业企业中自动控制系统的执行器大都采用气动执行器，我们前面学过气动执行器，阀杆的位移是由薄膜上的气压推力与弹簧反作用力平衡来确定的。由于执行机构部分的薄膜和弹簧的不稳定性和各可动部分的摩擦力，例如为了防止阀杆引出处的泄漏，填料总要压得很紧，致使摩擦力可能很大，此外，被调节流体对阀芯的作用力，被调节介质黏度大或带有悬浮物、固体颗粒等对阀杆移动所产生的阻力。所有这些都会影响执行机构与输入信号之间的准确定位关系，影响气动执行器的灵敏度和准确度。因此在气动执行机构工作条件差或要求调节质量高的场合，都在气动执行机构前加装阀门定位器。

阀门定位器是气动执行器的主要附件，它与气动执行器配套使用，具有以下用途：

（1）提高阀杆位置的线性度，克服阀杆的摩擦力，消除被控介质压力变化与高压差对阀位的影响，使阀门位置能按控制信号实现正确定位。

（2）增加执行机构的动作速度，改善控制系统的动态特性。

（3）可用 20～100kPa 的标准信号压力去操作 40～200kPa 的非标准信号压力的气动执行机构。

（4）可实现分程控制，用一台控制仪表去操作两台控制阀，第一台控制阀上定位器通入 20～60kPa 的信号压力后阀门走全行程，第二台控制阀上定位器通入 60～100kPa 的信号压力后阀门走全行程。

（5）可实现反作用动作。

（6）可修正控制阀的流量特性。

（7）可使活塞执行机构和长行程执行机构的两位式动作变为比例式动作。

（8）采用电/气阀门定位器后，可用 4～20mA DC 电流信号去操作气动执行机构，一台电/气阀门定位器具有电/气转换器和气动阀门定位器的双重作用。

阀门定位器按输入信号来分，有气动阀门定位器和电/气阀门定位器。

5.3.4.1　气动阀门定位器

气动阀门定位器接收由气动控制器或电/气转换器转换的控制器的输出信号，然后产生和控制器输出信号成比例的气压信号，用以控制气动执行器。阀门定位器与气动执行机构配套使用如图 5-22 所示。

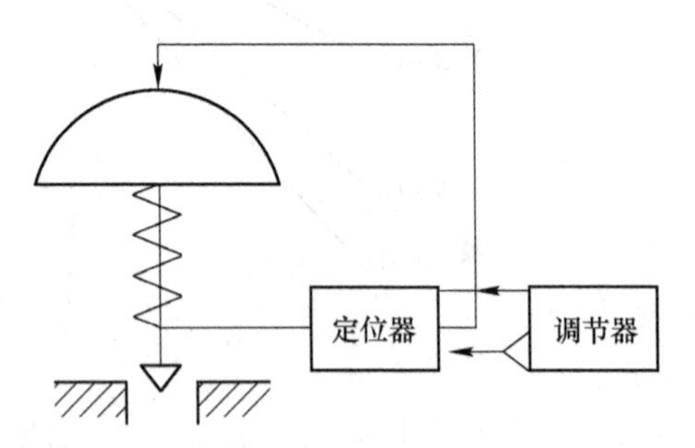

图 5-22　阀门定位器与气动执行器连接图

由图可知阀门定位器与气动执行器配合使用，当气动执行器动作时，阀杆的位移又通过机械装置负反馈到阀门定位器，因此，阀门定位器和执行器组成一个气压-位移负反馈闭环系统。由于阀门定位器与气动执行器构成一个负反馈闭环系统，因而不仅改善了气动执行器的静态特性，使输入电流与阀杆位移之间保持良好的线性关系；而且改善了气动执行器的动特性，使阀杆移动速度加快，减少了信号的传递滞后。如果使用得当，可以保证控制阀的正确定位，从而大大提高调节系统品质。

图 5-23 所示是一种与气动薄膜执行机构配套使用的气动阀门定位器。它是按力平衡原理工作的。当输入压力通入波纹管后，挡板靠近喷嘴，喷嘴背压经放大器放大后通入薄膜执行机构，阀杆位移通过凸轮拉伸反馈弹簧，直到反馈弹簧作用在主杠杆上的力矩与波

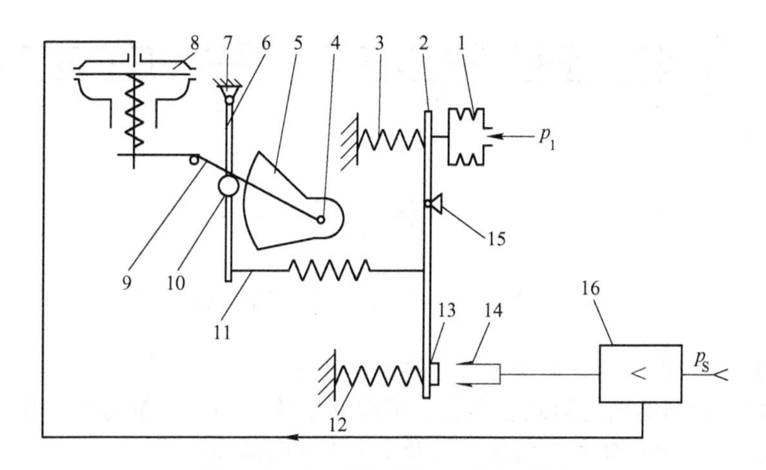

图 5-23 力矩平衡式气动阀门定位器

1—波纹管；2—主杠杆；3—迁移弹簧；4—凸轮支点；5—凸轮；
6—副杠杆；7—支点；8—执行机构；9—反馈杆；10—滚轮；11—反馈弹簧；
12—调零弹簧；13—挡板；14—喷嘴；15—主杠杆支点；16—放大器

纹管作用在主杠杆上的力矩相平衡。

它的动作是这样的，当通入波纹管 1 的压力增加时，波纹管 1 使主杠杆 2 绕支点 15 偏转，挡板 13 靠近喷嘴 14，喷嘴背压升高。此背压经放大器 16 放大后的压力 p_S引入到气动执行机构的膜室 8，因其压力增加而使阀杆向下移动，并带动反馈杆 9 绕支点 4 偏转，反馈凸轮 5 也跟着作逆时针方向的转动，通过滚轮 10 使副杠杆 6 绕支点 7 顺时针偏转，从而使反馈弹簧拉伸，弹簧 11 对主杠杆 2 的拉力与信号压力 p_1通过波纹管 1 作用到杠杆 2 的推力达到力矩平衡时，阀门定位器达到平衡状态。此时一定的信号压力就对应于一定的阀杆位移，即对应于一定的控制阀开度。

弹簧 12 是调零弹簧，调整其预紧力可以改变挡板的初始位置。弹簧 3 是迁移弹簧，在分程控制中用来补偿波纹管对主杠杆的作用力，使定位器在接受不同范围的输入信号时，仍能产生相同范围的输出信号。

阀门定位器有正作用式和反作用式两种，正作用式定位器是指当信号压力增加时，输出压力也增加；而反作用式定位器则相反，当信号压力增加时，输出压力减小。图 5-23 所示为正作用式阀门定位器。只要把波纹管的位置从主杠杆的右侧调到左侧，弹簧 3 从左侧调到右侧便可改装成反作用式的阀门定位器。阀门定位器有了正、反作用之后，如果要使正作用的控制阀变成反作用的控制阀，就可以通过阀门定位器来实现，而不必改变控制阀的阀芯和阀座。

5.3.4.2 电/气阀门定位器

图 5-24 所示为气动执行机构配用电/气阀门定位器的方框图。由图可以看出，电/气阀门定位器与气动执行机构配套使用时，具有机械反馈部分。电/气阀门定位器将来自控制器或其他单元的 4~20mA DC 电流信号转换成气压信号去驱动执行机构。同时，从阀杆的位移取得反馈信号，构成具有阀位负反馈的闭环系统，因而不仅改善了执行器的静态特性，使输入电流与阀杆位移之间保持良好的线性关系；而且改善了气动执行器的动态特

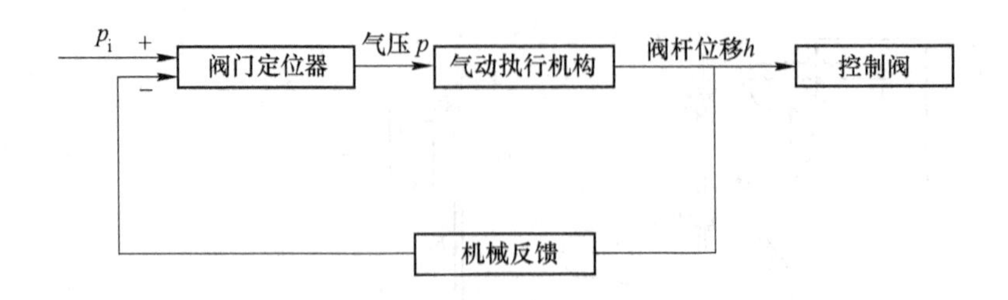

图 5-24　气动执行机构配用电/气阀门定位器方框图

性，使阀杆的移动速度加快，减少了信号的传递滞后。

电/气阀门定位器的结构形式有多种，下面介绍的一种也是按力矩平衡原理工作的，主要由接线盒组件、转换组件、气路组件及反馈组件四部分组成。

接线盒组件包括接线盒、端子板及电缆引线等零部件。对于一般型和安全火花型，无隔爆要求。而对于安全隔爆复合型，则采取了隔爆措施。

转换组件的作用是将电流信号转换成气压信号。它由永久磁钢、导磁体、力线圈、杠杆、喷嘴、挡板及调零装置等零部件组成。

气路组件由气路板、气动放大器、切换阀、气阻及压力表等零部件组成。它的作用是实现气压信号的放大和“自动”/“手动”切换等。改变切换阀位置可实现“手动”和“自动”控制。

反馈组件是由反馈机体、反馈弹簧、反馈拉杆及反馈压板等零部件组成。它的作用是平衡电磁力矩，使电/气阀门定位器的输入电流与阀位间呈线性关系，所以，反馈组件是确保定位器性能的关键部件之一。

定位器整个机体部分被封装在涂有防腐漆的外壳中，外壳部分应具有防水、防尘等性能。

图 5-25 所示为电/气阀门定位器的工作原理示意图。由控制器来的 4～20mA DC 电流信号输入线圈 6、7 时，使位于线圈之中的杠杆 3 磁化。因为杠杆位于永久磁钢 5 产生的磁场中。因此，两磁场相互作用，对杠杆产生偏转力矩，使它以支点为中心偏转。如信号增加，则图中杠杆左侧向下运动。这时固定在杠杆 3 上的挡板 2 便靠近喷嘴 1，使放大器背压升高，经放大输出气压作用于执行器的膜头上，使阀杆下移。阀杆的位移通过拉杆 10 转换为反馈轴 13 和反馈压板 14 的角位移。再经过调量程支点 15 作用于反馈弹簧 8，固定在杠杆 3 另一端上的反馈弹簧 8 被拉伸，产生了一个负反馈力矩（与输入信号产生的力矩方向相反），使杠杆 3 平衡，同时阀杆也稳定在一个相应的确定位置上，从而实现了信号电流与阀杆位置之间的比例关系。

阀门定位器除了能克服阀杆上的摩擦力、消除流体作用力对阀位的影响，提高执行器的静态精度外，由于它具有深度负反馈，使用了气动功率放大器，增加了供气能力，因而提高了控制阀的动态性能，加快了执行机构的动作速度；还有在需要的时候，可通过改变机械反馈部分凸轮的形状，修改控制阀的流量特性，以适应控制系统的控制要求。

5.3.5　执行器的选择

执行器是过程控制系统的一个重要环节，它选用得正确与否是十分重要的。一般应根

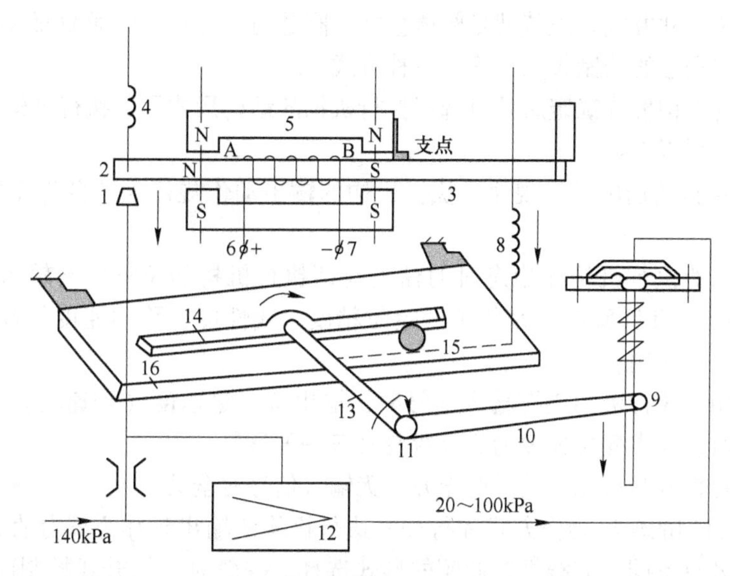

图 5-25 阀门定位器简化原理图

1—喷嘴；2—挡板；3—杠杆；4—调零弹簧；5—永久磁钢；6，7—线圈；8—反馈弹簧；9—夹子；10—拉杆；11—固定螺钉；12—放大器；13—反馈轴；14—反馈压板；15—调量程支点；16—反馈机体

据介质的特点和工艺的要求等来合理选用。在具体选用时，应从四方面来考虑：(1) 控制阀结构形式及材料的选择；(2) 控制阀口径的选择；(3) 控制阀气开、气关形式的选择；(4) 控制阀流量特性的选择。从应用角度来看，控制阀的结构形式及材料的选择和控制阀口径的选择是相当重要的。从控制角度来讲，更加关心控制阀气开、气关形式的选择和控制阀流量特性的选择。

5.3.5.1 执行器结构形式选择

在工业生产中，被控介质的特性是千差万别的，例如，有的高压、有的高黏度、有的具有腐蚀作用。流体的流动状态也各不相同，有的被控介质流量很小、有的流量很大，有的是分流、有的是合流。因此，必须适当地选择执行器的结构形式去满足不同的生产过程控制要求。

首先应根据生产工艺要求选择控制阀的结构形式，然后再选择执行机构的结构形式。

控制阀结构形式的选择要根据控制介质的工艺条件，如压力、流量等和被控介质的流体特性，如黏度、腐蚀性、毒性、是否含悬浮颗粒、介质状态等进行全面考虑。

具体选择可参考图 5-13 中控制阀的种类，根据各种控制阀的特点来选择，一般大口径选用双座阀，当流体流过时，流体在阀芯前后产生的压差作用在上、下阀芯上，向上和向下的作用方向相反，大小相近，不平衡力较小。由于单座阀阀芯前后压差所产生的不平衡力较大，使阀杆产生附加位移，影响控制精度。因此，当阀的口径较小时，一般选用单座阀。

选择控制阀的结构形式还要注意控制阀与气动薄膜执行机构配套使用时，执行器分气开式和气关式两种。一般根据生产上安全要求选择。如果供气系统发生故障时，控制阀处于全开位置造成的危害较小，则选用气关式，反之选用气开式。另外，双导向阀芯的控制阀有正装和反装两种方式。正装就是阀体直立，阀芯向下移动，流通截面减小；反装式与此相反。单导向阀芯的控制阀只有正装一种方式。

当控制阀的结构形式确定后就可选择执行机构的结构形式了。执行机构结构形式的选择一般要考虑下列因素：

（1）执行机构的输出动作规律。执行机构的输出动作规律大致分为比例、积分和双位式三种。

比例式动作的执行机构在稳态时的输出（即执行机构的位移）与输入信号成比例，通常按闭环系统（有负反馈）来构成，定位精度、线性度、移动速度等性能均比较高，因此目前得到广泛应用。

积分式作用的执行机构当有输入信号时，输出按一定速度（等速度）增减。当输入信号小于限值时，输出变化速度为零（保持在某一开度）。

双位式执行机构当有输入信号时全开，无输入信号时全关。

（2）执行机构的输出动作方式和行程。执行机构的输出动作方式分直行程和角行程两种。行程也各有不同，应根据控制阀的形式选择。一般对于提升式控制阀选用直行程，回转式控制阀选用角行程。由于通过机械转换可以改变动作方式，因此执行机构动作方式的选用有较大的灵活性。

（3）执行机构的静态特性和动态特性。比例动作的执行机构由下列品质指标来定义静态和动态特性：灵敏性、纯滞后时间、过调量、调节时间、静差、非线性偏差、正反行程变差。

除上述三方面因素外，还应考虑它的运行可靠性、检修维护工作量及投资等情况。根据各种执行机构的特点，一般按下列原则进行选择：

（1）控制信号为连续模拟量时，选用比例式执行机构，而控制信号为断续（开/关）形式时，应选择积分式执行机构。

（2）当采用气动仪表时，应选用气动执行机构。气动执行机构工作可靠、结构简单、检修维护工作量小，值得推广使用。因此当采用电动仪表时，除可选用电动执行机构外，也可考虑选用气动执行机构，以发挥气动执行机构的优越性。当配直行程控制阀（如直通单座阀、三通阀）时，应选择气动薄膜执行机构或气动活塞执行机构。气动薄膜执行机构的输出力通常能满足控制阀的要求，所以大多数均选用气动薄膜执行机构。但当所配的控制阀的口径较大或介质为高压差时，执行机构就必须有较大的输出力，此时，气动薄膜执行机构应配上一个阀门定位器，或者选用气动活塞执行机构。当配角行程控制阀（如蝶阀）时就应选用长行程执行机构。但如所需输出力矩较小时，也可选用气动薄膜执行机构或气动活塞执行机构，只要再加上一个杠杆和一个支点后，便可使其输出一个力矩。

（3）电动执行机构既可作比例环节接受连续控制信号，也可作积分环节接受断续控制信号，而且两种控制方式相互转换相当方便，所以当在控制方式上有特殊要求时，可考虑选择电动执行机构。当系统中要求程序控制时，可选用能接受断续信号的电动执行机构。

（4）对于具有爆炸危险的场所或环境条件比较恶劣，如高温、潮湿、溅水、有导电性尘埃的场所，可选用气动执行机构。

5.3.5.2 控制阀的流量特性选择

目前控制阀的流量特性有直线、等百分比、快开和抛物线四种。抛物线的流量特性介于直线与等百分比特性之间，一般用等百分比流量特性来代替抛物线流量特性。这样，控制阀的流量特性，在生产中常用的是直线、等百分比和快开三种。而快开特性主要用于两位式控制及程序控制中。因此，在考虑控制阀流量特性选择时通常是指如何合理选择直线和等百分比流量特性。

控制阀流量特性的选择有数学分析法和经验法。前者还在研究中，目前较多采用经验法。一般可以从下面的几个方面来考虑。

（1）根据过程特性选择。一个过程控制系统，在负荷变动的情况下，要使系统保持预定的控制品质，则必须要求系统总的开环放大系数在整个操作范围内保持不变。一般变送器、控制器（已整定好）执行机构等放大系数基本上是不变的，但过程的特性往往是非线性的。为此，必须合理选择控制阀的特性，以补偿过程的非线性，达到系统总的放大系数近似线性的目的，从而得到较好的控制质量。可见，控制阀流量特性的选择原则应符合：

$$K_V K_0 = 常数$$

式中，K_V为控制阀的放大系数；K_0为过程的放大系数。

当过程的特性为线性时，应选择直线特性的控制阀，使系统总的放大系数保持不变。

当过程的特性为非线性时，如过程的放大系数随负荷干扰的增加而变小时，则应选用放大系数随负荷干扰增大而变大的等百分比特性的控制阀，这样合成的结果使系统总的放大系数保持不变。

（2）根据配管情况选择。在现场使用中，控制阀总是与设备和管道连在一起的，由于系统配管情况不同，配管阻力的存在引起控制阀上压差的变化，使控制阀的工作流量特性和理想流量特性有差异。因此，首先应根据系统的特点来选择工作流量特性，然后再考虑配管情况来选择相应的理想流量特性。选择原则可参照表 5-4 进行。

从表 5-4 可以看出，当 $S=0.6\sim1$ 时，即控制阀两端的压差变化较小，由于此时理想流量特性畸变较小，因而，要求的工作特性就是理想流量特性。当 $S=0.3\sim0.6$ 时，即控制阀两端的压差变化较大，不论要求的工作特性是什么，都选用等百分比理想流量特性。这是因为若要求的工作特性是线性的，理想特性为等百分比特性的控制阀，当 $S=0.3\sim0.6$ 时，经畸变后的工作特性已接近于线性了。当要求的工作特性为等百分比特性时，那么其理想特性曲线应比它更凹一些，此时可通过阀门定位器的凸轮外廓曲线来补偿。当 $S<0.3$ 时，已不适于控制阀工作，因而必须从管路上想办法，使 S 值增大再选用合适的流量特性的控制阀。因为当 $S<0.3$ 时，直线特性已严重畸变为快开特性，不利于调节。即使是等百分比理想特性，工作特性也已严重偏离理想特性，接近于直线特性，虽然仍能调节，但它的调节范围已大大减少，所以一般不希望 S 值小于 0.3。确定阻力比 S 的大小应从两方面考虑，首先应考虑保证调节性能，S 值越大，工作特性畸变越小，对调节有利。但 S 值越大说明控制阀上的压差损失越大，造成不必要的动力消耗。一般设计时取 $S=0.3\sim0.5$。对于气体介质，因阻力损失小，一般 S 值都大于 0.5。

表 5-4 根据配管状况选择流量特性

配管状况	S=0.6~1		S=0.3~0.6		S<0.3
阀的工作特性	直线	等百分比	直线	等百分比	不易控制
阀的理想特性	直线	等百分比	等百分比	等百分比	不易控制

(3) 依据负荷变化情况选择。直线流量特性的控制阀在小开度时流量相对变化值大，过于灵敏，容易引起振荡，阀芯、阀座极易受到破坏，在 S 值小、负荷变化幅度大的场合，不宜采用。等百分比流量特性的控制阀的放大系数随阀门行程的增加而增加，流量相对变化值是恒定不变的，因此它对负荷波动有较强的适应性，无论在全负荷或半负荷生产时都能很好地调节，从制造的角度来看也并不困难，在生产过程自动化中，等百分比流量特性的控制阀是应用最广泛的一种。

在负荷变化较大的场合，应选用对数（等百分比）流量特性的控制阀。因为等百分比流量特性的控制阀放大系数是随阀芯位移的变化而变化的。其相对流量变化率是不变的，因而能适应负荷变化情况。

另外，当控制阀经常工作在小开度时，也应选用对数（等百分比）流量特性的控制阀。因为直线流量特性的控制阀在小开度时，相对流量变化率很大，不宜进行微调。

当介质有固体悬浮物时，为了不至于引起阀芯曲面的磨损应选用直线流量特性的控制阀。

5.3.5.3 控制阀口径选择

控制阀的口径选择对控制系统的正常运行影响很大。若控制阀口径选择过小，当系统受到较大扰动时，控制阀即使运行在全开状态，也会使系统出现暂时失控现象。若口径选择过大，运行中阀门会经常处于小开度状态，容易造成流体对阀芯和阀座的频繁冲蚀，甚至使控制阀失灵。因此，控制阀的口径的选择应该给予充分的重视。

控制阀口径的大小决定于流通能力 C，C 值的大小决定于阀门全开时的最大流量和压差的数值。在工程计算中，为了能正确计算流通能力，也就是合理地选择控制阀的口径，首先必须要合理确定控制阀流量和压差的数值，同时还应对控制阀的开度和可调比进行验算，以保证所选控制阀口径既能满足工艺上最大流量的需要，也能适应最小流量的调节。从工艺提供的数据到算出流通能力，直到控制阀口径的确定，需经以下几个步骤：

(1) 计算流量的确定。根据现有的生产能力、设备负荷及介质的状况，决定计算的最大工作流量 Q_{max} 和最小的工作流量 Q_{min}。

(2) 计算压差的确定。根据已选择的控制阀流量特性及系统特点选定 S 值，然后确定计算压差，即控制阀全开时的压差。

(3) 流通能力的计算。根据控制介质的类型和工况，选择合适的计算公式或图表，由已决定的计算流量和计算压差，求取最大和最小流量时的流通能力 C_{max} 和 C_{min}。

(4) 流通能力 C 值的选用。根据已求取的 C_{max}，在所选用的产品形式的标准系列中，选取大于 C_{max} 值并与其最接近的那一级的 C 值（各类控制阀的 C 值可查有关手册中控制阀的主要参数表）。

(5) 控制阀开度验算。根据已得到的 C 值和已定的流量特性，验证一下控制阀的开度，一般要求最大计算流量时的开度不大于 90%，最小计算流量时的开度不小于 10%。

(6) 控制阀实际可调比的验算。用计算求得的 Q_{min} 和采用控制阀的 R 值，验证一下可调比，一般要求实际可调比不小于 10。

(7) 控制阀口径的确定。在上述验证合格以后，就可根据 C 值决定控制阀的口径。

5.3.6 执行器的安装与维护

5.3.6.1 执行器的安装

执行器应安装在便于调整、检查和拆卸的地方。在保证安全生产的同时也应该考虑节约投资、整齐美观。这里介绍一些安装的原则。

(1) 执行器最好是正立垂直安装于水平管道上。在特殊情况下，需要水平或倾斜安装时，除小口径控制阀外，一般都要加设支撑。

(2) 执行器应安装在靠近地面或楼板的地方，在其上、下方应留有足够的间隙，在管道标高大于 2m 时，应尽量设在平台上，以便于维护检修和装卸。

(3) 选择执行器的安装位置时，应取其前后有不小于 $10D$（D 为管道直径）的直管段。以免控制阀的工作特性畸变太厉害。

(4) 控制阀安装在管道上时，阀体上的箭头方向与管道中流体流动方向应相同。如果控制阀的口径与管道的管径不同时，两者之间应加一个渐缩管来连接。

(5) 为防止执行机构的薄膜老化，执行器应尽量安装在远离高温、振动、有毒及腐蚀严重的场地。

(6) 当生产现场有检测仪表时，控制阀应尽量与其靠近，以利于调整。在不采用阀门定位器时，建议在膜头上装一个小压力表，以指示控制器来的信号压力。另外要注意工艺过程对控制阀位置的要求。如常压分馏塔在汽提塔侧线上的流量控制阀，应靠近汽提塔，以保证常压分馏塔的液体出口线有一段液柱。又如当高位槽进行液位、流量调节时，对于密闭容器，因高位槽上部承受压力，控制阀位置的高低影响不大，但对于敞口容器，为使控制阀前后有较大的压差，以利于调节，控制阀位置应装得低一些。

(7) 为了安全起见，控制阀应加旁通管路，并装有切断阀及旁路阀。以便在控制阀发生故障或维修时，通过旁路使生产过程继续进行。旁路组合的形式较多，现举常用的四种方案进行比较，如图 5-26 所示。其中：

图 5-26（a）是过去习惯采用的方案，旁路可以自动放空，但由于两个切断阀与控制阀在一根管线上，难于拆卸、安装，且所占空间大。

图 5-26（b）这种方案比较好，布置紧凑，占地面积小，便于拆卸。

图 5-26（c）这种形式也比较好，便于拆卸，但占地面积比（b）大一些。

图 5-26（d）这种方案只适用于小口径控制阀，否则执行器安装位置高，拆装不便。

5.3.6.2 执行器的维护

执行器的正常工作与维护检修有很大关系。日常维护工作主要是观察阀的工作状态，

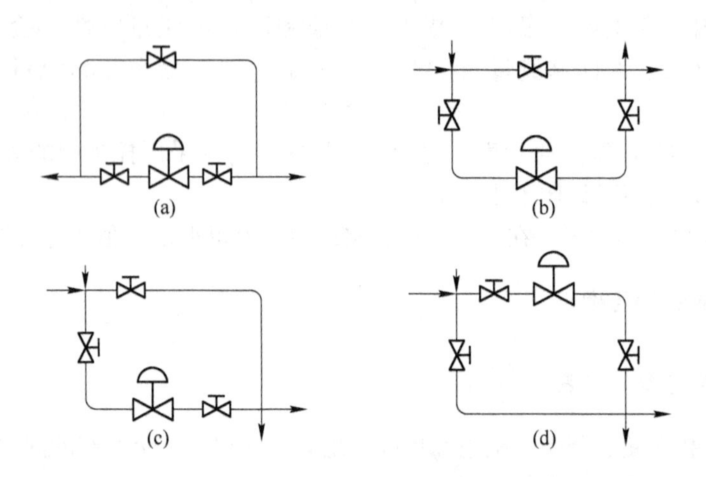

图 5-26 常用控制阀旁路组合形式

使填料密封部分保持良好的润滑状态。定期检修能够及时发现问题并更换零件。维护检修时重点检查的部位是：

（1）阀体内壁。对于控制阀使用在高压差和腐蚀性的场合，阀体内壁、隔膜阀的隔膜经常受到介质的冲击和腐蚀，必须重点检查耐压、耐腐蚀的情况。

（2）阀座。控制阀在工作时，因介质渗入，固定阀座用的螺纹内表面易受腐蚀而使阀座松弛，检查时应予以注意。

（3）阀芯。阀芯是控制阀工作时的活动部分，受介质的冲击最为严重。检修时要认真检查阀芯各部分是否腐蚀、磨损，特别是高压差的情况下，阀芯因汽蚀现象而磨损，更应予以注意。阀芯损坏严重时应进行更换，另外还应注意阀杆是否有类似现象，或与阀芯连接松动等。

（4）膜片和 O 形密封圈。检查执行机构的膜片和 O 形密封圈是否有老化和裂损情况。

（5）密封填料。检查聚四氟乙烯填料是否老化和配合面是否损坏。

学习评价

（1）工业上常用控制器的控制规律有哪几种？

（2）在模拟控制器中，一般采用什么方式实现各种控制规律？

（3）试述 DDZ-Ⅲ型控制器的功能。

（4）基型控制器由哪几部分组成？各部分的主要作用是什么？

（5）DDZ-Ⅲ型控制器有哪几种工作状态？什么是软手动状态和硬手动状态？

（6）什么是控制器的无扰动切换？DDZ-Ⅲ型控制器是如何实现手动/自动无扰动切换的？

（7）为什么从软手动方式向硬手动方式切换需要事先平衡？

（8）执行器在过程控制中起什么作用？常用的电动执行器与气动执行器有何特点？

（9）执行器由哪几部分组成？各部分的作用是什么？

（10）简述电动执行器的构成原理。伺服电动机的转向和位置与输入信号有什么关系？

（11）伺服放大器是如何控制电动机的正反转的？

（12）确定控制阀的气开气关作用方式有哪些原则？试举例说明。

（13）直通单、双座控制阀有何特点，适用于哪些场合？

（14）什么是控制阀的可调比？串联或并联管道时会使实际可调比如何变化？

（15）什么是控制阀的流通能力？确定流通能力的目的是什么？

（16）什么是控制阀的流量特性？什么是控制阀的理想流量特性和工作流量特性？为什么说流量特性的选择是非常重要的？

（17）为什么要使用阀门定位器？它的作用是什么？

5.4 实 训 任 务

5.4.1 AI 智能调节器的操作与使用

5.4.1.1 任务描述

通过本任务，了解 AI 系列调节器的规格型号；能正确识读 AI 智能调节器的面板显示数据；会根据要求正确设置 AI 智能调节器；能熟练操作和使用 AI 智能调节器。

5.4.1.2 任务实施

A 任务实施所需仪器设备

（1）JCXH-1 型电源控制箱一台。

（2）ND-30Y 型超声波液位计一台。

（3）AI 系列智能调节器一个。

（4）SFX2000 型信号发生/校验仪一台。

（5）0~30V 或 0~60V 直流稳压电源一台。

（6）导线、电源线、扳手、螺丝刀等。

B 任务内容

（1）AI 智能调节器面板认识。先观察 AI 智能调节器面板，并写出面板各组成部分的功能。

（2）AI 智能调节器的设置。将 AI 智能调节器通电 220V，稳定 1min 后，即可按要求进行设置操作。

（3）液位的显示操作。按图 5-27 进行液位显示接线。超声波液位计的量程为 10~50cm，设定值为 30cm，正确设置 AI 智能调节器，使其能正确显示液位数据，同时观察随着液位的上升或下降，信号发生校验仪的测量显示会发生怎样变化，并记录相关数据，进行分析。

（4）任务完成后，依次切断 220V 交流、24V 直流电源后，再拆线，最后将仪器仪表放回原位。

5.4.1.3 任务工单

（1）完成该操作任务所需仪器材料配置清单，填入表 5-5。

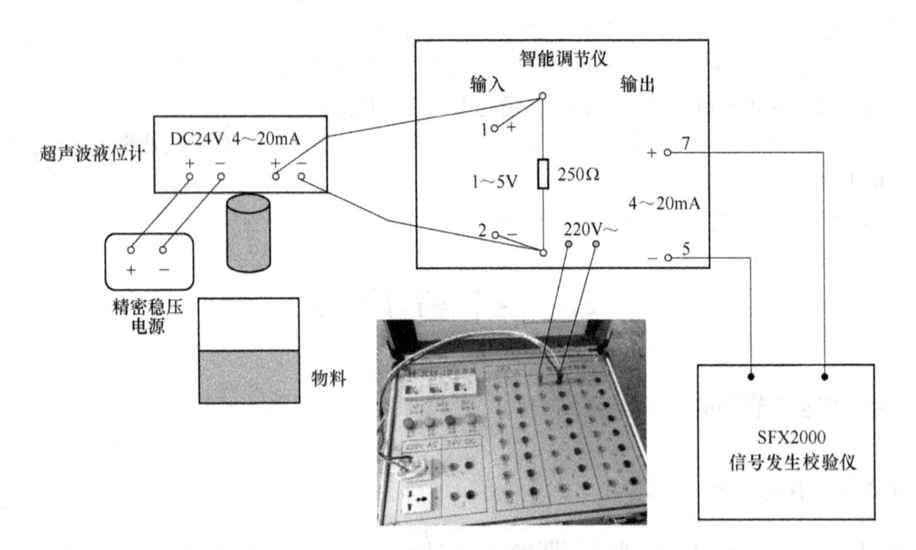

图 5-27　液位显示接线原理图

表 5-5　仪器材料配置清单

器件名称	规格型号	数　量	生产厂家	备　注

（2）指出图 5-28 中 AI 智能调节器的面板组成及功能。

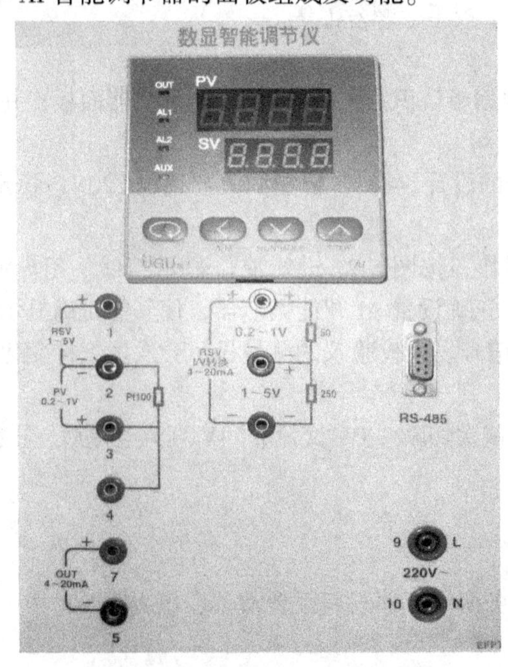

图 5-28　AI 智能调节器的面板

（3）学习 AI 人工智能调节器的操作使用方法，按表 5-6 设置参数，熟悉各参数含义。

表 5-6 参数设置

上限报警（HIAL）	400	下限报警（LOAL）	-10	正偏差报警（dHAL）	50	负偏差报警（dLAL）	50	报警回差（dF）	2
控制方式（Ctrl）	1	比例带（P）	40	积分时间（I）	30	微分时间（D）	0	输入规格（Sn）	33
输入上限显示值（dIH）	400	输出方式（oP1）	4	输出上限（oPH）	100	通讯地址（Addr）	2	系统功能（CF）	0
运行状态（run）	1	相对比例 Cr	1.0	控制周期 ctr	5				

（4）试画出液位显示接线原理图，并按表 5-7 设置 AI 调节器。

表 5-7 参数设置

上限报警（HIAL）	30	下限报警（LOAL）	10	正偏差报警（dHAL）	5	负偏差报警（dLAL）	5	报警回差（dF）	2
控制方式（Ctrl）	1	比例带（P）	40	积分时间（I）	30	微分时间（D）	0	输入规格（Sn）	33
输入上限显示值（dIH）	30	输出方式（oP1）	4	输出上限（oPH）	100	通讯地址（Addr）	2	系统功能（CF）	0
运行状态（run）	1	相对比例（Cr）	1.0	控制周期（ctr）	5				

（5）在表 5-8 中记录有关数据。

表 5-8 实验记录

设定值/cm	液位实际值/cm	AI 调节器显示/cm	信号发生校验仪测量指示/mA	备 注
25	10			
25	20			
25	25			
25	30			

（6）分析操作中各仪器的显示数值，你能得出什么结论？

5.4.2 电动执行机构的操作与校验

5.4.2.1 任务描述

通过本任务，熟悉 DKZ 型执行机构的型号规格；能说出电动执行机构的各组成部分；会对电动执行机构进行校验接线；能按照要求进行校验。

5.4.2.2 任务实施

A 任务实施所需仪器设备

（1）JCXH-1 型电源控制箱一台。

（2）DKZ-310C 型电动执行机构一台。

（3）0.1 级直流电流表一个。

（4）DFD-0900 电动操作器一台。

（5）导线、电源线、螺丝刀等。

B　任务内容

（1）先仔细观察 DKZ-310C 型电动执行机构，并写出各部分名称。

（2）按图 5-29 所示接好线，检查无误，即可进行校验操作。

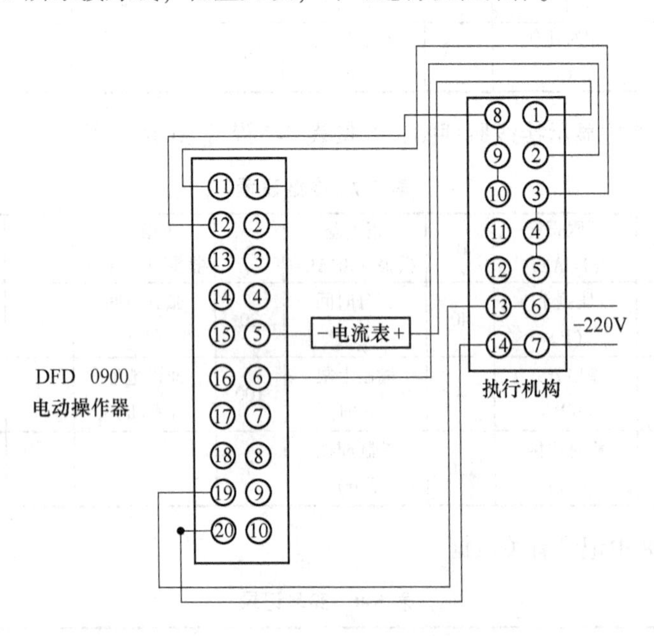

图 5-29　电动执行机构校验接线原理图

（3）合上 220V 电源开关，将电机“把手”放在手动位置，摇动“手轮”使输出轴的位置置于出厂调试好的零位（即输出轴的下限值），此时电流毫安表指示值应为 4mA，如果不到（或超过）此值，可调整（调零）电位器使其值为 4mA 。

（4）摇动“手轮”，使输出轴向上移动，毫安表示值应相应地从 4mA 变化到 20mA，如果不到（或超过）20mA，可调节“调满”电位器。

（5）如需要重新调整方法如下：在机械起始点（或偏离起始点一小位移）用螺丝刀旋转调零（ZERO）电位器，使输出电流为 0mA（显示为指示灯由亮至灭时为零位）。

4~20mA 调整方法：将执行机构开至终端，用螺丝刀调节调满（SPAN）电位器至 16mA，再将执行机构开至（或手摇）零位（起始点），调节调零（ZERO）电位器使 0mA 变为 4mA，再将执行机构开至（或手摇）终端。此时如果显示 20mA 即可。如果有小误差，反复上、下几次，信号调准即可。

（6）分别操作电动操作器面板按钮“开”、“关”输出轴应随之上下移动。同时位置发送器的输出电流值和输出轴的行程一一对应。

（7）记录相关校验数据。任务完成后，先将电动执行机构、电流表依次断电后，再拆线，将仪器仪表放置原位。

5.4.2.3 任务工单

(1) 完成该校验任务所需仪器材料配置清单，填入表5-9。

表5-9 仪器材料配置清单

器件名称	规格型号	数 量	生产厂家	备 注

(2) 电动执行器的主要组成部分有哪些?

(3) 画出电动执行机构的校验接线图。

(4) 电动执行机构不动作可能的原因有哪些，如何排除?

(5) 在表5-10中填写校验记录（机械零位为4mm，满量程为20mm）。

表5-10 校验记录表

电动执行机构型号：

基本误差：

输出轴位置/mm		阀位反馈值标准值/mA	阀位反馈值实际值(电流表指示值)/mA		绝对误差
正向	反向		正向	反向	
4	4	4			
8	8	8			
12	12	12			
16	16	16			
20	20	20			

最大引用误差：

(6) 写出任务实施中出现的问题及解决办法。

学习情境 6　辅助仪表的接线与使用

学习目标

能力目标：

(1) 能识别安全栅及各种仪表；

(2) 能识别电源分配器及信号分配器。

知识目标：

(1) 掌握利用这些仪表构成安全火花防爆系统；

(2) 能进行安全栅安装并进行实际调校。

6.1　安　全　栅

安全栅：构成安全火花防爆系统的关键仪表，安装在控制室内，是控制室仪表和现场仪表之间的关联设备。

作用：系统正常时保证信号的正常传输，故障时限制进入危险场所的能量，确保系统的安全火花性能。

安全栅种类：齐纳式安全栅和变压器隔离式安全栅。

6.1.1　齐纳式安全栅

6.1.1.1　齐纳式安全栅的工作原理

齐纳式安全栅是基于齐纳二极管反向击穿特性工作的。其原理电路如图 6-1 所示，由限压电路、限流电路和熔断器三部分组成。R 为限流电阻，V_{Z1}、V_{Z2} 为齐纳二极管，FU 为快速熔断器。

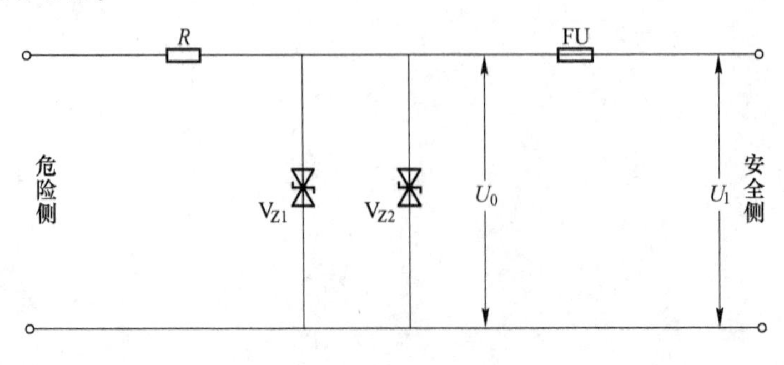

图 6-1　齐纳式安全栅原理图

系统正常工作时，安全侧电压 U_1 低于齐纳二极管的击穿电压 U_0，齐纳二极管截止，安全栅不影响正常的工作电流。

但现场发生事故，如短路，利用电阻 R 进行限流，避免进入危险场所的电流过大；当安全侧电压 U_1 高于齐纳二极管的击穿电压 U_0 时，齐纳二极管击穿，进入危险场所的电压被限制在 U_0 上，同时安全侧电流急剧增大，快速熔断器 FU 很快熔断，从而将可能造成危险的高电压立即和现场断开，保证了现场的安全。并联两个齐纳二极管是增加安全栅的可靠性。

6.1.1.2 齐纳式安全栅的应用

用齐纳式安全栅组成安全火花防爆系统时，一定要注意安全栅和仪表是否能够配套使用，安全栅或仪表有没有什么特殊的要求。

（1）热电偶。对热电偶信号，选用 HR-WP6132-24-QEX 型安全栅，这是一种双通路无极性安全栅，其内阻为 50Ω。为消除环境温度对测量精度的影响，应把补偿导线一直连接到二次仪表，并在那里进行冷端补偿。

（2）热电阻。热电阻测量温度时，选用 HR-WP6131-21-QEX 型安全栅（双通路）或 HR-WP6131-23-QEX 型安全栅（三通路），可分别对热电阻提供二线或三线保护，其内阻均为 10Ω。在正常工作时漏电流小于 1μA，不影响测量精度。

（3）变送器。变送器与安全栅配接时，变送器供电电压波动较小的情况下，选用 HR-WP6133-31-QEX 或 HR-WP6133-32-QEX 型安全栅。HR-WP6133-31-QEX 可在 20mA 时向变送器提供 13V 的电压，高功率安全栅 20mA 时可提供 15V 的供电电压。

（4）模拟量输出。若输出回路为集电极输出，选用 HR-WP6135-13-QEX 型安全栅，可提供双线保护，内阻 300Ω。

若输出回路为发射极输出，选用 HR-WP6135-31-QEX 型安全栅，可提供双线保护，内阻 300Ω。

（5）电磁阀。电磁阀、报警器、发光二极管（LED）等小功率设备或无源开关选用 HR-WP6137-31-QEX 或 HR-WP6137-41-QEX 安全栅。

（6）应变电桥。应变电桥被广泛应用于各种称重系统中，当与齐纳栅组成本安系统时，一般要选用两只或两只以上齐纳式安全栅。选用 HR-WP6137-51-QEX 做信号接收，用 HR-WP6137-52-QEX 做供电。

6.1.1.3 齐纳式安全栅的优缺点

优点：采用的器件非常少，体积小，价格便宜。

缺点：齐纳式安全栅必须本安接地，且接地电阻必须小于 1Ω，否则便失去防爆安全保护性能；危险侧本安仪表必须是隔离型的，否则通过齐纳式安全栅的接地端子与大地相接后信号无法正确传送，并且由于信号接地，直接降低信号抗干扰能力，影响系统稳定性；齐纳安全栅对供电电源电压响应非常大，电源电压的波动可能会引起齐纳二极管的电流泄漏，从而引起信号的误差或者发出错误电平，严重时会使快速熔断器烧断，同时也易因电源的波动而造成齐纳式安全栅的损坏。

二线制变送器和齐纳安全栅的连用如图 6-2 所示。

24V DC 的电源一方面通过安全栅向二线制变送器供电，同时将二线制变送器产生的 4~20mA DC 的信号传送过来，由 250Ω 精确电阻转换为 1~5V DC 的电压信号送显示仪表或控制器，当然变送器传送来的信号也可通过信号分配器，其输出的多路信号可分别送显示仪表和调节仪表。

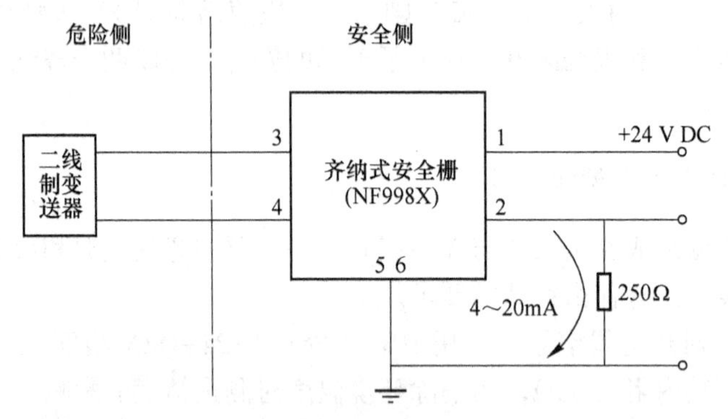

图 6-2　二线制变送器和齐纳式安全栅的连用

6.1.2　变压器隔离式安全栅

变压器隔离式安全栅利用变压器或电流互感器将供电电源、信号输入端和信号输出端进行电气隔离，同时通过电子电路（限能器）限制进入危险场所的能量。与齐纳安全栅相比，隔离式安全栅除具有限压与限流的作用之外，还带有电流隔离的功能。通常由回路限能单元、电流隔离单元和信号处理单元三部分组成，基本功能电路如图 6-3 所示。回路限能单元为安全栅的核心部分。此外，辅助有用于驱动现场仪表的回路供电电路和用于仪表信号采集的检测电路。信号处理单元则根据安全栅的功能要求进行信号处理。变压器隔离式安全栅分为检测端安全栅（输入式安全栅）和操作端安全栅（输出式安全栅）两种。检测端安全栅与二线制变送器配套使用；操作端安全栅与电气转换器或电气阀门配套使用。

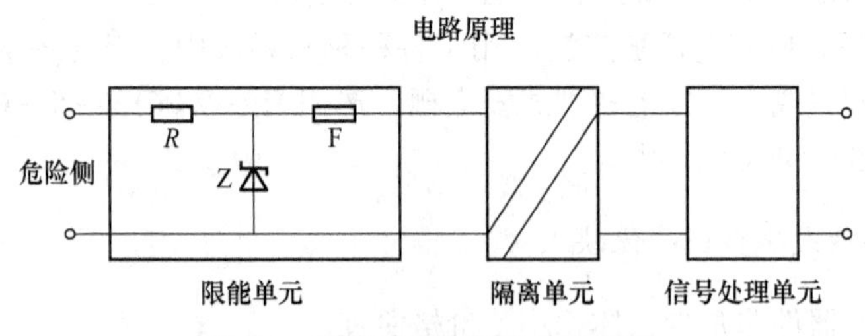

图 6-3　隔离式安全栅电路原理图

6.1.2.1　变压器隔离式安全栅的工作原理

A　检测端安全栅

检测端安全栅一方面为现场二线制变送器进行隔离供电；另一方面将现场变送器送来的 4~20mA DC 电流经隔离变压器 1∶1 地转换成1~5V DC 信号或 4~20mA DC 信号输出至控制室仪表（计算机）。并且在故障条件下利用限流、限压电路使得任何情况下送往危险场所的电压不超过30V DC、电流不超过30mA DC，从而保证了危险场所的安全。其构成原理如图6-4所示，由电源变换器、整流滤波器、调制器、解调放大器、限能器、隔离变压器 T_1 和电流互感器 T_2 等组成。

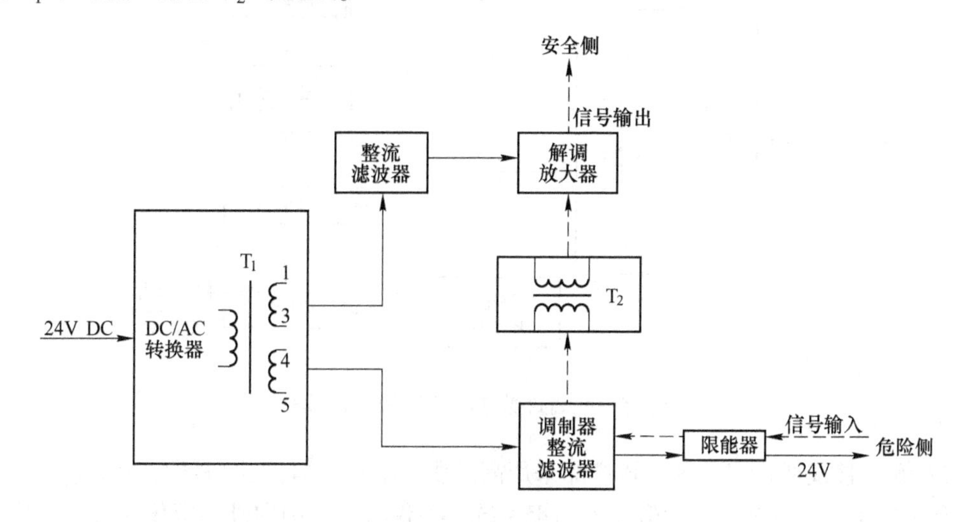

图6-4 隔离式检测端安全栅原理框图

其中，DC/AC转换器将24V DC供电电源变换成8kHz的交流方波电压，由隔离变压器 T_1 隔离后，经整流滤波为限能器和解调放大器提供工作电压，同时8kHz的交流方波电压经调制器整流滤波转换成为24V DC，并由限能器限压后为现场变送器提供工作电压。能量传输线如图6-4中实线所示。而现场变送器产生的4~20mA DC的测量信号经限能器限流后，由调制器转换成交流信号后由电流互感器 T_2 隔离并耦合至解调放大器，解调放大器又将其恢复成4~20mA DC（或1~5V DC）送给控制室显示仪表或调节装置。信号传输线如图6-4中虚线所示。

B 操作端安全栅

操作端安全栅将来自控制室仪表的4~20mA DC电流经隔离变压器1∶1地转换成1~5V DC直流电压信号或4~20mA DC直流电流信号输出至现场执行器，利用限流、限压电路使得任何情况下送往危险场所的电压不超过30V DC、电流不超过30mA DC，从而保证了危险场所的安全。操作端安全栅原理框图如图6-5所示，由DC/AC转换器、整流滤波器、调制器、解调放大器、限能器、隔离变压器 T_1 和电流互感器 T_2 等组成。

其中，DC/AC转换器将24V DC供电电源变换成8kHz的交流方波电压，由隔离变压器 T_1 隔离后，一方面经整流滤波器为限能器和解调放大器提供工作电压，另一方面8kHz的交流方波电压供给调制器将控制室来的4~20mA DC控制信号调制成交流信号，并由电流互感器 T_2 隔离并耦合至解调放大器，解调放大器将其恢复成4~20mA DC并由限能器限压限流后送给执行器。图6-5中实线为能量传输线，虚线为信号传输线。

6.1.2.2 变压器隔离式安全栅的应用

图6-6所示为WP5000-Ex系列隔离式安全栅，外壳上贴有接线图标签。端子上贴有序号标签，并分为蓝、黄两色，蓝色端子（本安侧）接线通往危险区（现场），黄色端子

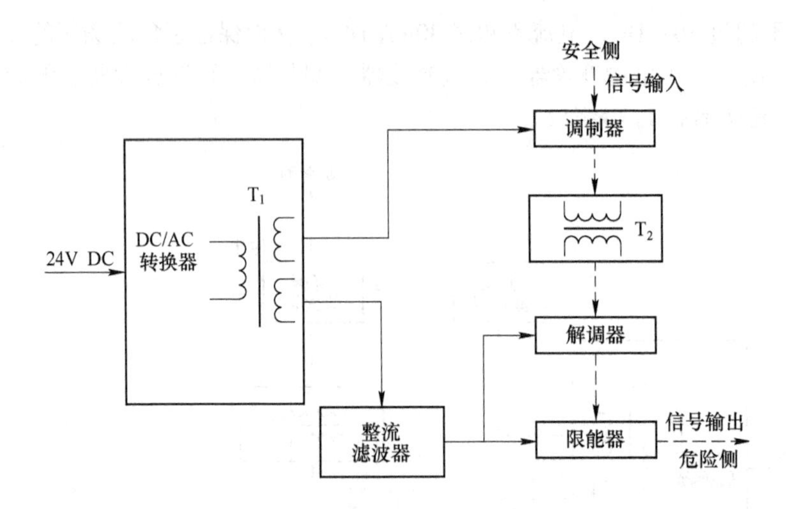

图 6-5　隔离式操作端安全栅原理框图

(非本安侧) 接线通往安全区。该产品采用高品质的半导体器件和 SMT 贴片工艺，广泛适用于石油、化工、冶金、电力等本安防爆系统。不仅可以与国内外多家仪表公司制造的各种二、三线制变送器、二线制智能（HART）变送器、智能（HART）电磁流量计、电气转换器、电气阀门定位器、本安电磁阀、液位开关、NAMUR 接近开关、现场总线（FF）协议本安仪表等配套使用，还可以与干接点开关、热电偶（J、K、T、E、B、S 等）、应变仪、热电阻（Pt100）等简单设备配套使用。支持 HART 和 FF 数字信号双向通信；承担对现场仪表的供电；强大的信号变换功能，直接将 Pt100 热电阻信号、热电偶、mV 信号转换成 4~20mA 或 1~5V 输出；一进二出检测端隔离式安全栅；完全独立二路隔离式安全栅，包括开关量输入/输出、模拟量输入/输出隔离栅；一路模拟量输入、一路模拟量输出隔离式安全栅；报警和量程设定功能。

图 6-6　WP5000-Ex 系列隔离式安全栅

安装注意事项：

(1) 安装在安全场所。

(2) 通往现场（危险场所）的软铜导线截面积必须大于 0.5mm 。

(3) 连接导线的绝缘强度应大于 500V。

(4) 隔离式安全栅本安端（有蓝色标记）和非本安端电路配线，不得接错和混淆。

本安导线宜选用蓝色作为本安标记。本安导线和非本安导线在汇线槽中应分开铺设、采用各自保护套管。隔离式安全栅的本安侧，不允许混有其他电源，包括其他本安电路的电源。

（5）隔离式安全栅与一次仪表组成本安安全防爆系统时，必须经国家指定的防爆检验机构检验认可。WP5000-Ex 系列隔离式安全栅由国家仪器仪表防爆安全监督检验站（NEPSI）给出的 Ca、La 分布参数是相对于ⅡC 级（氢气级）的最大允许值，对于ⅡB 级环境可把该参数乘以 3，对于ⅡA 级环境可把该参数乘以 8。传输线选用不同规格的电缆时，其本身的电缆参数应予高度重视，不得超过规定值。

（6）对隔离式安全栅进行单独通电调试时，必须注意隔离式安全栅的型号、电源极性、电压等级及隔离式安全栅外壳接线端上的标号。

（7）严禁用兆欧表测试隔离式安全栅端子之间的绝缘性。若要检查系统线路绝缘性时，应先断开全部隔离式安全栅接线，否则会引起内部快速熔断器熔断。

（8）凡与隔离式安全栅相连接的现场仪表，均应为有关防爆部门进行防爆试验并取得防爆合格证的仪表，和 WP5000-Ex 安全栅联合取证。

（9）如隔离式安全栅内部模块损坏需要更换时，需会同制造厂共同修理，经检修后方能重新投入运行。

（10）隔离式安全栅的安装、使用和维护应严格遵照《中华人民共和国爆炸危险场所电气安全规程》的有关条款。

6.2　电源分配器及信号分配器

6.2.1　信号分配器

信号分配器主要是将一路输入转换成两路或多路输出，实现信号的转换、分配和隔离等功能。但因具体使用要求不同而功能不尽相同。有的信号分配器还可对多路信号进行处理。

信号分配器将 4～20mA DC 的输入信号经 250Ω 的精密电阻转换为两路 1～5V DC 信号输出。其中 A 端为输入，B 端和 C 端为输出，D 端作为输入和输出信号的公共负端。它最多处理 5 路输入信号，常用于盘装仪表的信号连接及配线。信号分配器原理如图 6-7 所示。

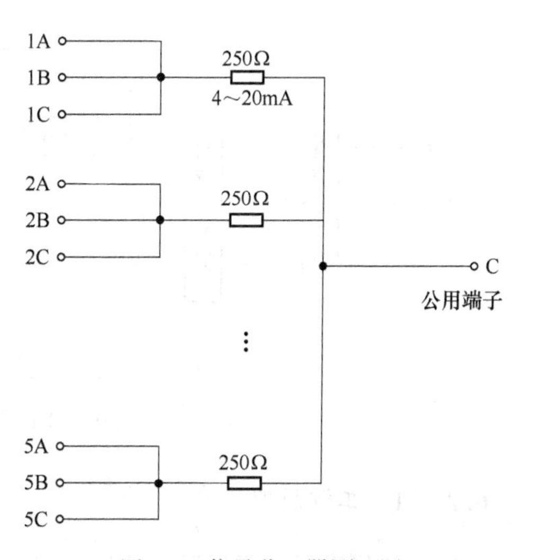

图 6-7　信号分配器原理图

当一个信号向两个设备（如显示仪表和控制仪表）同时输送信号时，若这两设备不共地，就有可能在两个设备之间产生干扰，甚至使仪表不能工作。针对此类情况必须使用隔离式信号分配器。如图 6-8 所示。

隔离式信号分配器 WS15242D 用 24V DV 供电，把来自二线制变送器的 4～20mA

DC 信号转换成与之隔离的两路输出信号，一路为 4～20mA DC，一路为 1～5V DC，分别送给控制器和显示仪表，且两路输出之间也是隔离的。这里电源和输入、输出之间也是相互隔离的。

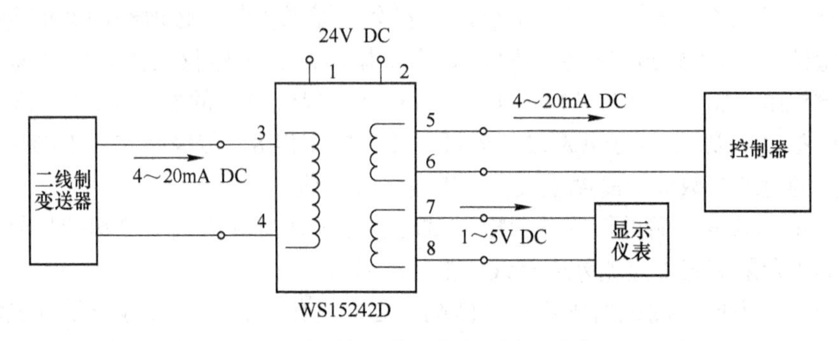

图 6-8　隔离式信号分配器应用实例

6.2.2　电源箱

电源箱是指为电动单元组合仪表集中供电的稳压电源装置，作用是将 220V 的交流电转换为 24V 的直流电。下面以 DFY 型电源箱为例说明其工作原理。

DFY 型电源箱有过压、欠压、过载和短路保护等功能。当接有备用电源时，若出现过压或欠压故障，DFY 会立即切断本电源的输出，并能把备用电源自动接上，保证仪表正常供电。同时有报警信号输出；当出现短路故障时，电源箱切断电源输出并发出报警，此时不会接上备用电源。待短路故障排除后，无须人工干预，自动恢复正常电压输出，对仪表系统继续供电。

该电源还有 24V 交流电压输出，可供记录仪电机用电及其他需要 24V 交流电压的设备用电。

DFY 型电源箱原理如图 6-9 所示，由变压器、整流滤波电路、稳压电路和保护电路等组成。其中采样电路、比较放大电路和调整元件构成稳压电路。

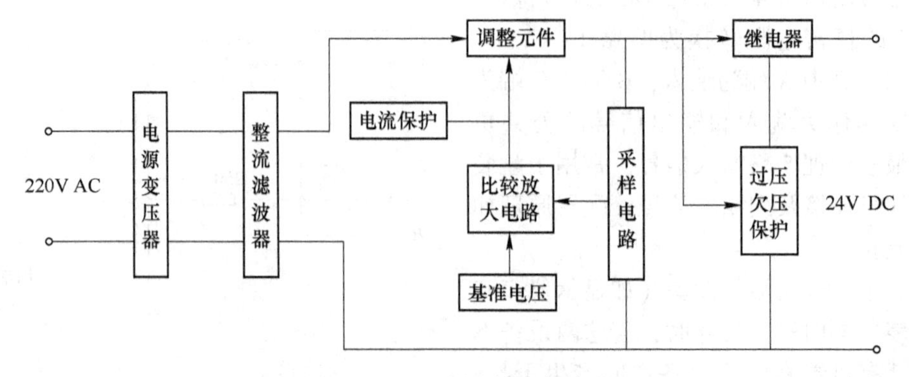

图 6-9　DFY 型电源箱原理框图

6.2.2.1　工作原理

220V AC 经变压器降压后由整流滤波电路将其转换为直流电。稳压电路通过采样电路取出输出电压的一部分和基准电压相比较，其差值放大后控制调整元件，使输出阻抗的电压保持稳定。

6.2.2.2 功能及组成

A 功能

将电池供电与交流供电并联到负载上，实现不间断供电。当负载过重或交流电源停止时，电池组则进行放电，分担部分或全部负载，当负载很轻时，则电池组处于备用状态。

B 组成

(1) 变压器。进入127V交流电，通过1A延时保险丝进入变压器，出来为33V交流电。交流电的允许波动范围为75%~110%即95~140V。

(2) 电池。2块12V 7.2A·h（以7.2A的电流放电可放1h）的免维护铅酸电池，充满电后为25.5~28.5V。电池的充电电压为27.5~28.5V，电池供电要求不小于2h，由于采用的是浮充电路，充电电压比电池电压稍高一点，故充电时间比较慢，放电2h后，需充电24h，电量放完后，需充电72h。电池与模块连接时，由于是直流电，需区分正负极，将电池正接到模块正，如果接反，电池进行放电，会损坏电池。两块电池的连接方式为串联，将一块的正极连接到另一块的负极，可增加电压。电池可充电400~600次，用2~3年。

(3) 模块。分为输入端和输出端，输入端分为交流输入和直流输入，交流输入为33V左右，直流输出为电池充电电压，为27.5~28.5V，它又是对模块的输入端，电压为电池电压。在另一侧有一排为三路直流输出端，三路输出是独立的，还有一个DTX端子，为交直流检测端子，当直流供电时显示DC，其对地电压为4~5.5V，当交流供电时显示AC，其对地电压为0.2~0.5V。三路电源输出的额定电流为400mA/400mA/300mA，输出额定电压为18V，空载电压为18.5V。第一路对分站主板和1、2、3、4路继电器供电，第二路对分站5、6、7、8、15、16路供电，第三路对分站9、10、11、12、13、14路供电。当分站的某一路电源正负短路时，模块的这一路所带的所有传感器都将断线。

(4) 显示灯。红灯亮为交流供电，绿灯亮为直流输出正常，绿灯不亮表示无输出。

6.2.3 电源分配器

电源分配器通过引入以太网络、语音服务等新颖的通讯手段，增加了传统PDU、PCU设备所不能提供的智能管理控制模块和控制芯片构成了可远程控制和计划管理的电源分配单元。通过远端网路控制技术，网络电源控制器可以实现对设备电源的远程控制，并且不受特定设备或特殊程序局限，不需打开设备外壳，仅需通过连接局域网或互联网，就能在任何联网电脑上控制其权限内的用电设备电源开关，并对其下联端口各设备的供电进行查询、连通、断开或重启。

电源分配器主要用于对各种系列盘装仪表和架装仪表供电，有交流和直流之分。

图6-10所示为回路电源分配器原理图。图6-10（a）为交流型电源分配器，适用于两线供电的交、直流仪表；图6-10（b）为直流型电源分配器，适用于单线供电，公用零线不经开关的仪表供电。

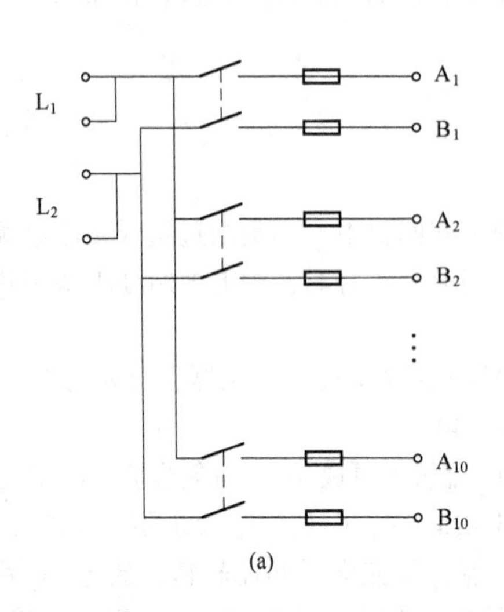

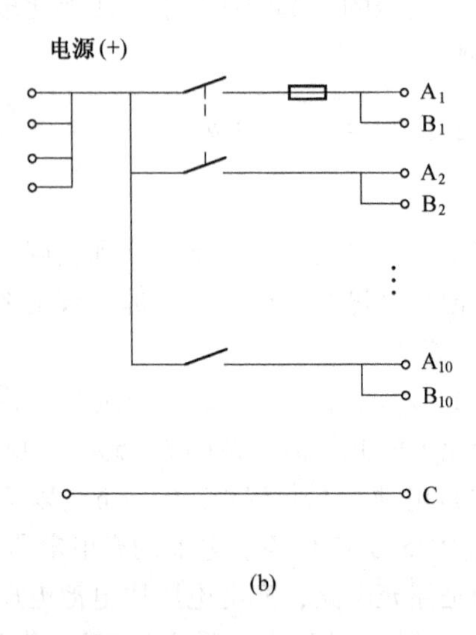

(a)　(b)

图 6-10　电源分配器
(a) 交流电源分配器；(b) 直流电源分配器

电源分配器具有多种特性，如远程控制、集中式管理、自动周期控制、安全性管理、可靠性管理及可扩展性等。用户无论身处何地，只要能连入相应网络，便可直接或通过计划任务在指定时间内控制设备的电源情况。它具有最精细的管理制度和最人性化的控制方法，满足各种用户对各种电力分配节点的灵活控制，使用户真正体会到智能管理的新感觉。无需派遣人员到场操控，节省不必要的时间浪费和人力成本开支。

学习评价

(1) 安全栅有哪些作用？
(2) 说明齐纳式安全栅的工作原理。
(3) 说明检测端安全栅和操作端安全栅的构成及基本原理。
(4) 电源箱中的稳压电路是如何工作的？
(5) 说明电源分配器的作用及构成。
(6) 说明信号分配器的作用及构成。
(7) 安全栅是靠什么来防爆的？
(8) 隔离安全栅和齐纳安全栅如何选用？

6.3　实训任务——安全栅的调校

6.3.1　任务描述

完成隔离式安全栅的调校任务，通过调校了解隔离式安全栅的结构及各组成部分的作用，理解安全栅的作用及组成原理，掌握安全栅的调校方法和使用方法。

6.3.2　任务实施

A　任务实施所需仪器设备

（1）0.2 级 DFA-1100（H）检测端安全栅一台。

（2）0.5 级 DFA-1300（H）操作端安全栅一台。

（3）1.0 级 DFX-02 直流信号发生器一台。

（4）0.05 级 5 位直流数字电压表一块。

（5）0.02 级 ZX-25A 标准电阻箱一个。

（6）0.05 级 0～30mA DC 标准电流表一块。

（7）1.0 级 0～40V DC 直流稳压电源一个。

B　任务内容

a　检测端安全栅的调校

（1）按图 6-11 校验接线图接线。

（2）零点、满量程的校验。首先调节电阻箱 R_i 为 6kΩ，使输入电流 I_i 为 4mA，此时输出电压应为 1V；否则，应调整零点电位器 W_3，然后再调节电阻箱 R_i 为 1.2kΩ，使输入电流 I_i 为 20mA，此时输出电压应为 5V；否则应调整量程电位器 W_2。

上述步骤反复调整，直到满足要求为止。

（3）精度测试。缓慢调节电阻箱 R_i 从 6kΩ 到 1.2kΩ，使输入电流 I_i 分别为全量程的 0、25%、50%、75%、100%，即 I_i 分别为 4mA、8mA、12mA、16mA、20mA。同时，用数字电压表测量电压输出端对应的输出电压值 U_o，记录下实测数据，填入校验记录单，并根据误差公式算出实测基本误差。若超差，则应重新调节或分析误差原因。

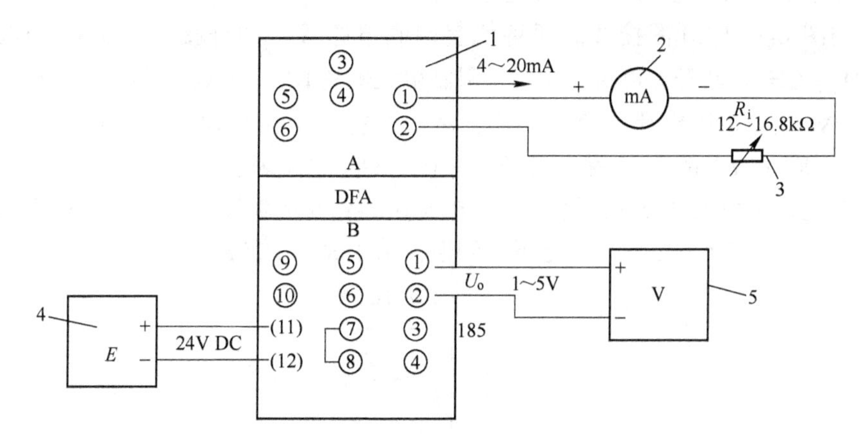

图 6-11　DFA 型检测端安全栅校验线路图

1—检测端安全栅；2—标准电流表；3—标准电阻箱；
4—直流稳压电源；5—数字电压表

b　操作端安全栅的调校

（1）按图 6-12 校验接线图接线。

（2）零点、满量程的校验。首先，调节信号发生器 S，使输入电流 I_i 为 4mA，此时，输出电流 I_o 应为 4mA，否则应调整零点电位器 W_2；然后再调节信号发生器 S，使输入电

流 I_i 为 20mA，此时，输出电流 I_o 应为 20mA，否则应调整量程电位器 W_1。

上述步骤反复调整，直到满足要求为止。

（3）精度测试。调节信号发生器 S，使输入电流 I_i 分别为全量程的 0、25%、50%、75%、100%，即 I_i 分别为 4mA、8mA、12mA、16mA、20mA。同时，用标准电流表测量电流输出端对应的输出电流值 I_o，并记录下实测数据，填入校验记录单，根据基本误差公式算出被校表的实测基本误差。若超差，则应重新调节或分析误差原因。

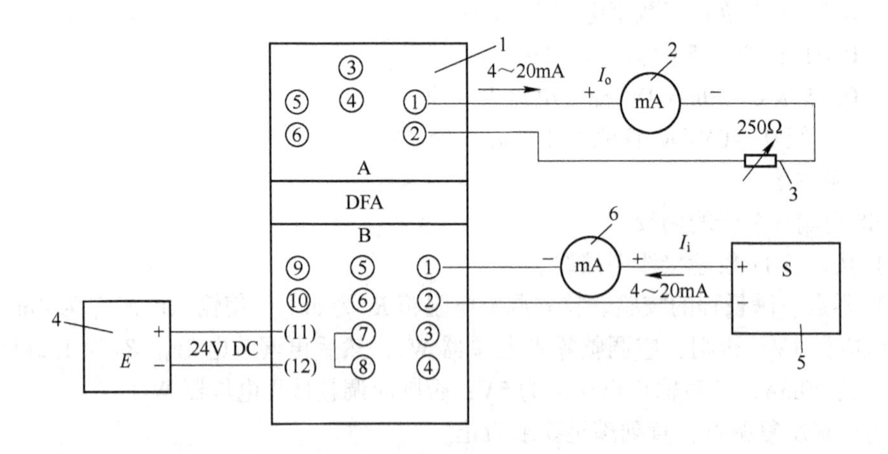

图 6-12　DFA 型操作端安全栅校验线路图

1—操作端安全栅；2，6—标准电流表；3—标准电阻箱；4—直流稳压电源；5—直流电流信号发生器

c　最高开路电压的校验（过压试验）

（1）按图 6-13 原理图接线。即将仪表印刷电路板上的外接线端 DX_2、DX_3、DX_4（CH_2、CH_3、CH_4）断开，再将过流过压限制单元侧的 DX_2、DX_3 端与稳压电源 E 的正端相连。将 DX_4 端与稳压电源的负端相连，然后再将安全栅与现场仪表相连的接线端子（DFA 型为 A 端子板上的 1、2 端）开路，并接一数字电压表。

（2）调整直流稳压电源 E，使其输出电压由 24V 逐步增加到 40V 时，观察数字电压表的读数最大值不应大于 35V，并记下实测值，填于表 6-2 或表 6-3 中。

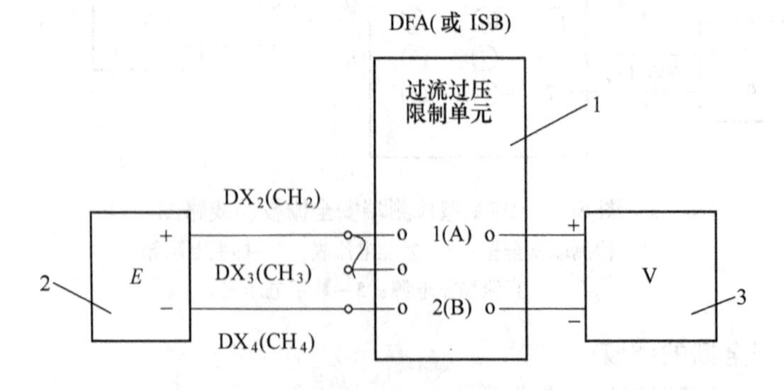

图 6-13　安全栅最高开路电压检定

1—安全栅的过流过压限制单元；2—直流稳压电源；3—数字电压表

d 最大短路电流的校验

（1）按图 6-14 原理图接线。即电流回路不动，将安全栅与现场仪表端相连的接线端子（DFA 型为 A 端子板上的 1、2 端）接一只 1Ω 电阻和可调电阻箱（先使其阻值调节为 250Ω 以上），并在 1Ω 电阻两端接一只数字电压表。

（2）调整电阻箱使其电阻值为零。再调整直流稳压电源，使其输出电压由 24V 逐步增加到 30V，观察数字电压表的读数最大值应不大于 35mV（即换算为最大短路电流应不大于 35mA），并记下实测值，填于表 6-2 或表 6-3 中。

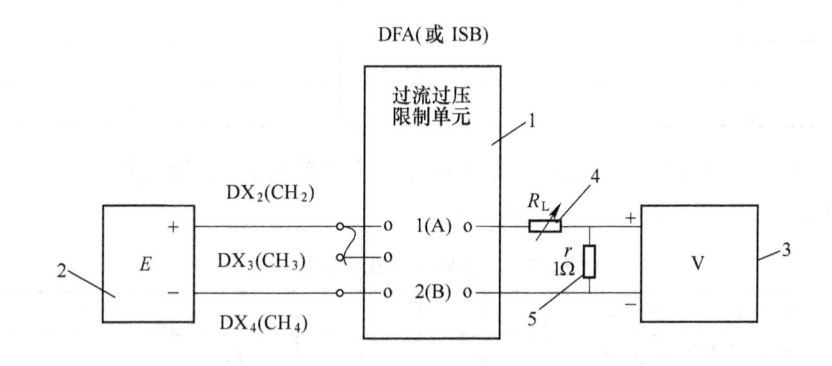

图 6-14 安全栅最大短路电流检定

1—安全栅的过流过压限制单元；2—直流稳压电源；3—数字电压表；4，5—标准电阻箱

C 调校训练注意事项

（1）接线时，应根据安全栅的类型、型号，选择不同的接线图接线。

（2）接线时，要注意电源标准和极性，并在通电预热 15min 后再开始校验。

（3）在对安全栅进行最大短路电流检查时，标准电阻箱的数值初始值放在 250Ω 以上，切忌一直放在零值上；否则，易烧坏 1Ω 的串联电阻。

D 调校训练原理

安全栅是作为控制室仪表及装置与现场仪表的关联设备，它一方面是起信号传输的作用，另一方面阻止足以产生爆炸危险的能量从非本安回路传递到本安回路，同时，检测端安全栅还可为现场仪表提供电源。

对检测端安全栅的校验（见图 6-11），因为在其输入端存在 24V 直流，故不能直接用有源信号源对输入端发送 4～20mA DC 信号。因此，将标准电阻箱 R_i 作为一个无源信号源（模拟现场二线制变送器），通过调整电阻箱 R_i 从 12～16.8kΩ 的变化，可在安全栅的输入端产生 4～20mA 的直流电流 I_i 信号，再通过观察输出端的数字电压表的读数 V_o 就可实现对检测端安全栅的校验。

对操作端安全栅的校验（见图 6-12），利用有源信号源产生 4～20mA 的直流电流 I_i，来模拟调节器的输出信号。通过观察输出端的标准电流表的读数 I_o，就可实现对操作端安全栅的校验。

注意：由于安全栅是属本安型仪表，所以仪表背后上侧接线端子板为本安回路接线端子，下侧端子板为非本安回路接线端子。

6.3.3 任务工单

（1）完成该校验任务所需仪器材料配置清单，填入表 6-1。

表 6-1　仪器材料配置清单

器件名称	规格型号	数　量	生产厂家	备　注

（2）分别画出 DFA 型检测端安全栅和操作端安全栅校验接线原理图。

（3）在表 6-2、表 6-3 中填写校验记录。

表 6-2　检测端安全栅校验记录

输入	输入信号刻度分值/%	0	25	50	75	100
	输入信号标准值 I_i/mA	4	8	12	16	20
输出	标准输出信号 $V_{o标}$/V	1	2	3	4	5
	实测输出信号 $V_{o实}$/V					
误差	实测引用误差/%					
	实测基本误差/%		仪表允许基本误差/%			
精度	实测仪表精度等级					
开路电压及短路电流	最高开路电压/V		最大短路电流/mA			

表 6-3　操作端安全栅校验记录

输入	输入信号刻度分值/%	0	25	50	75	100
	输入信号标准值 I_i/mA	4	8	12	16	20
输出	标准输出信号 $I_{o标}$/ mA	4	8	12	16	20
	实测输出信号 $I_{o实}$/ mA					
误差	实测引用误差/%					
	实测基本误差/%		仪表允许基本误差/%			
精度	实测仪表精度等级					
开路电压及短路电流	最高开路电压/V		最大短路电流/mA			

（4）写出任务实施中出现的问题及解决办法。

参 考 文 献

[1] 王永红．过程检测仪表［M］．北京：化学工业出版社，1999.
[2] 王克华，张继峰．石油仪表及自动化［M］．北京：石油工业出版社，2006.
[3] 赵玉珠．测量仪表与自动化［M］．山东：石油大学出版社，1997.
[4] 盛克仁．过程测量仪表［M］．北京：化学工业出版社，1992.
[5] 厉玉鸣．化工仪表及自动化［M］．北京：化学工业出版社，2005.
[6] 王俊杰．检测技术与仪表［M］．武汉：武汉理工大学出版社，2002.
[7] 刘光荣．自动化仪表［M］．北京：石油工业出版社，1997.
[8] 乐嘉谦．仪表工手册［M］．北京：化学工业出版社，2002.
[9] 王玲生．热工检测仪表［M］．北京：冶金工业出版社，2005.
[10] 杜效荣．化工仪表及自动化［M］．北京：化学工业出版社，2004.
[11] 谢小球．石油化工测量及仪表［M］．北京：中国石化出版社，1995.
[12] 曹润生．过程控制仪表［M］．杭州：浙江大学出版社，1987.
[13] 侯志林．过程控制与自动化仪表［M］．北京：机械工业出版社，2002.
[14] 邵裕森．过程控制及仪表［M］．上海：上海交通大学出版社，1995.
[15] 刘巨良．过程控制仪表［M］．北京：化学工业出版社，1998.
[16] 张永德．过程控制装置［M］．北京：化学工业出版社，2000.
[17] 钟汉武．化工仪表及自动化实验［M］．北京：化学工业出版社，1991.
[18] 王克华．过程检测仪表［M］．北京：电子工业出版社，2006.
[19] 丁炜．过程控制仪表及装置［M］．北京：电子工业出版社，2011.
[20] 李駹，姜秀英，姜涛. 工业仪表测量调校实践教程［M]. 北京：化学工业出版社，2007.

参考文献